水木书荟

C 零基础入门学习 C 语言

—— 带你学C带你飞

微课视频版

◎ 小甲鱼 著

清华大学出版社

北京

内 容 简 介

本书提倡"理解为主，应用为王"，通过列举一些有趣的例子，让读者在实践中理解概念。本书从变量、数据类型、取值范围等基本知识开始讲解，深入介绍分支与循环，讲到指针的时候，分散难点，依次讲解数组与指针、函数与指针、结构体与指针，每个知识点结合恰当的实例进行演示，环环相扣，内容详尽。

编程知识深似海，小甲鱼没办法仅通过一本书将所有的知识都灌输给读者，但能够做到的是培养读者对编程的兴趣，提高编写代码的水平，锻炼自学的能力。

本书贯彻的核心理念是：实用、好玩、参与。

本书适合学习 C 语言的入门读者，也适用于对编程一无所知，但渴望用编程改变世界的朋友。

图书在版编目（CIP）数据

零基础入门学习 C 语言：带你学 C 带你飞：微课视频版 / 小甲鱼著. —北京：清华大学出版社，2019（2024.10 重印）

（水木书荟）

ISBN 978-7-302-50594-5

Ⅰ.①零… Ⅱ.①小… Ⅲ.①C 语言 -程设设计 Ⅳ.①TP312.8

中国版本图书馆 CIP 数据核字（2018）第 153393 号

责任编辑：刘　星
封面设计：刘　键
责任校对：焦丽丽
责任印制：丛怀宇

出版发行：清华大学出版社
　　　　　网　　　址：https://www.tup.com.cn, https://www.wqxuetang.com
　　　　　地　　　址：北京清华大学学研大厦 A 座　　　　邮　　编：100084
　　　　　社 总 机：010-83470000　　　　　　　　　　　邮　　购：010-62786544
　　　　　投稿与读者服务：010-62776969，c-service@tup.tsinghua.edu.cn
　　　　　质 量 反 馈：010-62772015，zhiliang@tup.tsinghua.edu.cn
　　　　　课 件 下 载：https://www.tup.com.cn, 010-83470236
印 装 者：三河市龙大印装有限公司
经　　销：全国新华书店
开　　本：185mm×260mm　　　印　张：22.75　　　字　数：535 千字
版　　次：2019 年 5 月第 1 版　　　　　　　　　印　次：2024 年 10 月第 13 次印刷
印　　数：34501～35500
定　　价：79.00 元

产品编号：071704-01

为什么要学习 C 语言

众所周知，C 语言是最古老的几门编程语言之一，它至今仍然服务于现代社会。我们来看一下 TIOBE 排行榜近几年的数据（见图 0-1），TIOBE 排行榜是根据互联网上有经验的程序员、学校课程和第三方厂商提供的数据，并使用搜索引擎（如 Google、Bing、Yahoo!、百度）以及 Wikipedia、Amazon、YouTube 统计出的排名数据，因此可以准确地反映出某个编程语言的热门程度。

Mar 2019	Mar 2018	Change	Programming Language	Ratings	Change
1	1		Java	14.880%	-0.06%
2	2		C	13.305%	+0.55%
3	4	∧	Python	8.262%	+2.39%
4	3	∨	C++	8.126%	+1.67%
5	6	∧	Visual Basic .NET	6.429%	+2.34%
6	5	∨	C#	3.267%	-1.80%

图 0-1　TIOBE 排行榜（数据来自 TIOBE 官网，2019 年 3 月数据）

从图 0-1 中可以看到，C 语言虽然古老，但却是"老当益壮"，近几年仍然常年位居前列。C 语言既没有 Java 语言的跨平台能力，又没有"新潮"的面向对象的编程思想，也没有垃圾回收机制……由于 C 语言的数组没有做边界检查，导致了缓冲区溢出攻击的盛行。尽管如此，仍然有那么多程序员"钟情"于 C 语言，这是为什么呢？

C 语言是伴随着 UNIX 操作系统的兴起而流行的，其语义简明清晰，功能强大而不臃肿，简洁而又不过分简单，实在是工作、学习必备之"良友"。

C 语言也是一个比较少见的应用领域极为广泛的语言。无论是 Windows 操作系统的 API，还是 Linux 操作系统的 API，或者是想给 Ruby、Python 编写扩展模块，C 语言形式的函数定义都几乎是唯一的选择。C 语言就好像一个中间层或者是"胶水"，如果想把不同编程语言实现的功能模块混合使用，C 语言是最佳的选择。

C 语言还可以编写服务器端软件，如当前流行的 Apache 和 Nginx 都是使用 C 语言编写的；在界面开发层面，C 语言也颇有建树，如大名鼎鼎的 GTK+ 就是使用 C 语言开发出来的；由于 C 语言是一种"接近底层"的编程语言，因此也自然成为了嵌入式系统开发的最佳选择。

除此之外，大多数编程语言自身的第一个版本也是通过 C 语言实现的，借助 C

程序"一次编写，处处编译"的特性，最大地保证了这些程序语言的可移植性。

关于本书

本书适合入门学习 C 语言的读者，也适用于对编程一无所知，但渴望用编程改变世界的朋友。

概念是死的，靠读、背、记的方法确实可以通过老师的测验，但却很难实现举一反三，将所学知识应用到现实开发中。因此，本书提倡"理解为主，应用为王"。只要有可能，小甲鱼（作者，下同）就会想方设法地列举一些有趣的例子，让读者在实践中理解概念。

本书从变量、数据类型、取值范围等基本知识开始讲解，再深入介绍两大重要的结构——分支与循环，讲到全书的重点——指针的时候，分散难点，依次讲解数组与指针、函数与指针、结构体与指针，每个知识点结合恰当的实例进行演示，环环相扣，内容详尽。

目前多数 C 语言教材基于的是 Windows 操作系统，采用的编译器（Visual C++ 6.0）其实早已被淘汰，所以本书的演示环境选择更适合 C 语言的 Linux 操作系统（CentOS），带读者学习"大神们"都在使用的 GCC 编译器，并确保所有代码均符合 C99 标准。

编程知识深似海，小甲鱼没办法仅通过一本书将所有的知识都灌输给读者，但能够做到的是培养读者对编程的兴趣，提高编写代码的水平，锻炼自学的能力。

最后，本书贯彻的核心理念是：实用、好玩、参与。

本书配套资源和网站支持

- PPT 课件请在清华大学出版社网站本书页面下载。
- 程序源代码和小甲鱼精心录制的 61 集（17.5 小时）视频教程，请扫描书中对应二维码获取。
  注意：书中给出了程序源代码下载的二维码（含本书勘误）和视频观看二维码，请先扫描封四刮刮卡中的二维码进行注册，之后再扫描相关二维码即可获得配套资源。
- 同时，对于书中没有展开详述的内容提供了【扩展阅读】，读者可访问书中的相关网址或扫描对应位置的二维码进行阅读。
- 本书还提供了额外的配套课后作业，如有需要，请在鱼 C 论坛（https://fishc.com.cn）或联系鱼 C 工作室的小客服（https://fishc.taobao.com）购买学习。
- 如果在学习中遇到困难，可以到鱼 C 论坛或关注鱼 C 工作室微信公众号获取相关知识，与各位网友们相互交流和讨论。论坛中的提问互助具有知识累积的特点，因为初学者很多问题是一样的，所以不妨在提问之前先在论坛搜索一下相关的关键词，一般都可以找到答案。

鱼C工作室微信公众号　　　　本书源代码下载

　　由于小甲鱼的水平有限，书中难免有一些错误和不准确的地方，恳请各位读者不吝指正，有兴趣的读者可发送邮件至 workemail6@163.com，期待收到大家的意见和建议。

致谢

　　创作一本图书是非常艰苦的，除了技术知识等因素之外，还需要非常大的毅力。特别感谢清华大学出版社的魏江江主任和刘星编辑，在近一年的时间里，是你们一次次在我遇到困难的时候给予鼓励，让我可以坚持写下去，最后完成这一部作品。

　　感谢不二如是、康小泡和风介等鱼C论坛的诸位版主，因为你们夜以继日地守护着我们的论坛，积极地为用户解答问题，鱼C论坛才有今天如火如荼的学习氛围。

　　最后，需要特别感谢一下我的妻子，是你一直在身边照顾我、支持我，我才能把大量的时间投入到本书的写作之中。谨以此书献给你，我此生的挚爱！

小甲鱼

2019年2月

目 录

CONTENTS

第3章　数组 76

视频讲解：67 分钟（4 个）

第 6 章 结构体 ··· 193

视频讲解：205 分钟（12 个）

第1章
初窥门径

视频讲解

在开始讲解第一个程序之前，首先跟大家普及一些相关的概念。

1.1　C 语言被淘汰了吗

或许在此之前你没学过 C 语言这门课程，但你肯定听说过它，因为对于其他编程语言来说，C 语言确实是一个"老古董"了。但却正如古董一样，C 语言是越老越值钱。

如图 1-1 所示，这里是 2019 年 3 月 TIOBE 世界编程语言排行榜，可以看到虽然这么多年过去了，但 C 语言一直都在第一名和第二名徘徊。

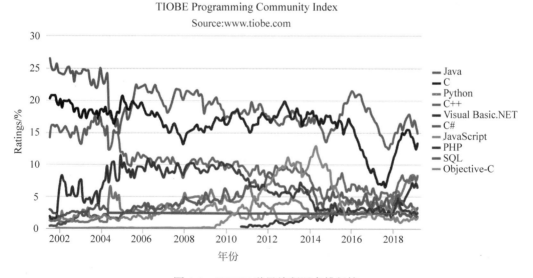

图 1-1　TIOBE 世界编程语言排行榜

到底是什么让 C 语言能够如此坚挺呢？且听我慢慢道来。

下边从大的角度先给大家说一下编程语言是干什么的，为什么需要学习编程语言？一言以蔽之：编程语言是人类跟机器打交道的桥梁，它充当人类的翻译官。

1.2 莫尔斯密码

如果你平时喜欢看谍匪片，那么一定对莫尔斯密码不陌生。在一方破译了另一方的电台之后，通常会有一个人头戴耳机，听着"嘟，嘟嘟，嘟嘟嘟，嘟"的声音，然后拿出纸和笔，写出类似"-.-"的东西，最后通过破译就能够得出对方想传达的信息。

其实，莫尔斯密码的原理非常简单，就是查表，图 1-2 就是一张莫尔斯编码表。

图 1-2　莫尔斯编码表

将明文对着编码表翻译为"点横"组合的过程，称为编码；反过来，将"点横"组合解密回原文的过程，称为解码。

1.3 机器语言

CPU 是计算机的大脑，虽然它很快，但它并不聪明，它只懂得二进制的 0 和 1，所以如果直接对它下命令，那就是在对牛弹琴，噢不，对"机"弹琴！然而通过编程语言，就可以将希望计算机帮我们处理的任务，翻译成 CPU 能够读懂的指令。

刚才不是说 CPU 只认识 0 和 1 吗？怎么现在又认识指令了呢？大家还记得刚刚讲到的莫尔斯密码吧，没错，事实上 CPU 识别指令的方式和它如出一辙，也是通过查表来实现的。

通过查找指令表，CPU 能将 0 和 1 的组合跟具体的指令挂钩，这些 0 和 1 的组合称为机器码，也叫机器语言，属于第一代编程语言，也是 CPU 唯一可以直接读懂的语言。

比如想在屏幕上输出"Hello World!"，对应的机器语言如图 1-3 所示。

```
0000001: 7f45 4c46 0101 0100 0000 0000 0000 0000  .ELF............
0000010: 0100 0300 0100 0000 0000 0000 0000 0000  ................
0000020: dc00 0000 0000 0000 3400 0000 0000 2800  ........4.....(.
0000030: 0b00 0800 5589 e583 e4f0 83ec 10c7 0424  ....U..........$
0000040: 0000 0000 e8fc ffff ffb8 0000 0000 c9c3  ................
0000050: 4865 6c6c 6f20 776f 726c 6421 0000 4743  Hello world!..GC
0000060: 433a 2028 474e 5529 2034 2e34 2e37 2032  C: (GNU) 4.4.7 2
0000070: 3031 3230 3331 3320 2852 6564 2048 6174  0120313 (Red Hat
0000080: 2034 2e34 2e37 2d31 3629 0000 2e73 796d   4.4.7-16)...sym
0000090: 7461 6200 2e73 7472 7461 6200 2e73 6873  tab..strtab..shs
00000a0: 7472 7461 6200 2e72 656c 2e74 6578 7400  trtab..rel.text.
00000b0: 2e64 6174 6100 2e62 7373 002e 726f 6461  .data..bss..roda
00000c0: 7461 002e 636f 6d6d 656e 7400 2e6e 6f74  ta..comment..not
00000d0: 652e 474e 552d 7374 6163 6b00 0000 0000  e.GNU-stack.....
00000e0: 0000 0000 0000 0000 0000 0000 0000 0000  ................
00000f0: 0000 0000 0000 0000 0000 0000 0000 0000  ................
0000100: 0000 0000 1f00 0000 0100 0000 0600 0000  ................
0000110: 0000 0000 3400 0000 1c00 0000 0000 0000  ....4...........
0000120: 0000 0000 0400 0000 0000 0000 1b00 0000  ................
0000130: 0900 0000 0000 0000 0000 0000 4803 0000  ............H...
0000140: 1000 0000 0900 0000 0100 0000 0400 0000  ................
0000150: 0800 0000 2500 0000 0100 0000 0300 0000  ....%...........
0000160: 0000 0000 5000 0000 0000 0000 0000 0000  ....P...........
0000170: 0000 0000 0400 0000 0000 0000 2b00 0000  ............+...
0000180: 0800 0000 0300 0000 0000 0000 5000 0000  ............P...
0000190: 0000 0000 0000 0000 0000 0000 0400 0000  ................
00001a0: 0000 0000 3000 0000 0100 0000 0200 0000  ....0...........
00001b0: 0000 0000 5000 0000 0d00 0000 0000 0000  ....P...........
00001c0: 0000 0000 0100 0000 0000 0000 3800 0000  ............8...
00001d0: 0100 0000 3000 0000 5d00 0000 0000 0000  ....0...]...
00001e0: 2e00 0000 0000 0000 0000 0000 0100 0000  ................
00001f0: 0100 0000 4100 0000 0100 0000 0000 0000  ....A...........
0000200: 0000 0000 8b00 0000 0000 0000 0000 0000  ................
0000210: 0000 0000 0100 0000 0000 0000 1100 0000  ................
0000220: 0300 0000 0000 0000 0000 0000 8b00 0000  ................
0000230: 5100 0000 0000 0000 0000 0000 0100 0000  Q...............
0000240: 0000 0000 0100 0000 0200 0000 0000 0000  ................
0000250: 0000 0000 9402 0000 a000 0000 0a00 0000  ................
0000260: 0800 0000 0400 0000 1000 0000 0900 0000  ................
0000270: 0300 0000 0000 0000 0000 0000 3403 0000  ............4...
0000280: 1200 0000 0000 0000 0000 0000 0100 0000  ................
0000290: 0000 0000 0000 0000 0000 0000 0000 0000  ................
```

图 1-3　机器语言

　　不是你的计算机坏了，是这个实在太长了，而且这里显示的只是一部分。中间这些数字就是机器语言，这里是十六进制数，可想而知，如果把它们转换成等值的二进制数会有多"恐怖"。

1.4　汇编语言

　　很快第二代编程语言——汇编语言就被发明出来了。在汇编语言中，如图 1-4 所示，引入了大量的助记符来帮助人们编程，然后由汇编编译器将这些助记符转换为机器语言，这个转化的过程称为编译。

```
        .file    "test.c"
        .section         .rodata
.LC0:
        .string "Hello world!"
        .text
.globl main
        .type    main, @function
main:
        pushl    %ebp
        movl     %esp, %ebp
        andl     $-16, %esp
        subl     $16, %esp
        movl     $.LC0, (%esp)
        call     puts
        movl     $0, %eax
        leave
        ret
        .size    main, .-main
        .ident "GCC: (GNU) 4.4.7 20120313 (Red Hat 4.4.7-16)"
        .section         .note.GNU-stack,"",@progbits
```

图 1-4　汇编语言

　　大家有没有发现一下子轻松了好多，至少这里边已经有英文了，不再是只有数字。但是，我们只是想在屏幕上打印"Hello World!"啊，为何要写这么多的 pushl、movl、andl 助记符呢？

1.5　C 语言

　　有需求就会有市场，有市场就会有研发的动力，以 C 语言为代表的第三代编程语言很快就被开发出来了，如图 1-5 所示。第三代编程语言称为高级语言，C++、C#、Java、Delphi、Python、Object-C、Swift 等都属于第三代编程语言。

```
#include <stdio.h>

int main()
{
        printf("Hello world!\n");
        return 0;
}
```

图 1-5　C 语言

　　从图 1-5 中可看出，打印"Hello World!"C 语言只用了 6 行代码，但汇编语言用了 20 行代码，而机器语言则需要上百行代码，无论从开发效率还是代码可读性来说，C 语言都有着极大的优势。我想大家应该会更喜欢用 C 语言进行编程，而不是汇编语言或机器语言。
　　事实上使用 C 语言进行编程，编译器会将 C 语言的代码编译成汇编语言，再由汇编语言的编译器编译为机器语言，通常看到的可执行文件事实上就是机器语言的形式，进而让 CPU 理解和执行。

1.6 C 语言的优势

学习一门编程语言，应该知道这门语言有什么优势，如 C 语言的优势就是效率高、灵活度高、可移植性高。

1. 效率高

我们说 C 语言效率高是针对其他第三代编程语言来讲的，C 语言是编译型语言，源代码最终编译成机器语言，也就是可执行文件，从此 CPU 就可以直接执行，如图 1-6 所示。

除了编译型语言，目前很流行的还有解释型语言，像 Python、Ruby、JavaScript 这些都是解释型语言。解释型语言不直接编译成机器语言，而是将源代码转换成中间代码，然后发送给解释器，由解释器逐句翻译给 CPU 来执行，如图 1-7 所示。这样做的一个好处就是可以实现跨平台的功能，缺点就是效率相对要低一些，因为每执行一次都要翻译一次。

图 1-6 编译型语言

图 1-7 解释型语言

打个通俗易懂的比喻：编译型语言就是做好一桌子菜再开吃；而解释型语言就是吃火锅，想吃什么，就下什么料。很明显，吃火锅相对是比较费时间的。

2. 灵活度高

说到灵活度，恐怕没几门语言可以跟 C 语言相媲美。C 语言不仅提供多种运算符，还可以完成类似计算机底层操作的位运算，语法简单、约束少，拥有丰富多变的结构和数据类型，还拥有可以直接操作计算机硬件的能力。这一点大家在学习到指针的时候将深有体会。指针可以说是 C 语言的灵魂，C 语言有多灵活和强大，完全取决于使用者对指针这一知识点的掌握程度。所以学 C 语言的人，有些成了"大神"，有些仍然是初学者水平。

3．可移植性高

可移植性高是指源代码不需要做改动或只需稍加修改，就能够在其他机器上编译后正确运行。

统计资料表明，对单片机来说，不同机器上的 C 语言编译程序 80%的代码是公共的，因此使用 C 语言的编译程序更便于移植。另外，无论是 Windows、Linux 还是苹果的 Mac OS 系统，抛开现象看本质，它们都与 C 语言有着不可分割的联系。

视频讲解

本书源代码下载

1.7　第一个程序

说了这么多原理，是时候让大家动动手了！第一个程序我们就实现在屏幕上打印"Hello World!"吧。

本书中所有例子均在 Linux 操作系统上（CentOS 6.7）进行演示。虽然大部分例子在 Windows、Linux 或 Mac OS 系统下都可以实现，但小甲鱼还是希望大家尽量尝试使用 Linux 学习，因为在 Linux 系统下，C 语言有更广阔的天地（环境搭建教程请参考附录 A）。

注意：

本书 95%以上的例子都可以在 Windows 系统下实现，推荐的开发工具是 Code::blocks 和 Dev-C++，下载地址 http://bbs.fishc.com/thread-66281-1-1.html。

打开编译器，选择 Aplications→System Tools→Terminal 打开命令行终端，如图 1-8 所示。

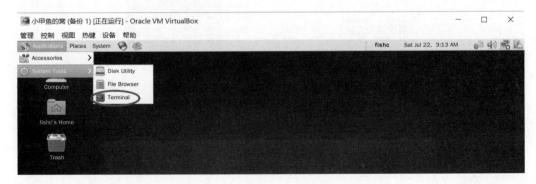

图 1-8　打开终端

输入 mkdir Chapter1 命令，创建一个名为 Chapter1 的文件夹，用于存放第 1 章学习的代码，然后输入 cd Chapter1 切换到该文件夹，如图 1-9 所示。

图 1-9　创建 Chapter1 文件夹

使用 vim 创建一个 test1.c 文件，并输入以下代码（VIM 快速入门请参考附录 B）：

```
//Chapter1/test1.c
#include <stdio.h>
int main(void)
{
        printf("Hello world!\n");
        return 0;
}
```

退出 vim 后，在终端里输入"gcc test1.c && ./a.out"，按下回车（Enter）键，程序
执行并输出结果：

```
[fishc@localhost Chapter1]$ gcc test1.c && ./a.out
Hello world!
```

1.8　打印

视频讲解

一般听到打印二字，大家都会自然而然地联想到第三个字：机，打印机。但是在编
程中，打印一些数据，也就是往屏幕上输出一些数据的意思。

比如 1.7 节演示的程序，就是往屏幕上打印一段文本。这个程序只有 6 行代码，麻
雀虽小，五脏俱全。虽然暂时不知道是什么原理，但程序确实可以运行。不难发现，打
印的内容包含在一对双引号里边，所以只需要稍作修改，就可以让它打印其他内容：

```
#include <stdio.h>
int main(void)
{
        printf("I love FishC.com!\n");
        return 0;
}
```

代码修改之后还需要将程序重新编译运行，才能看到新的结果：

```
[fishc@localhost Chapter1]$ gcc test1.c && ./a.out
I love FishC.com!
```

代码行间有个叫 printf 的单词，print 的意思是打印，言下之意就是让你把指定的内
容打印到屏幕上。那在哪里指定内容呢？就是在 printf 紧接着的小括号的双引号里边指

定打印的内容。注意，这里的小括号必不可少，因为这是 C 语言的约定。只有遵照 C 语言的约定给它下命令，它才懂你的意思，才会按照你的要求去完成任务。

事实上设计一门编程语言，就是设计一套规则和约定，只要用户按照正确的规则和约定来输入，那么程序就能正确执行。

printf 最后的 f 是 formatted 的缩写，格式的意思，因此也通常把 printf 称为格式化输出函数。

"函数"这个词在本书是第一次提及，但在此之后，大家会经常看到它。因为 C 语言为我们提供了很多基本函数，它们用于实现不同的功能，如 printf 函数，就是实现格式化输出的功能，没有它，我们不可能仅用 6 行代码，就将文本打印到屏幕上。

有些想象力丰富的读者可能会依葫芦画瓢，将代码改成下面这样（使用 vim fish.c 命令创建一个新的源代码文件）：

```c
//Chapter1/fish.c
#include <stdio.h>
int main(void)
{
        printf("
      **                *
      *******          **
      ************      ***
      ****************** ****
****** @ ****************
      ****************** ****
      ************      ***
      *******          **
      **               *");


        return 0;
}
```

觉得编译运行后应该会打印一条鱼，结果输出如下：

```
[fishc@localhost Chapter1]$ gcc fish.c && ./a.out
test.c:5:9: warning: missing terminating " character
test.c: In function 'main':
test.c:5: error: missing terminating " character
test.c:10: error: stray '@' in program
test.c:14:25: warning: missing terminating " character
test.c:14: error: missing terminating " character
test.c:16: error: expected expression before 'return'
test.c:17: error: expected ';' before '}' token
```

这次体验明显与之前不同，如果编译完程序以后出现这么多内容，那说明你的程序肯定哪里出问题了，编译不通过。这些内容就是提醒你具体的问题出在哪儿，不过暂时先不用管它。接下来我先告诉你这个程序应该怎么改，然后再来研究为什么要这样改编译才会通过。

程序应该改成下面这样：

```
//Chapter1/fish.c
#include <stdio.h>
int main(void)
{
        printf("\n\
    **          *\n\
   *******       **\n\
  ***********     ***\n\
 *****************  ****\n\
****** @ *****************\n\
 *****************  ****\n\
  ***********     ***\n\
   *******       **\n\
    **          *\n");


        return 0;
}
```

代码修改完之后保存，并将程序重新编译运行，结果输出如下：

```
[fishc@localhost Chapter1]$ gcc fish.c && ./a.out
        **          *
       *******       **
      ***********     ***
     *****************  ****
    ****** @ *****************
     *****************  ****
      ***********     ***
       *******       **
        **          *
```

这次成功了，现在来解释一下原因：在 C 语言中，用双引号括起来的内容称为字符串，也就是平时所说的文本。字符串可以由可见字符和转义字符组成，像上边组成这条鱼的星号（*）就是可见字符，因为你输入什么，显示出来就是什么。

如果想将一个字符串分为两行来显示，那么就需要使用转义字符。转义字符一般是表示特殊含义的非可见字符，以反斜杠开头，见表 1-1。

表 1-1 转义字符

转 义 字 符	含 义
\a	响铃（BEL）
\b	退格（BS），将当前位置移到前一列
\f	换页（FF），将当前位置移到下页开头

续表

转 义 字 符	含 义
\n	换行（LF），将当前位置移到下一行开头
\r	回车（CR），将当前位置移到本行开头
\t	水平制表（HT），跳到下一个 TAB 位置
\v	垂直制表（VT）
\\	表示反斜杠本身（\）
\'	表示单引号（'）
\"	表示双引号（"）
\?	表示问号（?）
\0	表示空字符（NULL）
\ddd	1～3 位八进制数所代表的任意字符
\xhh	1～2 位十六进制数所代表的任意字符

因此，这里在想要另起一行打印的位置插入换行符（\n）。

那后边还有一个反斜杠（\）代表什么意思呢？这个反斜杠后边不带任何内容，意思是：这行代码太长了，我想分两行来写。

 注意：

下边一行的前面不要带有空格或 Tab 这类空字符，要紧挨着行首来写。不然的话，C 语言会认为前边的空字符也是字符串的一部分。

事实上反斜杠不仅可用于连接两行字符串，还可用于连接普通语句，比如下面这样写也是合法的：

```
//Chapter1/fish.c
#include <stdio.h>
int main(void)
{
        pri\
ntf("\n\
     **              *\n\
   *******        **\n\
  ***********     ***\n\
 ***************** ****\n\
****** @ ***************\n\
 ***************** ****\n\
  ***********     ***\n\
   *******        **\n\
     **              *\n");

        return 0;
}
```

对于刚接触 Linux 操作系统的朋友，可能会对书上一些 Linux 命令感到陌生，这里小甲鱼给大家准备好了 Linux 常见命令的用法和例子，详见索引帖 http://bbs.fishc.com/thread-66398-1-1.html。

1.9 变量

变量和常量是程序处理的两种基本数据对象。在学习任何东西之前，都需要先搞懂一个问题，那就是为什么需要它。当弄懂了一个概念为什么会存在的时候，也就理解了它存在的意义，顺便也掌握了相关的知识。

通常会在内存中找一个位置来存放CPU要处理的数据，每个存放数据的位置都有一个"地址"，通过这个地址，CPU就可以找到并使用它们。这个存放数据的位置就是变量。

每个变量都有一个地址，这个地址其实就是一串数字，CPU尤其擅长处理复杂的数字，但我们人类不一样，我们常常为了怕忘记一个电话号码而要拿一个小本记起来，更别说这些复杂的数字了。所以后来发明了变量名，变量名就是给一个数据的"地址"贴标签。这与小时候喜欢根据小伙伴的特点起外号是一样的，我们也根据这些数据的用途给它们起一个好记的名字，这就是变量名，一旦变量有了名字，就可以通过直呼其名的方式来使用它们。

给变量起名字可是有讲究的，C语言变量命名需要遵守以下规则。

- C语言变量名只能由英文字母（A~Z，a~z）和数字（0~9）或者下画线（_）组成，其他特殊字母不行。下画线通常用于连接一个比较长的变量名，如i_love_fishC。
- 变量名必须以英文字母或者下画线开头，不能用数字开头。
- 变量名区分大小写。C语言是大小写敏感的编程语言，也就是大写的FISHC跟小写的fishc会被认为是两个不同的名字。在传统的命名习惯中，用小写字母来命名变量，用大写字母来表示符号常量名。
- 不能使用关键字来命名变量。

什么是关键字？关键字就是C语言内部使用的名字，这些名字都具有特殊的含义。如果把变量命名为这些名字，那么C语言就搞不懂你到底想干什么了。

传统的C语言（ANSI C）有32个关键字，如下：

auto	break	case	char	const	continue	default	do
double	else	enum	extern	float	for	goto	if
int	long	register	return	short	signed	sizeof	static
struct	switch	typedef	union	unsigned	void	volatile	while

C语言历史悠久，随着时代的发展，C语言也在不断地进行改善。之前提到，设计一门编程语言，其实就是设计一套规则和约定，那么C语言的这套规则最初叫做ANSI C，这32个关键字就是ANSI C定义的。

1999年，ISO发布了C99标准，对C语言做了很大的改进。C99标准增加了5个关键字：inline、restrict、_Bool、_Complex 和_Imaginary。

2011年，ISO发布了最新的C11标准，这次加入了一些很炫酷的语言特征。C11标准又增加了 7 个关键字：_Alignas、_Alignof、_Atomic、_Static_assert、_Noreturn、_Thread_local 和 _Generic。

ANSI C、C99 和 C11，它们之间差别并不大，在大多数情况下，它们都是和谐共处的，以后遇到有区别时会给大家指出来。

为变量指定名字之后，还需要为变量指定"坑位"的大小，即指定该变量即将存放的数据类型。因为不同的数据它的尺寸不一样，所以如果把每个坑都挖得很大，是可以存放任何数据类型，但也会造成浪费；如果把每个坑挖得很小，是可以节省一点，但大号的数据又放不进去。

下面是 C 语言常用的基本数据类型。

- char——字符型，占用一个字节。
- int——整型，通常反映了所用机器中整数的自然长度。
- float——单精度浮点型。
- double——双精度浮点型。

在声明变量的时候需要指定数据类型，声明变量的语法为：

```
数据类型 变量名;
int a;        /* 在内存中找到一个整型大小的位置，并给它命名为 a */
char b;       /* 在内存中找到一个字节大小的位置，并给它命名为 b */
float c;      /* 在内存中找到一个单精度浮点型数据大小的位置，并给它命名为 c */
double d;     /* 在内存中找到一个双精度浮点型数据大小的位置，并给它命名为 d */
```

注意：

/* */ 中间的内容是注释，用于帮助程序员理解代码，编译器不予理会。

接下来看一个程序，然后逐句给大家分析：

```
//Chapter1/test2.c
#include <stdio.h>
int main(void)
{
    int a;
    char b;
    float c;
    double d;

    a = 520;
    b = 'F';
    c = 3.14;
    d = 3.141592653;

    printf("鱼C工作室创办于2010年的%d\n", a);
    printf("I love %cishC.com!\n", b);
    printf("圆周率是：%.2f\n", c);
    printf("精确到小数点后9位的圆周率是：%11.9f\n", d);
```

```
        return 0;
}
```

程序实现如下：

```
[fishc@localhost Chapter1]$ gcc test2.c && ./a.out
鱼 C 工作室创办于 2010 年的 520
I love FishC.com!
圆周率是：3.14
精确到小数点后 9 位的圆周率是：3.141592653
```

变量在声明之后就可以使用它，如：

```
a = 520;
```

该语句就是将变量 a 赋值为整数 520（注意：C 语言中的语句以分号结束）。

```
b = 'F';
```

这条语句则是将变量 b 赋值为字符'F'，字符类型用单引号括起来；1.8 节 printf 函数中双引号包含的是字符串，字符串就是一串字符，所以 C 语言的命名还是很科学的。

```
c = 3.14;
```

存放整数的类型叫整型，存放字符的类型叫字符型。那什么是浮点型呢？没错，就是存放浮点数的类型。那浮点数又是什么呢？就是平时所说的，带有小数点的数。

单精度浮点型用于存放小数点后位数比较小的浮点数，对于位数比较大的，要用更大的空间来存储，那就是双精度浮点型。

```
d = 3.141592653;
```

最后，1.8 节中讲到 printf 函数为格式化输出，那什么是格式化输出？这里就是一个很好的例子。所谓的格式化就是将这些不同的数据类型，转换为字符串的形式，最后打印出来。

```
printf("鱼 C 工作室创办于 2010 年的%d\n", a);
```

%d 表示字符串后边跟着的是一个整型的参数（就是变量 a），在程序编译的时候就会将变量 a 转换并替换%d 所在字符串的位置。

```
printf("I love %cishC.com!\n", b);
```

%c 表示转换的目标是一个字符型数据。

```
printf("圆周率是：%.2f\n", c);
```

%f 表示转换的目标是一个浮点型数据，可以是单精度浮点型，也可以是双精度浮点型。".2" 表示精度，就是保留小数点后两位的意思。

```
printf("精确到小数点后 9 位的圆周率是：%11.9f\n", d);
```

同样地，这里变量 d 精确度比较高（小数点后 9 位），前边的 11 表示整个数据所占的总宽度是 11 位。

【扩展阅读】更多有关 printf 函数的知识大家可以访问http://bbs.fishc.com/thread-66471-1-1.html 或扫描图 1-10所示二维码查阅。

图 1-10　printf 函数文档

视频讲解

1.10　常量

上一节介绍了变量，变量就是在内存中找一个适当的空间并给它命名，用它来存放数据。这一节来说说常量，什么是常量呢？在程序运行的过程中，它的值不能够被改变，称为常量。如字符'a'，数字 520，小数 3.14，这些都是常量，因为它们仅代表一个具体的值，并且不能够被改变。

C 语言中常见的常量如下。

（1）整型常量：520, 1314, 123。

（2）实型常量：3.14, 5.12, 8.97。

（3）字符常量。

- 普通字符：'L', 'o', 'v', 'e'。
- 转义字符：'\n', '\t', '\b'。

（4）字符串常量："FishC"。

（5）符号常量：使用之前必须先定义。

1.10.1　定义符号常量

符号常量的定义格式为：

```
#define 标识符 常量
```

比如：

```
#define URL "http://www.fishc.com"
#define NAME "鱼C工作室"
#define BOSS "小甲鱼"
#define YEAR 2010
#define MONTH 5
#define DAY 20
```

其中，#define 是一条预处理命令（预处理命令都以"#"开头），也称为宏定义命令。

预处理命令在后边会给大家专门讲解，现在只需要知道#define 的功能就是把程序中所有出现的标识符都替换为随后的常量。

宏定义就是这么简单，但却非常实用，在之后的大型程序开发中我们离不开它。举个例子：

```
//Chapter1/test3.c
#include <stdio.h>

#define URL "http://www.fishc.com"
#define NAME "鱼C工作室"
#define BOSS "小甲鱼"
#define YEAR 2010
#define MONTH 5
#define DAY 20

int main(void)
{
        printf("%s 成立于%d 年%d 月%d 日\n", NAME, YEAR, MONTH, DAY);
        printf("%s 是%s 创立的…\n", NAME, BOSS);
        printf("%s 的域名是%s\n", NAME, URL);
        return 0;
}
```

上边的大写字母 URL、NAME、BOSS、YEAR、MONTH、DAY 都是符号常量，正如大家看到的，为了将符号常量和普通的变量名区分开，习惯使用大写字母来命名符号常量，使用小写字母来命名变量。

1.10.2 标识符

在 C 语言中，标识符指的就是一切的名字。比如 1.10.1 节中的符号常量名是标识符，变量名也是一个标识符，即将学到的函数、数组、自定义类型的名字都称为标识符。那么标识符的命名就需要符合一定的规律，就是 1.9 节变量的命名规律。

1.10.3 字符串常量

关于字符串常量，我觉得有必要跟大家开展一轮"头脑风暴"！

我们都知道用单引号括起来表示一个字符，编译器只需要为每个字符准备一个字节的空间就足够存放了，如图 1-11 所示。

图 1-11 单个字符的内存空间

用双引号括起来的表示一个字符串，字符串就是一串字符连在一起，那么这串字符在内存中的存放就成了问题。

比如"Hello World"是 11 个字符，那么编译器只需要为它准备 11 字节的空间即可存放，但"I love FishC.com!"是 17 个字符，也就意味着编译器需要为它准备 17 字节来存放。说到这里，大家知道问题出在哪儿吗？没错，问题就出在当代码写完了，编译执行的时候，操作系统如何判断一个字符串的长度。

我们知道内存的空间是连续的，字符串的长度又是不确定的，所以如果无法判断一个字符串的长度或者结束位置，那么就无法完整地读取整个字符串。因此，C 语言的发明者需要发明一种方法，当操作系统读取一个字符串的时候，就可以确定它的结束位置，或者知道它的长度。

那么 C 语言的发明者是怎么做的呢？他用一个特殊的转义字符来表示字符串的结束位置，这样当操作系统读取到这个转义字符的时候，就知道该字符串到此为止了，这个转义字符就是空字符：'\0'。

视频讲解

1.11　数据类型

前面我们比喻变量就是在内存里边挖一个"坑"，然后给这个"坑"命名，那么数据类型指的就是这个坑的尺寸。C 语言允许使用的数据类型如图 1-12 所示。

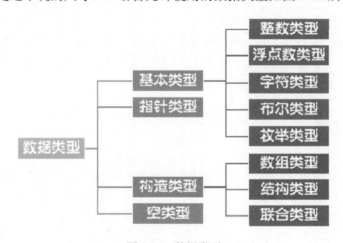

图 1-12　数据类型

目前为止我们已经接触了整型 int，浮点型 float、double，还有字符型 char。除此之外，还有一个枚举类型，这个以后用到了再介绍。

另外，C99 标准还补充了一个布尔类型：_Bool。布尔类型就是只表示两个值：真或假，也就是 true 或 false。对于人类来说，世事无绝对，但计算机可不一样，要么"是"，要么"否"，绝不会存在模棱两可的情况。所以，这个布尔类型的补充，对于 C 语言的发展来说就非常重要了。

【扩展阅读】大家可能觉得奇怪，为何这个类型跟其他类型不一样呢？在 C99 的标准中我也没有查到相关的说明，所以写了一些自己的猜想，大家可访问 http://bbs.fishc.com/thread-67033-1-1.html 或扫描图 1-13所示二维码进行查阅。

图 1-13　为什么 C99 新增加的布尔类型叫_Bool

C 语言包含了 5 种基本数据类型，如图 1-14 所示。

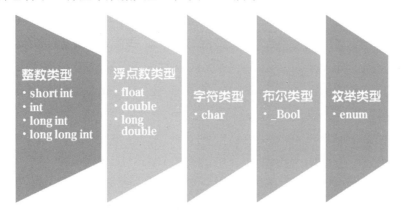

图 1-14　基本数据类型

我们还可以为这些基本数据类型加上一些限定符，如表示长度的 short 和 long。比如，int 经过限定符修饰之后，可以是 short int，long int，还可以是 long long int，其中的 long long int 是 C99 新增加的。

这里需要说明的是，C 语言并没有规定 int 具体的尺寸是占多少字节，标准只是要求：short int <= int <= long int <= long long int。

这样约定的好处就是使得 C 语言可以长久使用。现在的主流 CPU 是 64 位，可以预测不久的将来会推出 128 位甚至 256 位的 CPU，但是在 C 语言刚刚出现的时候，CPU 还是以 8 位和 16 位为主。如果那时候就将整型定死为 8 位或 16 位，那么现在我们肯定不会再学习 C 语言了。虽然你现在也许还不了解 8 位和 64 位对于一个程序来说意味着什么，不过光听这些数字的差距，都觉得 8 位要低很多了，对不对？

1.12　sizeof 运算符

虽然 C 语言标准没有规定基本数据类型的具体尺寸是多少，但 C 语言为我们提供了一个特殊的运算符——sizeof 运算符。sizeof 运算符用于获得数据类型或表达式的尺寸，它有以下 3 种使用方式。

- sizeof(type_name);　//sizeof(类型);

- sizeof(object);　　　　//sizeof(对象);
- sizeof object;　　　　//sizeof 对象;

请看下面例子：

```
//Chapter1/test4.c
#include <stdio.h>
int main(void)
{
        int i;
        char j;
        float k;

        i = 123;
        j = 'C';
        k = 3.14;

        printf("size of int is %d\n", sizeof(int));
        printf("size of i is %d\n", sizeof(i));
        printf("size of char is %d\n", sizeof(char));
        printf("size of j is %d\n", sizeof j);
        printf("size of float is %d\n", sizeof(float));
        printf("size of k is %d\n", sizeof k);

        return 0;
}
```

程序实现如下：

```
[fishc@localhost Chapter1]$ gcc test4.c && ./a.out
size of int is 4
size of i is 4
size of char is 1
size of j is 1
size of float is 4
size of k is 4
```

下面的例子中，将当前编译系统的基本数据类型所占的尺寸信息打印出来。

```
//Chapter1/test5.c
#include <stdio.h>
int main(void)
{
        printf("int = %d\n", sizeof(int));
        printf("short int = %d\n", sizeof(short));
        printf("long int = %d\n", sizeof(long));
        printf("long long int = %d\n", sizeof(long long));
        printf("char = %d\n", sizeof(char));
        printf("_Bool = %d\n", sizeof(_Bool));
```

```
        printf("float = %d\n", sizeof(float));
        printf("double = %d\n", sizeof(double));
        printf("long double = %d\n", sizeof(long double));

        return 0;
}
```

程序实现如下：

```
[fishc@localhost Chapter1]$ gcc test5.c && ./a.out
int = 4
short int = 2
long int = 4
long long int = 8
char = 1
_Bool = 1
float = 4
double = 8
long double = 12
```

1.13 signed 和 unsigned

还有一对类型限定符是 signed 和 unsigned，它们用于限定 char 类型和任何整型变量的取值范围。

signed 表示该变量是带符号位的，而 unsigned 表示该变量是不带符号位的。带符号位的变量可以表示负数；而不带符号位的变量只能表示正数，它的存储空间也就相应扩大 1 倍。默认所有的整型变量都是 signed 的，也就是带符号位的。

加上 signed 和 unsigned 限定符，4 种整型就变成了以下 8 种。

- [signed] short [int]。
- unsigned short [int]。
- [signed] int。
- unsigned int。
- [signed] long [int]。
- unsigned long [int]。
- [signed] long long [int]。
- unsigned long long [int]。

请看下面的例子：

```
//Chapter1/test6.c
#include <stdio.h>
int main(void)
```

```
{
    short i;
    unsigned short j;

    i = -1;
    j = -1;

    printf("%d\n", i);
    printf("%u\n", j);

    return 0;
}
```

注意：

printf()函数用%u 表示输出无符号整数。

程序实现如下：

```
[fishc@localhost Chapter1]$ gcc test6.c && ./a.out
-1
65535
```

如果给一个声明为无符号类型的短整型变量赋值一个负数，那么程序就不能如我们所愿地实现了，那么这里为何打印的是 65 535 呢？大家不妨思考一下。

视频讲解

1.14 取值范围

前面介绍了数据类型，还讲了如何获得数据类型的尺寸，无非就是为了求得它的取值范围。那取值范围意味着什么呢？取值范围就意味着这个变量可以存放的最大值和最小值分别是多少。

那这个值如何计算呢？要从二进制的单位——比特（bit）说起。人们总是说 CPU 非常"笨"，是因为它只认识二进制，比特是 CPU 能读懂的最小单位。

而我们人类则相反，不喜欢用比特来计算，一般说内存机构的最小寻址单位是字节（Byte）而不是比特。字节与比特是什么关系呢？1 字节存放 8 比特。

每个比特只能存放二进制的 0 或 1，那么 1 字节最大可以存放的数是多少？因为是二进制，所以最大的数无非就是：

如果用习惯的十进制数表示的话，是多少呢？取值范围见表 1-2。

表 1-2 取值范围

二 进 制	十 进 制	十六进制	二 进 制	十 进 制	十六进制
0	0	0	1010	10	A
1	1	1	1011	11	B
10	2	2	1100	12	C
11	3	3	1101	13	D
100	4	4	1110	14	E
101	5	5	1111	15	F
110	6	6	10000	16	10
111	7	7	10001	17	11
1000	8	8	...	...	...
1001	9	9	11111111	255	FF

1 字节等于 8 比特，用二进制表示是 11111111，而对应的十进制数就是 255，值是一样的，只是表示的方式不同而已。255 就是 1 字节可以表示的最大值。

1.12 节中求得 sizeof(int) 的值是 4 字节，也就是一个整型变量在这个虚拟机系统中占 4 字节的存储空间。4 字节就是 32 比特，用二进制表示最大值就是 32 个 1，用十进制表示是多少呢？我们总不能从 0 一直数到 32 个 1 吧？当然不，学习数学就是让我们学会利用一些规律，来提高工作效率的。

观察表 1.2：二进制 11 对应十进制的值相当于 2 的 2 次方减 1（$2^2-1=3$）；二进制 111 对应十进制的值相当于 2 的 3 次方减 1（$2^3-1=7$）；二进制 1111 对应十进制的值相当于 2 的 4 次方减 1（$2^4-1=15$）……也就是说有多少比特，就是先求 2 的多少次方，再减 1，对应的就是转换为十进制数的值。所以，二进制 32 个 1 可以表示的最大值应该就是 2 的 32 次方减 1，即 $2^{32}-1=4\,294\,967\,295$。

【扩展阅读】这里只是告诉大家一个小技巧，有关进制转换的更多技巧并不在本书的讨论范围之内，感兴趣的读者可以访问 http://bbs.fishc.com/thread-67123-1-1.html（注：此网址在 2018 年 8 月时可正确访问）或扫描图 1-15 所示二维码进行查阅。

图 1-15 进制转换

pow 函数用于进行求幂运算，只要将底数和指数作为参数传递给它，就会返回对应的结果。比如，pow(2, 3) 返回的是 8，pow(2, 5) 返回的是 32。现在利用 pow 函数，算一算 int 可以存放的最大值是多少。

```c
//Chapter1/test7.c
#include <stdio.h>
#include <math.h>
int main(void)
{
    int result = pow(2, 32) - 1;
```

```
        printf("result = %d\n", result);
        return 0;
}
```

 注意：

pow 函数是属于 math 库的函数，所以编译的时候需要加上-lm 命令。

程序实现如下：

```
[fishc@localhost Chapter1]$ gcc -lm test7.c && ./a.out
test7.c: In function 'main':
test7.c:6: warning: overflow in implicit constant conversion
result = 2147483647
```

打印出了结果 "result = 2147483647"，但却多了两行内容。编译后如果出现一些奇怪的内容，那就说明代码有问题，这是 GCC 编译器给我们的提醒：test7.c:6: warning: overflow in implicit constant conversion，意思是代码的第 6 行有个警告。一般编译结果有问题就可能出现警告（warning）或错误（error）：警告表示编译器怀疑你的代码可能有问题，但可以通过编译并生成可执行文件；而错误则表示代码存在语法错误，无法通过编译。这里是一个警告，内容是：常量转换溢出。

2 的 32 次方减 1 的值应该等于 4 294 967 295，而编译器显示的却是 2 147 483 647，怪不得会有 "警告"。这是因为在默认情况下，int 是 signed 类型的，即带符号位的整型。在存放整型的存储单元中，左边第一位不用来存放数值，而是表示符号位。如果该位为 0，表示该整数是一个正数；如果该位为 1，表示该整数是一个负数。所以，如果想要将整型的 32 比特全部用来存放数据的值，那必须用 unsigned int 来声明变量，代码修改为：

```
//Chapter1/test7.c
#include <stdio.h>
#include <math.h>
int main(void)
{
        unsigned int result = pow(2, 32) - 1;
        printf("result = %u\n", result);
        return 0;
}
```

程序实现如下：

```
[fishc@localhost Chapter1]$ gcc -lm test7.c && ./a.out
result = 4294967295
```

那么如果是 signed int 类型，可以存放的最大值是多少呢？

分析：一个 32 比特的整型变量，除去左边第一位是符号位，剩下表示值的只有 31

比特。因此，int 类型最大能够存放的整数应该是 2 的 31 次方减 1。

代码如下：

```
//Chapter1/test8.c
#include <stdio.h>
#include <math.h>
int main(void)
{
        int result = pow(2, 31) - 1;
        printf("result = %d\n", result);
        return 0;
}
```

程序实现如下：

```
[fishc@localhost Chapter1]$ gcc -lm test8.c && ./a.out
result = 2147483647
```

无符号数的最小值肯定是 0，因为它没有负数。但对于有符号数来说，它的最小值应该是多少呢？

要搞清楚这个问题，就需要先弄清楚计算机是如何存储负数的。事实上，计算机是用补码的形式来存放整数的值（包括正整数和负整数）。正数的补码是该数的二进制形式。负数的补码需要通过以下几步获得：先取得该数的绝对值的二进制形式；再按位取反；最后加 1。

举个例子，对于 1 字节单元来说，7 的补码是这么存放的：

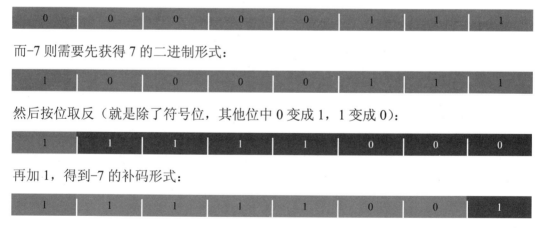

而-7 则需要先获得 7 的二进制形式：

然后按位取反（就是除了符号位，其他位中 0 变成 1，1 变成 0）：

再加 1，得到-7 的补码形式：

使用补码来存放整数有一些特征：当符号位为 0 的时候，后边的 1 越多，整数的值就越大；而当符号位为 1 的时候，后边的 0 越多，整数的值就越小，如图 1-16 所示。

对于 1 字节来说，最小值是-128，而最大值却是 127，这是为什么呢？这是因为从正数中分割了一个位置给一个特殊的数，那就是 0。

【扩展阅读】使用补码的好处请访问 http://bbs.fishc.com/thread-67124-1-1.html 或扫描图 1-17 所示二维码进行查阅。

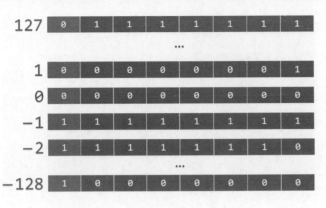

图 1-16　补码

图 1-17　使用补码的好处

表 1-3 是截至目前我们接触过的数据类型的取值范围。

表 1-3　取值范围

数 据 类 型	字 节 数	取 值 范 围
signed char	1	−128～127
unsigned char	1	0～255
short	2	−32 768～32 767
unsigned short	2	0～65 535
int	4	−2 147 483 648～2 147 483 647
unsigned int	4	0～4 294 967 295
long	4	−2 147 483 648～2 147 483 647
unsigned long	4	0～4 294 967 295
long long	8	−9 223 372 036 854 775 808～9 223 372 036 854 775 807
unsigned long long	8	0～18 446 744 073 709 551 615
float	4	1.17549×10^{-38}～3.40282×10^{38}
double	8	2.22507×10^{-38}～1.79769×10^{308}
long double	12	2.22507×10^{-38}～1.79769×10^{308}

关于浮点数的存放形式和取值范围本书不要求掌握，不过有些读者朋友会感兴趣，所以这里准备了两篇扩展阅读，感兴趣的读者可以自己参考学习。

【扩展阅读】定点数：用二进制表示小数请访问 http://bbs.fishc.com/thread-67211-1-1.html 或扫描图 1-18 所示二维码进行查阅。

图 1-18　定点数：用二进制表示小数

【扩展阅读】浮点数：表示更大范围的小数请访问 http://bbs.fishc.com/thread-67214-1-1.html 或扫描图 1-19 所示二维码进行查阅。

图 1-19 浮点数：表示更大范围的小数

1.15 字符

视频讲解

在 C 语言中，使用 char 来声明字符变量，printf 函数使用%c 来输出字符。其实字符变量还可以用来存放整数，并且会输出意想不到的结果，这又是怎么一回事呢？来看下面这个例子：

```
//Chapter1/test9.c
#include <stdio.h>
int main(void)
{
    char a = 'C';
    printf("%c = %d\n", a, a);
    return 0;
}
```

程序实现如下：

```
[fishc@localhost Chapter1]$ gcc test9.c && ./a.out
C = 67
```

这里声明了一个字符变量 a，并用它存放一个大写字母'C'。然后调用 printf 函数，将变量 a 使用%c 字符的形式以及%d 整数的形式打印出来。于是结果为 C = 67。

这不由让我们想到了莫尔斯密码，字符也同样是利用"查表"的原理。C 语言中有一张对照表，将二进制数与英文字符一一对应，这就是 ASCII 字符表。

标准 ASCII 字符表使用 7 位二进制数来表示所有的大写和小写字母，数字 0～9，标点符号，以及在美式英语中使用的特殊控制字符。其中，ASCII 字符表上的数字 0～31 以及 127（共 33 个）分配给了控制字符，用于控制打印机等一些外围设备，见表 1-4。

表 1-4 ASCII 字符表（1）

二进制	十进制	十六进制	缩写	含　义
0000 0000	0	00	NUL	空字符
0000 0001	1	01	SOH	标题开始
0000 0010	2	02	STX	文本开始
0000 0011	3	03	ETX	文本结束
0000 0100	4	04	EOT	传输结束

续表

二进制	十进制	十六进制	缩写	含　　义
0000 0101	5	05	ENQ	请求
0000 0110	6	06	ACK	确认响应
0000 0111	7	07	BEL	响铃
0000 1000	8	08	BS	退格
0000 1001	9	09	HT	水平制表符
0000 1010	10	0A	LF	换行符
0000 1011	11	0B	VT	垂直制表符
0000 1100	12	0C	FF	换页符
0000 1101	13	0D	CR	回车键
0000 1110	14	0E	SO	取消变换（Shift out）
0000 1111	15	0F	SI	启动变换（Shift in）
0001 0000	16	10	DLE	数据链路转义
0001 0001	17	11	DC1	设备控制一（XON，激活软件速度控制）
0001 0010	18	12	DC2	设备控制二
0001 0011	19	13	DC3	设备控制三（XOFF，停用软件速度控制）
0001 0100	20	14	DC4	设备控制四
0001 0101	21	15	NAK	拒绝接收
0001 0110	22	16	SYN	同步空闲
0001 0111	23	17	ETB	区块传输结束
0001 1000	24	18	CAN	取消
0001 1001	25	19	EM	连接介质中断
0001 1010	26	1A	SUB	替换
0001 1011	27	1B	ESC	退出键
0001 1100	28	1C	FS	文件分区符
0001 1101	29	1D	GS	组群分隔符
0001 1110	30	1E	RS	记录分隔符
0001 1111	31	1F	US	单元分隔符
0111 1111	127	7F	DEL	删除

数值 32～126 分配给了能在键盘上找到的字符，见表 1-5。

表 1-5　ASCII 字符表（2）

二进制	十进制	十六进制	字符	二进制	十进制	十六进制	字符
0010 0000	32	20	空格	0010 1001	41	29	)
0010 0001	33	21	!	0010 1010	42	2A	*
0010 0010	34	22	"	0010 1011	43	2B	+
0010 0011	35	23	#	0010 1100	44	2C	,
0010 0100	36	24	$	0010 1101	45	2D	-
0010 0101	37	25	%	0010 1110	46	2E	.
0010 0110	38	26	&	0010 1111	47	2F	/
0010 0111	39	27	'	0011 0000	48	30	0
0010 1000	40	28	(	0011 0001	49	31	1

续表

二进制	十进制	十六进制	字符	二进制	十进制	十六进制	字符
0011 0010	50	32	2	0101 1001	89	59	Y
0011 0011	51	33	3	0101 1010	90	5A	Z
0011 0100	52	34	4	0101 1011	91	5B	[
0011 0101	53	35	5	0101 1100	92	5C	\
0011 0110	54	36	6	0101 1101	93	5D	]
0011 0111	55	37	7	0101 1110	94	5E	^
0011 1000	56	38	8	0101 1111	95	5F	_
0011 1001	57	39	9	0110 0000	96	60	`
0011 1010	58	3A	:	0110 0001	97	61	a
0011 1011	59	3B	;	0110 0010	98	62	b
0011 1100	60	3C	<	0110 0011	99	63	c
0011 1101	61	3D	=	0110 0100	100	64	d
0011 1110	62	3E	>	0110 0101	101	65	e
0011 1111	63	3F	?	0110 0110	102	66	f
0100 0000	64	40	@	0110 0111	103	67	g
0100 0001	65	41	A	0110 1000	104	68	h
0100 0010	66	42	B	0110 1001	105	69	i
0100 0011	67	43	C	0110 1010	106	6A	j
0100 0100	68	44	D	0110 1011	107	6B	k
0100 0101	69	45	E	0110 1100	108	6C	l
0100 0110	70	46	F	0110 1101	109	6D	m
0100 0111	71	47	G	0110 1110	110	6E	n
0100 1000	72	48	H	0110 1111	111	6F	o
0100 1001	73	49	I	0111 0000	112	70	p
0100 1010	74	4A	J	0111 0001	113	71	q
0100 1011	75	4B	K	0111 0010	114	72	r
0100 1100	76	4C	L	0111 0011	115	73	s
0100 1101	77	4D	M	0111 0100	116	74	t
0100 1110	78	4E	N	0111 0101	117	75	u
0100 1111	79	4F	O	0111 0110	118	76	v
0101 0000	80	50	P	0111 0111	119	77	w
0101 0001	81	51	Q	0111 1000	120	78	x
0101 0010	82	52	R	0111 1001	121	79	y
0101 0011	83	53	S	0111 1010	122	7A	z
0101 0100	84	54	T	0111 1011	123	7B	{
0101 0101	85	55	U	0111 1100	124	7C	|
0101 0110	86	56	V	0111 1101	125	7D	}
0101 0111	87	57	W	0111 1110	126	7E	~
0101 1000	88	58	X				

正如上面的例子中的大写字母'C'，如果直接将它存放在字符变量中的数值打印出来，就是 ASCII 字符表'C'对应的数值，即 67。下面例子声明几个字符变量，先给它们直

接赋值整数，再以字符的形式打印：

```
//Chapter1/test10.c
#include <stdio.h>
int main(void)
{
        char a = 70, b = 105, c = 115, d = 104, e = 67;
        printf("%c%c%c%c%c\n", a, b, c, d, e);
        return 0;
}
```

程序实现如下：

```
[fishc@localhost Chapter1]$ gcc test10.c && ./a.out
FishC
```

不难得出结论：字符类型事实上就是一个特殊的整型，所以字符类型也有取值范围，也可以用 signed 和 unsigned 修饰。对于整数类型来说，如果不写 signed 或 unsigned，那么默认是 signed 带符号位的。但是，C 标准并没有规定 char 必须是 signed char 还是 unsigned char，C 语言将这个决定的权力交由编译系统自行实现。不要小看这个细节，很多程序员用 C 语言写出来的代码含有隐含的漏洞，就是由于没有重视这些小细节导致的。

比如，开发一个程序，需要用一个变量来存放用户的身高数据。某程序员使用 char 类型来存储身高的数据，在他的编译系统里，char 默认是 unsigned char，取值范围也就是 0~255。但是同样的代码，如果放到本书搭建的环境上，结果又是怎样的呢？

```
//Chapter1/test11.c
#include <stdio.h>
int main(void)
{
        char height;
        height = 170;
        printf("小甲鱼的身高是%d 厘米！\n", height);
        return 0;
}
```

程序实现如下：

```
[fishc@localhost Chapter1]$ gcc test11.c && ./a.out
小甲鱼的身高是-86 厘米！
```

天哪，小甲鱼都逆向生长，长到地底下去了……

所以，这个例子给我们的经验就是：写任何代码，都不要想当然。

1.16 字符串

C 语言没有专门为存储字符串设计一个单独的类型，因为没有必要。之前已经介绍过，字符串事实上就是一串字符，所以只需要在内存中找一块空间，然后存放一串字符类型的变量就可以了。

定义字符串的语法是：

```
char 变量名[数量];
```

对字符串进行赋值，事实上就是对这一块空间里边的每一个字符变量大小的位置进行赋值，通过索引号来获得每个位置：

```
变量名[索引号] = 字符;
```

比如下面这几个例子：

- char name[5];
- name[0] = 'F';
- name[1] = 'i';
- name[2] = 's';
- name[3] = 'h';
- name[4] = 'C';

注意：

这个索引号是从 0 开始计算的，所以由 5 个字符构成的字符串，它们的索引号分别是 0、1、2、3、4。

字符串的定义还可以直接这样写：

```
char name[5] = {'F', 'i', 's', 'h', 'C'};
```

下面举个例子：

```
//Chapter1/test12.c
#include <stdio.h>
int main(void)
{
    char a[5] = {'F', 'i', 's', 'h', 'C'};
    printf("%s\n", a);
    return 0;
}
```

程序实现如下：

```
[fishc@localhost Chapter1]$ gcc test12.c && ./a.out
FishC
```

看上去是没问题了，但这个程序是有隐藏漏洞的。现在添加一个 printf 函数，打印"Hello!"。

```
//Chapter1/test12.c
```

```
#include <stdio.h>
int main(void)
{
        char a[5] = {'F', 'i', 's', 'h', 'C'};
        printf("%s\n", a);
        printf("Hello!\n");
        return 0;
}
```

程序实现如下：

```
[fishc@localhost Chapter1]$ gcc test12.c && ./a.out
FishC▓▓
Hello!
```

怎么会出现乱码呢？大家回忆一下，之前讨论过的C语言是如何处理字符串常量的。没错，为了确定字符串结束的位置，规定在字符串的最后加上一个'\0'来表示结束。这里声明了5个char类型的变量，刚好用来存放5个字符，这样最后就没有位置存放表示字符串结束的'\0'了。所以应该这样改：

```
char a[6] = {'F', 'i', 's', 'h', 'C', '\0'};
```

修改后程序实现如下：

```
[fishc@localhost Chapter1]$ gcc test12.c && ./a.out
FishC
Hello!
```

定义字符串时，中括号里面的数量其实可以不写，编译器会自动帮你计算字符串的长度：

```
char a[] = {'F', 'i', 's', 'h', 'C', '\0'};
```

事实上还可以再偷懒一下，直接在大括号中写入字符串常量：

```
char a[] = {"FishC"};
```

这样使用字符串常量就不必惦记着一定要在末尾添加一个'\0'，它会自动帮你加上。

最后，如果使用字符串常量的话，这个大括号也是可以省掉的：

```
char a[] = "FishC";
```

视频讲解

1.17 运算符

几乎每一个有意义的程序都需要进行计算，写代码设计程序，就是为了告诉计算机如何对数据进行加工处理，最后得到想要的结果。

C 语言通过提供大量的运算符来支持我们对数据进行处理,前边将一个值存放到变量中,使用的是赋值运算符,就是等号(=)。对字符串中的某个字符进行索引,则是将方括号([])作为下标运算符来实现。这一节来谈谈 C 语言中最常用的运算符——算术运算符。

1.17.1 算术运算符

C 语言支持的算术运算符见表 1-6。

表 1-6 算术运算符

运 算 符	名 称	例 子	结 果
+	加法运算符(双目)	5 + 3	8
−	减法运算符(双目)	5 − 3	2
*	乘法运算符(双目)	5 * 3	15
/	除法运算符(双目)	5 / 3	1
		5.0 / 3.0	1.666 667
%	求余运算符(双目)	5 % 3	2
		5.0 / 3.0	出错
+	正号运算符(单目)	+5	5
−	负号运算符(单目)	−5	−5

这里有以下几点需要注意。

(1)因为键盘上没有乘号和除号两个按键,所以用星号(*)和斜杠(/)代替。

(2)对于整数间的除法采取直接舍弃小数部分的方式,而不是四舍五入。

(3)对于浮点数间的除法则能获得一个相对逼近结果的值(如果除不尽或位数特别多的话)。

(4)百分号(%)表示求余数的意思,但求余运算符要求两边的操作数都要是整数,其结果也是整数。

1.17.2 目

表 1-6 中有些运算符后边写"双目",有些写"单目",那么到底什么是"目"呢?

我们把被运算符作用的运算对象称为操作数,如 1+2,那么 1 和 2 就是被加法运算符(+)作用的两个操作数。

一个运算符是双目运算符还是单目运算符,就是看它有多少个操作数。加号(+)作为加法运算符使用的时候,它有两个操作数,称为双目运算符;但是,表示正号(+)的时候,它只有一个操作数,称为单目运算符。

C 语言除了单目运算符、双目运算符,还有唯一的一个三目运算符,就是有三个操作数,这个稍后再介绍。

1.17.3　表达式

用运算符和括号将操作数连接起来的式子，称为表达式，下面是几个表达式的例子：
- 1 + 1
- 'a' + 'b'
- a + b
- a + 'b' + pow(a, b) * 3 / 4 + 5

表达式可以很简单（像 1+1），也可以很复杂（像 a + 'b' + pow(a, b) * 3 / 4 + 5）。那么涉及复杂的表达式，就需要讨论计算的先后顺序问题了。对于算术运算符构成的表达式，只需要用到小学的数学知识就足够了——先乘除，后加减。但如果一个表达式内存在多种不同的运算符，那么就需要考虑到运算符的优先级和结合性的问题。

1.17.4　运算符的优先级和结合性

表 1-7 列举了 C 语言所有运算符的优先级和结合性。

表 1-7　运算符的优先级和结合性

优先级	运 算 符	含 义	使 用 形 式	结 合 性	说 明
1	[]	数组下标	数组名[整型表达式]	左到右 →	
	()	圆括号	(表达式)		
	.	成员选择（对象）	对象.成员名		
	->	成员选择（指针）	对象指针->成员名		
2	−	负号运算符	−表达式	右到左 ←	单目运算符
	(类型)	强制类型转换	(数据类型)表达式		单目运算符
	++	自增运算符	++变量名或变量名++		单目运算符
	--	自减运算符	--变量名或变量名--		单目运算符
	*	取值运算符	*指针表达式		单目运算符
	&	取地址运算符	&左值表达式		单目运算符
	!	逻辑非运算符	!表达式		单目运算符
	~	按位取反运算符	~表达式		单目运算符
	sizeof	长度运算符	sizeof 表达式或 sizeof(类型)		单目运算符
3	/	除	表达式 / 表达式	左到右 →	双目运算符
	*	乘	表达式 * 表达式		双目运算符
	%	余数（取模）	整型表达式 % 整型表达式		双目运算符
4	+	加	表达式 + 表达式	左到右 →	双目运算符
	−	减	表达式 − 表达式		双目运算符
5	<<	左移	表达式 << 表达式	左到右 →	双目运算符
	>>	右移	表达式 >> 表达式		双目运算符
6	>	大于	表达式 > 表达式	左到右 →	双目运算符
	>=	大于等于	表达式 >= 表达式		双目运算符
	<	小于	表达式 < 表达式		双目运算符
	<=	小于等于	表达式 <= 表达式		双目运算符

优先级	运 算 符	含　义	使 用 形 式	结 合 性	说　明
7	==	等于	表达式 == 表达式	左到右 →	双目运算符
	!=	不等于	表达式 != 表达式		双目运算符
8	&	按位与	整型表达式 & 整型表达式	左到右 →	双目运算符
9	^	按位异或	整型表达式 ^ 整型表达式	左到右 →	双目运算符
10	|	按位或	整型表达式 | 整型表达式	左到右 →	双目运算符
11	&&	逻辑与	表达式 && 表达式	左到右 →	双目运算符
12	||	逻辑或	表达式 || 表达式	左到右 →	双目运算符
13	?:	条件运算符	表达式 1? 表达式 2: 表达式 3	右到左 ←	三目运算符
14	=	赋值运算符	变量 = 表达式	右到左 ←	双目运算符
	/=	除后赋值	变量 /= 表达式		双目运算符
	*=	乘后赋值	变量 *= 表达式		双目运算符
	%=	取模后赋值	变量 %= 表达式		双目运算符
	+=	加后赋值	变量 += 表达式		双目运算符
	-=	减后赋值	变量 -= 表达式		双目运算符
	<<=	左移后赋值	变量 <<= 表达式		双目运算符
	>>=	右移后赋值	变量 >>= 表达式		双目运算符
	&=	按位与后赋值	变量 &= 表达式		双目运算符
	^=	按位异或后赋值	变量 ^= 表达式		双目运算符
	|=	按位或后赋值	变量 |= 表达式		双目运算符
15	,	逗号运算符	表达式 1,表达式 2,表达式 3,…	左到右 →	

　　优先级和结合性共同决定了在同一表达式中运算的先后顺序。表 1-7 中优先级的数字越小，说明其优先级越高。表示正、负号运算符的优先级要高于加、减、乘、除和求余运算符，赋值运算符的优先级则要低于算术运算符。请看下面例子：

```
//Chapter1/test13.c
#include <stdio.h>
#include <math.h>
int main(void)
{
    int i, j, k;

    i = 1 + 2;
    j = 1 + 2 * 3;
```

```
        k = i + j + -1 + pow(2, 3);

        printf("i = %d\n", i);
        printf("j = %d\n", j);
        printf("k = %d\n", k);

        return 0;
}
```

程序实现如下：

```
[fishc@localhost Chapter1]$ gcc -lm test13.c && ./a.out
i = 3
j = 7
k = 17
```

代码分析：

```
i = 1 + 2;
```

这是一个完整的语句，用分号（;）表示语句结束。其中有两个运算符，分别是赋值运算符（=）和加号运算符（+）。由于赋值运算符的优先级要比算术运算符低，因此先将 1 和 2 两个操作数相加，再将其结果赋值给变量 i。

```
j = 1 + 2 * 3;
```

同样道理，乘号运算符（*）的优先级高于加号运算符（+），于是先计算 2 * 3 的值，再与 1 相加，最后才赋值给变量 j。

```
k = i + j + -1 + pow(2, 3);
```

经过上面两个语句的计算，变量 i 和 j 的值是 3 和 7；负号运算符的优先级大于加号运算符，并且结合性是"右向左"，所以得到的值是-1；最后还有一个函数，函数的作用就是帮我们实现一个功能，如 printf 函数用于打印格式化字符串，而这里的 pow 函数则是计算 2 的 3 次方，然后将结果返回。这里可以直接将 pow(2, 3)看成是它返回的结果，也就是 8。所以，整个表达式就是 k = 3 + 7 + (-1) + 8，这就变成了由 3 个加号运算符和 4 个操作数组成的表达式。算术运算符的结合性都是"左向右"，因此先计算 3 + 7 的和，再加上-1，最后加上 8，结果是 17。

1.17.5 类型转换

大家有没有想过这样一种情况：当一个运算符的几个操作数类型不同时会发生什么，如 1+2.0，很多读者朋友会脱口而出"答案是 3!"，我当然知道答案是 3，但它的数据类型是什么呢？是整型还是浮点型？

当一个运算符的几个操作数类型不同时，编译器需要将它们转换为相同的数据类型才能进行运算。通常情况下，编译器会将占用"坑位"较小的操作数转换为占用"坑位"较大的操作数的数据类型，再进行运算。这样做是为了确保计算的精确度。

当遇到类似 1+2.0 这种两种不同数据类型的操作数的运算时，编译器首先将 1 转换为浮点型 1.0，然后再与 2.0 相加，得到同样为浮点型的结果 3.0。

请看下面例子：

```
//Chapter1/test14.c
#include <stdio.h>
int main(void)
{
        printf("整型输出: %d\n", 1 + 2.0);
        printf("浮点型输出: %f\n", 1 + 2.0);
        return 0;
}
```

程序实现如下：

```
[fishc@localhost Chapter1]$ gcc test14.c && ./a.out
整型输出: 0
浮点型输出: 3.000000
```

如果以%d 整型的格式打印，那么输出的结果是 0，这是由于 printf 指定了错误的输出格式导致的，而用%f 可以正确地打印出结果 3.0。

除了编译器帮助自动转换不同类型的操作数之外，C 语言还允许强制转换操作数的数据类型。做法就是在操作数的前面用小括号将目标数据类型括起来，代码修改如下：

```
...
        printf("整型输出: %d\n", 1 + (int)2.0);
...
```

现在就可以使用%d 打印计算结果了，程序实现如下：

```
[fishc@localhost Chapter1]$ gcc test14.c && ./a.out
整型输出: 3
浮点型输出: 3.000000
```

再讨论一种情况，如果待转换的操作数是 1.8，那么转换后的结果应该如何？将代码修改如下：

```
...
        printf("整型输出: %d\n", 1 + (int)1.8);
...
```

程序实现如下：

```
[fishc@localhost Chapter1]$ gcc test14.c && ./a.out
整型输出：2
浮点型输出：3.000000
```

结果并没有像大家期望的那样"四舍五入"，因为 C 语言的做法是直接去掉小数部分的值。

第2章

了不起的分支和循环

2.1 分支结构

目前所有的例子都是遵循最简单的程序设计结构——顺序结构，也就是所谓的"一条路走到黑"，程序所做的事情就是从上到下依次执行每一条语句。

但是在现实生活中，我们的程序常常需要进行判断和选择。比如，判断用户的年龄是否满 18 周岁？判断用户的性别是否为女生？判断用户输入的年份是否为闰年？这些都是需要让程序进行判断和选择的，称为分支结构程序设计。

2.1.1 关系运算符

在 C 语言中，使用关系运算符来比较两个数的大小关系，如图 2-1 所示。

图 2-1 关系运算符

关系运算符都是双目运算符，其结合性均为从左到右。值得注意的是，关系运算符的优先级低于算术运算符，高于赋值运算符。另外，图 2-1 中的这 6 个关系运算符，<、<=、>、>=的优先级相同，高于==和!=（==和!=的优先级相同）。

2.1.2 关系表达式

使用关系运算符将两边的变量、数据或表达式连接起来，称为关系表达式。下面是一些关系表达式的例子。

- 1 < 2。
- a > b。
- a <= 1 + b。
- 'a' + 'b' <= 'c'。
- (a = 3) > (b = 5)。

关系表达式得到的值是一个逻辑值，即判断结果为"真"或"假"。如果结果为"真"，关系表达式的值为 1；如果为"假"，关系表达式的值则为 0。下面是两个例子。

- 关系表达式 1 < 2 的值为真，所以该关系表达式的值为 1。
- 关系表达式'a' + 'b' <= 'c'，因为字符'a'、'b'、'c'对应的 ASCII 码分别是 97、98、99，即 97 + 98 <= 99，值为假，所以该表达式的值为 0。

请看下面例子：

```
//Chapter2/test1.c
#include <stdio.h>

int main(void)
{
    int a = 5, b = 3;

    printf("%d\n", 1 < 2);
    printf("%d\n", a > b);
    printf("%d\n", a <= 1 + b);
    printf("%d\n", 'a' + 'b' <= 'c');
    printf("%d\n", (a=3) > (b=5));

    return 0;
}
```

程序实现如下：

```
[fishc@localhost Chapter2]$ gcc test1.c && ./a.out
1
1
0
0
0
```

2.1.3 逻辑运算符

关系运算符获得的是一个逻辑值，逻辑值只有"真"或"假"，没有什么"可能""也许""大概"等模棱两可的东西。

在 C 语言中，如果需要同时对两个或两个以上的关系表达式进行判断，那么就需要用到逻辑运算符。比如，一个程序限定只能由年满 18 周岁的女生使用，那么用户想要使用这个程序，就需要满足以下两个条件。

（1）年满 18 周岁；

（2）女生。

C 语言提供了三种逻辑运算符，见表 2-1。

表 2-1　逻辑运算符

运 算 符	含　义	优 先 级	举　例	说　　明
!	逻辑非	高	!a	如果 a 为真，!a 为假； 如果 a 为假，!a 为真
&&	逻辑与	中	a && b	只有 a 和 b 同时为真，结果才为真； 只要 a 和 b 其中一个为假，结果为假
||	逻辑或	低	a || b	只要 a 或 b 其中一个为真，结果为真； 只有 a 和 b 同时为假，结果才为假

注意：

逻辑运算符的优先级是不一样的，作为单目运算符的逻辑非（!）优先级最高，接下来是逻辑与（&&），最后才是逻辑或（||）。

2.1.4　逻辑表达式

用逻辑运算符将两边的变量、数据或表达式连接起来，称为逻辑表达式，下面是一些逻辑表达式的例子。

- 3 > 1 && 1 < 2。
- 3 + 1 || 2 == 0。
- !(a + b)。
- !0 + 1 < 1 || !(3 + 4)。
- 'a' − 'b' && 'c'。

1）3 > 1 && 1 < 2。

由于关系运算符的优先级比逻辑运算符高，所以先运算两个关系运算符，变成 1 && 1，结果为 1。

2）3 + 1 || 2 == 0

有读者看到这个就懵了！不是说逻辑运算符的两边只能是逻辑值吗？逻辑值不是只能是真或假，用 1 和 0 来表示吗？那么这个 3+1 是什么意思？其实是这样的，关系表达式和逻辑表达式得到的值都是一个逻辑值，也就是表示真的 1 和表示假的 0。但是当判断一个值的逻辑值的时候，以 0 表示假，以任何非 0 的数表示真。一个是编译系统告诉我们的结果，一个是让编译系统去判断，两者方向不同。因此 3+1=4，为非 0 值，所以逻辑或的左边为真，右边 2==0 明显是不成立的，右边为假，但对于逻辑或来说，只要存在一个为真，结果就为真。

3）!(a + b)

这里有个小括号，根据优先级规则先计算小括号里面的内容。也就是将变量 a 的值和变量 b 的值相加，如果它们的和为 0，那么逻辑非的结果就是真；如果它们的和不为 0，那么逻辑非的结果则是假。

4）!0 + 1 < 1 || !(3 + 4)

0 的逻辑非结果为真，也就是 1，1 + 1 < 1 明显是不成立的，所以逻辑或的左边为假，右边 3 + 4 的值是 7，非 0，所以逻辑非的结果是假。逻辑或的左右两边均为假，则结果为假。

5）'a' – 'b' && 'c'

在编译器的"眼中"所有的字符对应的都是 ASCII 码，因为字符'a'、'b'、'c'对应的 ASCII 码分别是 97、98、99，所以逻辑与左边 97 – 98 的值为非 0，表示真，右边 99 也是非 0，也表示真，因此结果为真。

下面用程序验证上述结论：

```
//Chapter2/test2.c
#include <stdio.h>
int main(void)
{
    int a = 5, b = 3;

    printf("%d\n", 3 > 1 && 1 < 2);
    printf("%d\n", 3 + 1 || 2 == 0);
    printf("%d\n", !(a + b));
    printf("%d\n", !0 + 1 < 1 || !(3 + 4));
    printf("%d\n", 'a' - 'b' && 'c');

    return 0;
}
```

程序实现如下：

```
[fishc@localhost Chapter2]$ gcc test2.c && ./a.out
1
1
0
0
1
```

2.1.5 短路求值

短路求值（short-circuit evaluation）又称最小化求值，是一种逻辑运算符的求值策略。

只有当第一个运算数的值无法确定逻辑运算的结果时，才对第二个运算数进行求值。

　　C 语言对于逻辑与、逻辑或均采用短路求值的方式，如果没有注意到这一点，程序就很可能出现隐含的 BUG，比如下面这段程序：

```
//Chapter2/test3.c
#include <stdio.h>
int main(void)
{
    int a = 3, b = 3;

    (a = 0) && (b = 5);
    printf("a = %d, b = %d\n", a, b);

    (a = 1) || (b = 5);
    printf("a = %d, b = %d\n", a, b);

    return 0;
}
```

程序实现如下：

```
[fishc@localhost Chapter2]$ gcc test3.c && ./a.out
a = 0, b = 3
a = 1, b = 3
```

　　第一个逻辑表达式：因为 a 先被赋值为 0，则逻辑与左边为假，所以根据短路求值的原则，右边无须再进行计算（b 变量的值没有被改变），直接得到该逻辑表达式的值为假，也就是 0。

　　第二个逻辑表达式：因为 a 先被赋值为 1，则逻辑或左边为真，所以根据短路求值的原则，右边无须再进行计算（b 变量的值没有被改变），直接得到该逻辑表达式的值为真，也就是 1。

2.1.6　if 语句

视频讲解

　　分支结构的作用就是让 C 语言的代码根据条件执行不同的语句或程序块，但光有关系表达式和逻辑表达式还不足以实现，实现分支结构还需要学习一个新的语句——if 语句。

　　if 语句的实现有三种形式，下面逐一介绍。

1. 第一种

```
if (表达式)
{
    … //逻辑值为真所执行的语句、程序块
}
```

第一种 if 语句是最简单的，if 后边小括号内填写返回逻辑值的表达式，当然也可以直接填入一个逻辑值，当填入的这个值为非 0 的时候，编译系统就会认为这个逻辑值是真；只有当填入 0 的时候，才被认为是假。

下面通过例子演示一下：

```
//Chapter2/test4.c
#include <stdio.h>
int main(void)
{
        int i;

        printf("您老贵庚啊：");
        scanf("%d", &i);

        if (i >= 18)
        {
                printf("进门左拐！\n");
        }

        return 0;
}
```

程序实现如下：

```
[fishc@localhost Chapter2]$ gcc test4.c && ./a.out
您老贵庚啊：18
进门左拐！
[fishc@localhost Chapter2]$ ./a.out
您老贵庚啊：16
[fishc@localhost Chapter2]$
```

程序运行之后，如果输入的值是 18，即 if 后边小括号内的表达式的值为真，那么执行 if 语句的内容；如果输入的值是 16，即表达式的值为假，if 语句的内容则不被执行。

上面例子中属于 if 语句的内容是用大括号括起来的，并且做了缩进。但是乐于尝试的读者可能发现下面代码也同样可以执行：

```
//Chapter2/test5.c
#include <stdio.h>
int main(void)
{
        int i;

        printf("您老贵庚啊：");
        scanf("%d", &i);

        if (i >= 18)
        printf("进门左拐！\n");
```

```
        return 0;
}
```

程序实现如下：

```
[fishc@localhost Chapter2]$ gcc test5.c && ./a.out
您老贵庚啊：18
进门左拐！
```

上面代码可以正常执行，是因为 C 语言不会强制要求代码一定要写得很规范，但是适当的缩进可以让我们的代码一目了然。除非是想参加 C 语言国际混乱代码大赛（The International Obfuscated C Code Contest），这是一项国际程序设计赛事，从 1984 年开始，每年举办一次，目的是写出最有创意的、最难以理解的 C 语言代码，那么你完全可以把 C 语言的代码写成如图 2-2 所示这样。

图 2-2　C 语言国际混乱代码大赛的代码

回归主题，大括号的作用是什么呢？

在 C 语言中，使用分号结束一个语句。在表达式后边加一个分号，就变成了一个完整的 C 语言语句。如果使用大括号将几个语句包括起来，那么这几个语句就构成了程序块。一个程序块在编译系统看来，就是一个整体。

什么时候需要将几个语句变成一个整体呢？

比如，希望 if 后边的表达式为真的时候，执行几个语句，那么就需要用大括号将它们包括起来：

```
//Chapter2/test6.c
#include <stdio.h>
int main(void)
{
        int i;

        printf("您老贵庚啊: ");
        scanf("%d", &i);

        if (i >= 18)
        {
                printf("进门左拐! \n");
                printf("blablabla! \n");
        }
        return 0;
}
```

程序实现如下：

```
[fishc@localhost Chapter2]$ gcc test6.c && ./a.out
您老贵庚啊: 18
进门左拐!
blablabla!
```

第一种 if 语句表达出来的意思是"如果条件成立，就……"。

2. 第二种

接下来学习第二种 if 语句，它表达出来的意思是"如果条件成立，就……；否则就……"。

```
if (表达式)
{
    … //逻辑值为真所执行的语句、程序块
}
else
{
    … //逻辑值为假所执行的语句、程序块
}
```

请看下面的例子：

```
//Chapter2/test7.c
#include <stdio.h>
int main(void)
{
```

```
        int i;

        printf("您老贵庚啊：");
        scanf("%d", &i);

        if (i >= 18)
        {
                printf("进门左拐！\n");
        }
        else
        {
                printf("慢走，不送！\n");
        }
        return 0;
}
```

程序实现如下：

```
[fishc@localhost Chapter2]$ gcc test7.c && ./a.out
您老贵庚啊：18
进门左拐！
[fishc@localhost Chapter2]$ ./a.out
您老贵庚啊：16
慢走，不送！
```

3. 第三种

if 语句形式允许扩充各种条件的判断，语法格式是：

```
if (表达式 1) { … }
else if (表达式 2) { … }
else if (表达式 3) { … }
  …
else if (表达式 n) { … }
else { … }
```

下面这个小程序实现的功能是按成绩评级：

- 90 分及以上：A。
- 80～89 分：B。
- 70～79 分：C。
- 60～69 分：D。
- 低于 60 分：E。

```
//Chapter2/test8.c
#include <stdio.h>
int main(void)
{
        int i;
```

```
        printf("请输入成绩：");
        scanf("%d", &i);

        if (i >= 90)
        {
                printf("A\n");
        }
        else if (i >= 80 && i < 90)
        {
                printf("B\n");
        }
        else if (i >= 70 && i < 80)
        {
                printf("C\n");
        }
        else if (i >= 60 && i < 70)
        {
                printf("D\n");
        }
        else
        {
                printf("E\n");
        }
        return 0;
}
```

程序实现如下：

```
[fishc@localhost Chapter2]$ gcc test8.c && ./a.out
请输入成绩：89
B
[fishc@localhost Chapter2]$ ./a.out
请输入成绩：95
A
[fishc@localhost Chapter2]$ ./a.out
请输入成绩：59
E
```

视频讲解

2.1.7　switch 语句

C 语言还提供了另外一种多分支选择的语句——switch 语句，语法格式是：

```
switch (表达式)
{
    case 常量表达式 1：语句或程序块
    case 常量表达式 2：语句或程序块
```

```
    ...
    case 常量表达式 n: 语句或程序块
    default: 语句或程序块
}
```

这里每个 case 后边的常量是匹配 switch 后边表达式的值，如果表达式计算出来的值
与常量表达式 2 的值相等，那么就直接跳转到 case 常量表达式 2 的位置开始执行，如果
上边所有的 case 均没有匹配，那么就执行 default 后面的内容。但是 default 是可选的，
如果没有 default，并且上边所有的 case 均不匹配，那么 switch 语句不执行任何动作。

从语法结构上来看，switch 语句要比 if-else-if 更为简洁。现在尝试使用 switch 语句
代替 if-else-if 语句，写一个通过评级反推出分数范围的程序。

```
//Chapter2/test9.c
#include <stdio.h>
int main(void)
{
    char ch;

    printf("请输入成绩: ");
    scanf("%c", &ch);

    switch (ch)
    {
        case 'A': printf("你的成绩在 90 分以上! \n");
        case 'B': printf("你的成绩在 80～89 分! \n");
        case 'C': printf("你的成绩在 70～79 分! \n");
        case 'D': printf("你的成绩在 60～69 分! \n");
        case 'E': printf("你的成绩在 60 分以下! \n");
        default: printf("请输入有效的成绩评级! \n");
    }
    return 0;
}
```

程序实现如下：

```
[fishc@localhost Chapter2]$ gcc test9.c && ./a.out
请输入成绩: A
你的成绩在 90 分以上!
你的成绩在 80～89 分!
你的成绩在 70～79 分!
你的成绩在 60～69 分!
你的成绩在 60 分以下!
请输入有效的成绩评级!
```

这可不是我们想要的结果，但是问题出在哪儿呢？

问题就出在 C 语言并没有我们想象得那么 "智能"，这些 case 和 default，它们事实
上都是 "标签"，用来标志一个位置而已。switch 跳到某个位置之后，就会一直往下执行，

所以这里还需要配合一个 break 语句，让代码在适当的位置跳出 switch 语句。

```
switch (表达式)
{
    case 常量表达式 1：语句或程序块 1；  break；
    case 常量表达式 2：语句或程序块 2；  break；
    …
    case 常量表达式 n：语句或程序块 n；  break；
    default：语句或程序块 n+1；  break；
}
//switch 语句后的下一条语句
```

当程序执行到 break 语句的时候就不会再继续往下走了，它会跳出 switch 语句并开始执行下一条语句。将代码修改如下：

```
//Chapter2/test10.c
#include <stdio.h>
int main(void)
{
    char ch;

    printf("请输入成绩：");
    scanf("%c", &ch);

    switch (ch)
    {
        case 'A': printf("你的成绩在 90 分以上！\n"); break;
        case 'B': printf("你的成绩在 80～89 分！\n"); break;
        case 'C': printf("你的成绩在 70～79 分！\n"); break;
        case 'D': printf("你的成绩在 60～69 分！\n"); break;
        case 'E': printf("你的成绩在 60 分以下！\n"); break;
        default: printf("请输入有效的成绩评级！\n");
    }
    return 0;
}
```

程序实现如下：

```
[fishc@localhost Chapter2]$ gcc test10.c && ./a.out
请输入成绩：A
你的成绩在 90 分以上！
```

2.1.8 分支结构的嵌套

如果在一个 if 语句中包含另一个 if 语句，就称为 if 语句的嵌套，也叫分支结构的嵌套，如图 2-3 所示。

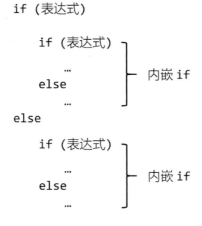

图 2-3 if 语句的嵌套

下面请根据图 2-4 所示的流程图编写代码。

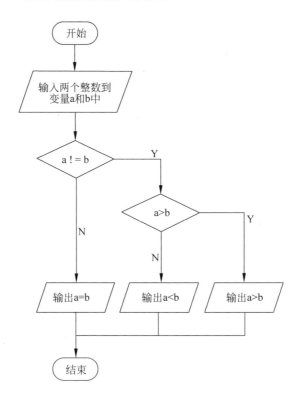

图 2-4 代码流程图

流程图是算法、工作流或流程的一种框图表示，它以不同类型的框代表不同种类的步骤，每两个步骤之间则以箭头连接。这种表示方法便于说明解决已知问题的方法，广泛应用于分析、设计、记录及操控许多领域的流程或程序。

【扩展阅读】如果不清楚流程图怎么设计，可访问http://bbs.fishc.com/thread-68123-1-1.html 或扫描图 2-5 所示二维码进行查阅。

图 2-5　使用流程图来描述程序

实现代码如下：

```c
//Chapter2/test11.c
#include <stdio.h>
int main(void)
{
    int a, b;

    printf("请输入两个数：");
    scanf("%d %d", &a, &b);

    if (a != b)
    {
        if (a > b)
        {
            printf("%d > %d\n", a, b);
        }
        else
        {
            printf("%d < %d\n", a, b);
        }
    }
    else
    {
        printf("%d = %d\n", a, b);
    }
    return 0;
}
```

程序实现如下：

```
[fishc@localhost Chapter2]$ gcc test11.c && ./a.out
请输入两个数：23 32
23 < 32
[fishc@localhost Chapter2]$ ./a.out
请输入两个数：23 23
23 = 23
[fishc@localhost Chapter2]$ ./a.out
请输入两个数：32 23
32 > 23
```

2.1.9　悬挂 else

给大家举个例子说明什么是悬挂 else。比如，你计划约小花同学周末一起去看电影，接下来就有两个问题了：第一，小花那天有没有空；第二，那天下不下雨。但主要还是看第一个问题，只要小花有空，下雨可以带伞。写成代码如下：

```
//Chapter2/test12.c
#include <stdio.h>
int main(void)
{
        char isRain, isFree;

        printf("是否有空? (Y/N)");
        scanf("%c", &isFree);

        getchar();

        printf("是否下雨? (Y/N)");
        scanf("%c", &isRain);

        if (isFree == 'Y' || isFree == 'y')
                if (isRain == 'Y' || isRain == 'y')
                        printf("记得带伞噢^_^\n");
        else
                printf("女神没空!!!!! T_T\n");
        return 0;
}
```

程序实现如下：

```
[fishc@localhost Chapter2]$ gcc test12.c && ./a.out
是否有空? (Y/N)Y
是否下雨? (Y/N)Y
记得带伞噢^_^
```

这样看上去似乎没什么问题，但如果这样输入：

```
[fishc@localhost Chapter2]$ ./a.out
是否有空? (Y/N)Y
是否下雨? (Y/N)N
女神没空!!!!! T_T
```

天呐，在女神有空，天公做美的情况下，居然打印"女神没空!!!!! T_T"，这是为什么呢？

分析代码：这段代码本意应该有两种情况，女神有空或没空。对于女神有空的情况，如果天下雨，就提醒你带伞；对于女神没空的情况，就很遗憾了。然而，这段代码实际上所做的却并非如此，原因在于 C 语言中有这样的规则：else 始终与最接近的 if 匹配，所以你们都被程序的缩进骗了，事实上编译器看到程序的代码是这样的：

```
...
if (isFree == 'Y' || isFree == 'y')
      if (isRain == 'Y' || isRain == 'y')
            printf("记得带伞噢^_^\n");
      else
            printf("女神没空!!!!! T_T\n");
...
```

解决的方法很简单，加上一个大括号即可：

```
...
if (isFree == 'Y' || isFree == 'y')
{
      if (isRain == 'Y' || isRain == 'y')
            printf("记得带伞噢^_^\n");
}
else
      printf("女神没空!!!!! T_T\n");
...
```

所以，最好的习惯就是 if-else 语句后面，无论是一个语句还是多个语句，都使用大括号把它们包括起来。只要养成这样的习惯，就可以防止发生类似悬挂 else 这样的问题。

代码像下面这样写会更好一些：

```
...
if (isFree == 'Y' || isFree == 'y')
{
      if (isRain == 'Y' || isRain == 'y')
      {
            printf("记得带伞噢^_^\n");
      }
}
else
{
      printf("女神没空!!!!! T_T\n");
}
...
```

如果你的屏幕偏小，上边的大括号又占了太多的纵向空间，导致一个屏幕页面可显示的内容十分有限，那么可以这样写：

```
...
if (isFree == 'Y' || isFree == 'y') {
      if (isRain == 'Y' || isRain == 'y') {
```

```
            printf("记得带伞噢^_^\n");
        }
    }
    else {
        printf("女神没空!!!!! T_T\n");
    }
    ...
```

上面哪一种写法都可以，但是选择一种之后就要坚持一直使用它，不要换来换去，不然自己写的代码，过段时间自己看着都别扭了。

2.1.10　等于号带来的问题

分支结构的代码很容易陷入另一个陷阱，那就是等于号带来的问题。作为条件的关系表达式中，经常需要判断一个值是否与另一个值相等。继续刚才的故事，比如看完电影，你就要判断小花是否有男朋友了，代码如下：

```
//Chapter2/test13.c
#include <stdio.h>
int main(void)
{
    char hasBF;

    printf("小花你有男朋友吗?(Y/N)");
    scanf("%c", &hasBF);

    if (hasBF = 'Y')
    {
        printf("那……祝福你们咯! \n");
    }
    else
    {
        printf("那我们在一起吧! \n");
    }
    return 0;
}
```

正当小花对你说没有（N）的时候，程序打印出来的却是：

```
[fishc@localhost Chapter2]$ gcc test13.c && ./a.out
小花你有男朋友吗?(Y/N)N
那……祝福你们咯!
```

这个问题大家应该马上就能检查出来，因为我们标题写着呢：等于号带来的问题。
if (hasBF = 'Y')本意是判断 hasBF 变量的值是否等于'Y'，结果由于少写了一个等于号，就变成了赋值表达式。所以无论 hasBF 变量里边存放的值是什么，在这里都被赋值为'Y'。

大家千万不要小看这个问题，如果你的代码变得庞大，那么从奇怪的结果中要反推出问题的所在，就变得异常困难了。那么有没有办法解决这个问题呢？其实是有的，只需要将两个操作数调一下位置即可：

```
...
if ('Y' == hasBF)
{
        printf("那……祝福你们咯！\n");
}
else
{
        printf("那我们在一起吧！\n");
}
...
```

将值写在表达式的左边，将变量写在表达式的右边。这样做的好处是让编译器帮你做检查。因为如果少录入了一个等于号，"'Y' = hasBF"这个表达式是不成立的，因为编译器永远也不会允许给一个常量赋值。

视频讲解

2.2 循环结构

在现实生活中，如果多次重复做同一件事情，往往会让人感到很懊恼。但在编程中大可不必如此，因为程序员对于计算机来说，就是扮演"上帝"的角色，程序员只需要负责设计规则，而苦的累的差事全部都由计算机来完成。在程序开发中，当需要重复执行同一段代码很多次的时候，可以使用循环结构来实现。

2.2.1 while 语句

C 语言有三种实现循环结构的语句，首先介绍的是 while 语句，语法格式为：

```
while (表达式)
    循环体
```

while 语句的语法非常简单，只要表达式的值为真，那么就会不断执行循环体里边的语句或程序块。它的执行过程的流程图如图 2-6 所示。

下面通过分析两个例子给大家讲解 while 语句的用法。

例 1：计算 1 + 2 + 3 + … + 100 的结果，程序流程图如图 2-7 所示。

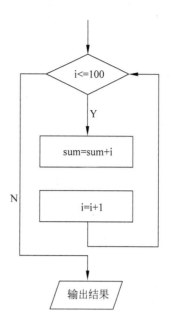

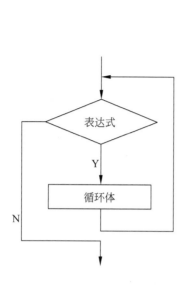

图 2-6 while 语句流程图   图 2-7 例 1 流程图

```
//Chapter2/test14.c
#include <stdio.h>
int main(void)
{
        int i = 1, sum = 0;
        while (i <= 100)
        {
                sum = sum + i;
                i = i + 1;
        }
        printf("结果是: %d\n", sum);
        return 0;
}
```

程序实现结果如下:

```
[fishc@localhost Chapter2]$ gcc test14.c && ./a.out
结果是: 5050
```

代码分析:

(1) 程序运行到 while 语句时,因为变量 i 初始化的值为 1,所以 i <= 100 这个条件表达式的值为真,执行循环体的程序块;执行结束后变量 i 的值变为 2,sum 的值变为 1。

(2) 接下来会继续判断表达式 i <= 100 是否成立,因为此时变量 i 的值是 2,所以条件表达式再次成立,继续执行循环体的程序块;执行结束后变量 i 的值变为 3,sum 的值变为 3。

(3) 重复执行步骤 (2)。

(4) 当循环进行到第 100 次,变量 i 的值变为 101 的时候,变量 sum 的值即为结果

5050。此时 i <= 100 不再成立，退出循环，转而执行 while 循环体下边的代码。

例 2：统计从键盘输入的一行英文句子的字符个数。

这里需要用到一个新的函数——getchar 函数。

```
#include <stdio.h>
...
int getchar(void);
```

getchar 函数的功能是从标准输入流（可以暂时理解为键盘）中获取字符。该函数没有参数，如果调用成功，返回获取的字符（用整型表示其 ASCII 码）；如果调用失败，返回值是 EOF（通常被定义为–1）。

回忆一下，我们是按下回车键表示输入结束，所以这里判断是否继续循环的条件可以是"getchar() != '\n'"，程序流程图如图 2-8 所示。

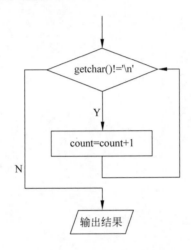

图 2-8 例 2 流程图

```c
//Chapter2/test15.c
#include <stdio.h>
int main(void)
{
    int count = 0;
    printf("请输入一个英文句子：");
    while (getchar() != '\n')
    {
        count = count + 1;
    }
    printf("你总共输入了%d 个字符！\n", count);
    return 0;
}
```

程序实现如下：

```
[fishc@localhost Chapter2]$ gcc test15.c && ./a.out
请输入一个英文句子：I love FishC.com!
你总共输入了 17 个字符！
```

2.2.2　do-while 语句

除了通过 while 语句实现循环，C 语言中还有一个叫 do-while 的语句，也是用于实现循环。do-while 语句的语法格式为：

```
do
    循环体
while (表达式);
```

如果把 while 语句比喻为一个谨慎的人的话，那么 do-while 语句就是一个莽撞的人。while 语句是先判断表达式，如果表达式结果为真，才执行循环体里边的内容；而 do-while 则相反，不管三七二十一，先执行循环体的内容再判断表达式是否为真。do-while 语句执行过程的流程图如图 2-9 所示。

在有些情况下，这种先执行再判断的循环模式是很有用的。比如，编写一个需要验证用户密码的程序，只有密码正确才能继续执行。如果使用 while 语句实现，就要写两次让用户输入密码的代码，程序流程图如图 2-10 所示。而如果换成 do-while 语句，则只需要写一次，程序流程图如图 2-11 所示。

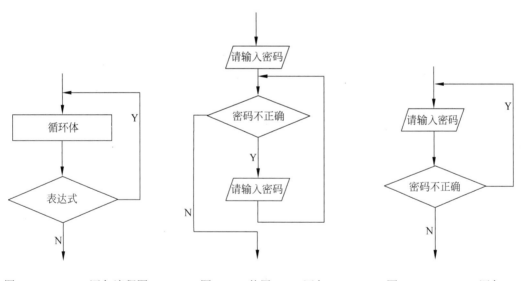

图 2-9　do-while 语句流程图　　　图 2-10　使用 while 语句　　　图 2-11　do-while 语句

最后还有一点，如果不强调的话肯定一堆初学者会出错：do-while 语句在 while 的后面一定要使用分号（;）表示该语句结束。

```
//Chapter2/test16.c
#include <stdio.h>
int main(void)
{
    int i = 1, sum = 0;
    do
    {
```

```
                sum = sum + i;
                i = i + 1;
        }while (i <= 100); //注意，这里有分号（;）
        printf("结果是: %d\n", sum);
        return 0;
}
```

程序实现结果如下：

```
[fishc@localhost Chapter2]$ gcc test16.c && ./a.out
结果是: 5050
```

视频讲解

2.2.3　for 语句

前面已经介绍了 while 语句和 do-while 语句，它们很相似，唯一区别就是条件判断的位置——while 在入口处判断，do-while 则在出口处判断，所以也把它们称为入口条件循环和出口条件循环，如图 2-12 所示。

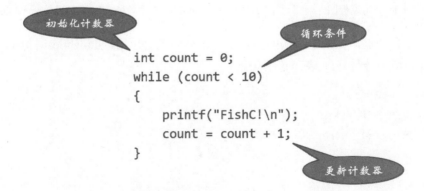

图 2-12　入口条件循环和出口条件循环

观察图 2-13，通常一个循环都将涉及以下三个动作。

（1）初始化计数器。

（2）判断循环条件是否满足。

（3）更新计数器。

图 2-13　循环的基本结构

对于 while 语句，这些动作是分散在三个不同的地方。如果能把它们都集中起来，那么后期无论是调试也好修改也罢，就便捷了许多，for 语句应运而生。for 语句的语法格式为：

```
for (表达式 1; 表达式 2; 表达式 3)
    循环体
```

　　三个表达式用分号隔开，其中：表达式 1 是循环初始化表达式；表达式 2 是循环条件表达式；表达式 3 是循环调整表达式。

　　图 2-13 的例子使用 for 语句就可以做以下修改：

```c
//Chapter2/test17.c
#include <stdio.h>
int main(void)
{
    int count;
    //注：count++相当于 count = count + 1 的简写形式
    for (count = 0; count < 10; count++)
    {
        printf("FishC!\n");
    }
    return 0;
}
```

程序实现如下：

```
[fishc@localhost Chapter2]$ gcc test17.c && ./a.out
FishC!
FishC!
FishC!
FishC!
FishC!
FishC!
FishC!
FishC!
FishC!
FishC!
```

　　这样一来，for 语句将初始化计数器、循环条件判断、更新计数器三个动作组织到了一起，如果以后要修改循环的次数、每次递进的跨度或者循环结束条件，只需要在 for 语句后边的小括号内统一修改即可。

　　下面的程序用于判断某个数是否为素数。素数指在大于 1 的自然数中，除了 1 和此数自身外，无法被其他自然数整除的数。关于素数的求法有很多，这里采用比较常规的方式：迭代测试从 2 到 num/2 的所有整数是否能被整除（num 为待测试的整数），如果没有出现能被整除的整数，那么它就是素数。

　　代码如下：

```
//Chapter2/test18.c
#include <stdio.h>
int main(void)
{
    int i, num;
    _Bool flag = 1;

    printf("请输入一个整数：");
    scanf("%d", &num);

    //注：i++相当于 i = i + 1 的简写形式
    for (i = 2; i <= num / 2; i++)
    {
        if (num % i == 0)
        {
            flag = 0;
        }
    }
    if (flag)
    {
        printf("%d 是一个素数！\n", num);
    }
    else
    {
        printf("%d 不是一个素数！\n", num);
    }
    return 0;
}
```

程序实现如下：

```
[fishc@localhost Chapter2]$ gcc test18.c && ./a.out
请输入一个整数：23
23 是一个素数！
[fishc@localhost Chapter2]$ ./a.out
请输入一个整数：88
88 不是一个素数！
```

2.2.4 灵活的 for 语句

for 语句也可以"偷懒"，其中的表达式 1、表达式 2 和表达式 3 可以按照需要进行
省略（但分号不能省）。

比如 2.2.3 节中循环判断素数的代码，就有以下三种"偷懒"的方式。

（1）"偷懒"大法 1：for (；表达式 2; 表达式 3)。

...

```
        i = 2;
        for ( ; i < num / 2; i++)
        {
                if (num % i == 0)
                {
                        flag = 0;
                }
        }
...
```

（2）"偷懒"大法 2：for (表达式 1；表达式 2;)。

```
...
for ( i = 2; i < num / 2; )
{
        if (num % i == 0)
        {
                flag = 0;
        }
        i++;
}
...
```

（3）"偷懒"大法 3：for (; 表达式 2;)。

```
...
i = 2;
for ( ; i < num / 2; )
{
        if (num % i == 0)
        {
                flag = 0;
        }
        i++;
}
...
```

除此之外，C 语言还允许 for 语句的三个表达式均不写（但需要写两个分号），for(; ;)
的作用就相当于 while(1)。

注意：

如果目的不是特别明确，建议不要随意施展 "偷懒" 大法，因为程序的可读性会因
此降低。

另外，表达式 1 和表达式 3 可以是一个简单的表达式，也可以包含多个表达式，只
需使用逗号将各个表达式分开即可。请看下面例子：

```
//Chapter2/test19.c
```

```
#include <stdio.h>
int main(void)
{
        int i, j;
        for (i=0, j=10; i < j; i++, j--)
        {
                printf("%d\n", i);
        }
        return 0;
}
```

程序实现如下：

```
[fishc@localhost Chapter2]$ gcc test19.c && ./a.out
0
1
2
3
4
```

最后提一下 C99 的新标准：C99 允许在 for 语句的表达式 1 中定义变量。

```
//Chapter2/test20.c
#include <stdio.h>
int main(void)
{
        for (int i=0, int j=10; i < j; i++, j--)
        {
                printf("%d\n", i);
        }
        return 0;
}
```

程序实现如下：

```
[fishc@localhost Chapter2]$ gcc -std=c99 test20.c && ./a.out
0
1
2
3
4
```

 注意：

在编译时需要加上 "-std=c99"，否则可能会出错。

增加这个新特性的原因主要是考虑到循环通常需要一个计数器，而这个计数器出了循环就没什么用了。所以在表达式 1 的位置定义的变量，活动范围仅限于循环中，出了循环，它就无效了，下面的例子证实了这一点。

```
//Chapter2/test21.c
#include <stdio.h>
int main(void)
{
        for (int i=0, int j=10; i < j; i++, j--)
        {
                printf("%d\n", i);
        }
        printf("%d, %d\n", i, j);
        return 0;
}
```

试图在循环外使用表达式 1 定义的变量，会导致错误：

```
[fishc@localhost Chapter2]$ gcc -std=c99 test21.c && ./a.out
test21.c: In function 'main':
test21.c:5: error: expected identifier or '(' before 'int'
test21.c:5: error: 'j' undeclared (first use in this function)
test21.c:5: error: (Each undeclared identifier is reported only once
test21.c:5: error: for each function it appears in.)
test21.c:10: error: 'i' undeclared (first use in this function)
```

2.2.5　循环结构的嵌套

循环结构跟分支结构一样，也可以被嵌套。对于嵌套的循环结构，执行顺序是从内到外，也就是先执行内层循环，再执行外层循环。

请看下面例子：

```
//Chapter2/test22.c
#include <stdio.h>
int main(void)
{
        int i, j;
        for (i = 0; i < 3; i++)
        {
                for (j = 0; j < 3; j++)
                {
                        printf("i = %d, j = %d\n", i, j);
                }
        }
        return 0;
}
```

程序实现如下：

```
[fishc@localhost Chapter2]$ gcc test22.c && ./a.out
i = 0, j = 0
```

```
i = 0, j = 1
i = 0, j = 2
i = 1, j = 0
i = 1, j = 1
i = 1, j = 2
i = 2, j = 0
i = 2, j = 1
i = 2, j = 2
```

从变量 i 和变量 j 的变化中可以观察到，这是一个 3×3 的循环，每执行三次内循环，执行一次外循环。

趁热打铁，下面例子打印一个九九乘法表，如图 2-14 所示。

```
1*1=1
2*1=2   2*2=4
3*1=3   3*2=6   3*3=9
4*1=4   4*2=8   4*3=12  4*4=16
5*1=5   5*2=10  5*3=15  5*4=20  5*5=25
6*1=6   6*2=12  6*3=18  6*4=24  6*5=30  6*6=36
7*1=7   7*2=14  7*3=21  7*4=28  7*5=35  7*6=42  7*7=49
8*1=8   8*2=16  8*3=24  8*4=32  8*5=40  8*6=48  8*7=56  8*8=64
9*1=9   9*2=18  9*3=27  9*4=36  9*5=45  9*6=54  9*7=63  9*8=72  9*9=81
```

图 2-14　九九乘法表

由图 2-14 可以看出，乘号左边的数决定了该行有多少列，所以乘号左边的数可以作为外层循环的变量，而右边的数作为内层循环的变量。另外，外层循环每执行一次，需要添加一个换行符。

代码如下：

```
//Chapter2/test23.c
#include <stdio.h>
int main(void)
{
    int i, j;
    for (i = 1; i <= 9; i++)
    {
        for (j = 1; j <= i; j++)
        {
            printf("%d*%d=%-2d  ", i, j, i * j);
        }
        putchar('\n');
    }
    return 0;
}
```

程序实现如下：

```
[fishc@localhost Chapter2]$ gcc test23.c && ./a.out
1*1=1
2*1=2   2*2=4
3*1=3   3*2=6    3*3=9
4*1=4   4*2=8    4*3=12   4*4=16
5*1=5   5*2=10   5*3=15   5*4=20   5*5=25
6*1=6   6*2=12   6*3=18   6*4=24   6*5=30   6*6=36
7*1=7   7*2=14   7*3=21   7*4=28   7*5=35   7*6=42   7*7=49
8*1=8   8*2=16   8*3=24   8*4=32   8*5=40   8*6=48   8*7=56   8*8=64
9*1=9   9*2=18   9*3=27   9*4=36   9*5=45   9*6=54   9*7=63   9*8=72   9*9=81
```

　　一般来说，在进入循环体之后，需要先执行完循环体的所有内容，再执行下次循环的条件判断。但是有些时候，希望可以中途退出循环，或跳过一些语句。下一节就来讲解两个循环的辅助语句，它们是循环的"左膀右臂"，没有了它们，循环虽然可以执行，但就没那么灵活了。

2.2.6　break 语句

视频讲解

　　第一个要讲的是 break 语句。在讲解 switch 语句的时候，我们说 switch 语句在执行完匹配的 case 语句后，并不会自动结束，而是一直往下执行，所以就需要使用 break 语句让它跳出来。

　　在循环体中，如果想要让程序中途跳出循环，那么同样可以使用 break 语句来实现。执行 break 语句，就可以直接跳出循环体。2.2.3 节讲了一个用于判断某个数是否为素数的程序，为了讲解方便，此处重新给出：

```
//Chapter2/test18.c
#include <stdio.h>
int main(void)
{
    int i, num;
    _Bool flag = 1;

    printf("请输入一个整数：");
    scanf("%d", &num);

    for (i = 2; i < num / 2; i++)
    {
        if (num % i == 0)
        {
            flag = 0;
        }
    }
    if (flag)
```

```
        {
            printf("%d 是一个素数！\n", num);
        }
        else
        {
            printf("%d 不是一个素数！\n", num);
        }
        return 0;
    }
```

请问，如果输入的这个 num 是 10，那么需要执行多少次循环？10 / 2 = 5，也就是 i 小于 5 的情况下都会执行循环体的内容，那么初始化 i = 2，然后每执行一次，循环 i 加 1，所以 i 依次为 2、3、4 的时候执行循环体的内容，所以总共执行了 3 次。那如果 num 是 100 000，应该就要执行 49 998 次循环；如果是 1×10^8，那就要 99 999 998 次循环。

但是，我们都知道 1 亿是肯定能被 2 整除的，所以后边的 99 999 997 次循环完全没有意义！因为某个数只要能够被 1 和本身之外的任何数整除，那它就一定不是素数。在这种情况下，只需要添加一个 break 语句，就可以使程序的效率提高很多。因为之后测试的数据会比较大（1×10^8），所以这里声明变量用 long long 类型，对应的 scanf 函数和 printf 函数要将格式化占位符修改为%lld，代码如下：

```
//Chapter2/test24.c
#include <stdio.h>
int main(void)
{
    long long i, num;
    _Bool flag = 1;

    printf("请输入一个整数：");
    scanf("%lld", &num);

    for (i = 2; i < num / 2; i++)
    {
        if (num % i == 0)
        {
            flag = 0;
            break;
        }
    }
    if (flag)
    {
        printf("%lld 是一个素数\n", num);
    }
    else
    {
        printf("%lld 不是一个素数\n", num);
```

```
        }
        return 0;
}
```

最后有一点需要注意的是：对于嵌套循环来说，break 语句只负责跳出所在的那一层循环，要跳出外层循环则需要再布置一个 break 语句才行。下面举个例子：

```
//Chapter2/test25.c
#include <stdio.h>
int main(void)
{
        int i, j;
        for (i = 0; i < 10; i++)
        {
                for (j = 0; j < 10; j++)
                {
                        if (j == 3)
                        {
                                break;
                        }
                }
        }
        printf("i = %d, j = %d\n", i, j);
        return 0;
}
```

程序实现如下：

```
[fishc@localhost Chapter2]$ gcc test25.c && ./a.out
i = 10, j = 3
```

如果要让程序在符合 j == 3 这个条件的时候，立刻退出整个循环体，那么就需要在外层再布置一个 break 语句：

```
...
        for (i = 0; i < 10; i++)
        {
                for (j = 0; j < 10; j++)
                {
                        if (j == 3)
                        {
                                break;
                        }
                }

                if (j == 3)
                {
                        break;
```

```
            }
        }
...
```

2.2.7   continue 语句

还有一种情况是，当满足某个条件的时候，跳过本轮循环的内容，直接开始下一轮循环，这时应该使用 continue 语句。当执行到 continue 语句的时候，循环体的剩余部分将被忽略，直接进入下一轮循环。请看下面例子：

```
//Chapter2/test26.c
#include <stdio.h>
int main(void)
{
    int ch;
    while ((ch = getchar()) != '\n')
    {
        if (ch == 'C')
        {
            continue;
        }
        putchar(ch);
    }
    putchar('\n');
    return 0;
}
```

程序实现如下：

```
[fishc@localhost Chapter2]$ gcc test26.c && ./a.out
I love FishC.com!
I love Fish.com!
```

第二行是我们输入的内容，第三行是程序输出的内容，当检查到 ch 存放的值是大写字母'C'的 ASCII 码时，程序当作什么也没看到，直接忽略了。

对于嵌套循环来说，continue 语句跟 break 语句是一样的：它们都只能作用于一层循环体。

C 语言的语法虽然看似简单、朴素，但千万不要因为它简单就小瞧他。正是因为简单，它的灵活性才能被无限地利用和放大。当然也因为简单，很多潜伏的"陷阱"初学者根本毫无察觉，举个例子，很多人认为 for 语句和 while 语句完全等价，随时都可以互换，事实上只要稍不留神，问题就出现了。请看下面代码：

```
//Chapter2/test27.c
#include <stdio.h>
int main(void)
```

```
{
        int i;
        for (i = 0; i < 100; i++)
        {
                if (i % 2)
                {
                        continue;
                }
        }
        return 0;
}
```

如果将上面代码中的 for 语句改成 while 语句，有些读者可能会这样改：

```
//Chapter2/test28.c
#include <stdio.h>
int main()
{
        int i;
        i = 0;
        while (i < 100)
        {
                if (i % 2)
                {
                        continue;
                }
                i++;
        }
        return 0;
}
```

看起来似乎没有什么问题，但是程序执行起来却是死循环，电脑进入"发烧状态"。

这是怎么回事呢？因为 for 语句和 while 语句执行过程是有区别的，它们的区别在于：在 for 语句中，continue 语句跳过循环的剩余部分，直接回到调整部分；在 while 语句中，调整部分是循环体的一部分，因此 continue 语句会把它也跳过。

2.3　拾遗

视频讲解

2.3.1　赋值运算符

赋值运算符是 C 语言中用得最多的一个运算符，因此它的设计简便与否直接影响到 C 语言的开发效率。语法很简单，就是将右边的值放到左边的变量里边，因为它的执行方向是自右向左：

```
int a;
a = 5;
```

需要注意的是，赋值运算符的左边必须是一个 lvalue，变量名就是 lvalue，但常数就不是了，所以把 5 写在赋值号的左边就会出错：

```
5 = a;
```

编译系统会提示类似于"error: lvalue required as left operand of assignment"的错误。很多读者会想当然地将 lvalue "脑补"为"left value of the 赋值运算符"，其实这样理解不完全正确。

【扩展阅读】关于什么是 lvalue 和 rvalue，感兴趣的读者可以访问 http://bbs.fishc.com/thread-69833-1-1.html 或扫描图 2-15 的二维码进行查阅。

图 2-15　什么是 lvalue 和 rvalue

2.3.2　复合的赋值运算符

由于赋值运算符的使用频率非常高，所以 C 语言的发明者也想出了一些可以"偷懒"的方案。比如：

```
a = a + 1;
```

这样写太费劲了，完全可以写成：

```
a += 1;
```

同理还有：

```
a -= 2;
a += 3;
a /= 4;
a %= 5;
```

2.3.3　自增自减运算符

当需要对一个变量加 1 或减 1 并赋值给自己的时候，可以写成 i++、i--或++i、--i 的形式。它们也被称为自增自减运算符，或加加减减运算符。

自增自减运算符可以放在变量之前，也可以放在变量之后。它们有什么区别呢？粗略地看，++i 和 i++都是实现将变量 i 的值加 1 并赋值给本身，也就相当于 i = i + 1。

但是将++i 和 i++赋值给一个变量的时候，两者的差异就产生了：

```
//Chapter2/test29.c
#include <stdio.h>
int main(void)
{
    int i = 5, j;

    j = ++i;
    printf("i = %d, j = %d\n", i, j);

    i = 5;
    j = i++;
    printf("i = %d, j = %d\n", i, j);

    return 0;
}
```

程序执行后，可以看得出来，两者的结果是不同的：

```
[fishc@localhost Chapter2]$ gcc test29.c && ./a.out
i = 6, j = 6
i = 6, j = 5
```

它们的区别是：i++是先使用变量 i 中保存的值，再对自身进行++运算；而++i 则是先对自身进行++运算，再使用变量 i 的值（这时变量 i 的值已经加 1 了）。

另外，自增自减运算符只能作用于变量，而不能作用于常量或表达式。

2.3.4　逗号运算符

我们是在讲解 for 语句的时候接触过逗号运算符，for 语句的表达式 1 和表达式 3，可以通过使用逗号运算符来初始化多个值或者调整多个循环变量。

逗号运算符也可以单独使用，如对多个变量进行初始化时需要写很多行代码：

```
i = 1;
j = 2;
k = 3;
```

有了逗号运算符，可以将它们组合成一行，称为逗号表达式：

```
i = 1, j = 2, k = 3;
```

逗号表达式的语法为：

表达式 1，表达式 2，表达式 3，…，表达式 n

逗号表达式的运算过程为：从左往右逐个计算表达式。逗号表达式作为一个整体，它的值为最后一个表达式（也即表达式 n）的值。不过，逗号运算符在 C 语言的所有运算符中，是"地位"最低的，因为连赋值运算符的优先级都比逗号运算符要高，所以：

```
a = 3, 5
```

相当于

```
a = 3;
5;
```

如果要让变量 a 赋值为 5，应该这样写：

```
a = (3, 5)
```

再分析一个：

```
a = (b = 3, (c = b + 4) + 5)
```

先将变量 b 赋值为 3，然后变量 c 赋值为 b + 4 的和，也就是 7，接下来把 c 的值加上 5，赋值给变量 a，得到变量 a 的值是 12。

逗号运算符的优先级是最低的，虽然 c = b + 4 用优先级最高的小括号运算符包含起来，但只要在逗号表达式中，都应该从左到右依次执行每个表达式：

```
//Chapter2/test30.c
#include <stdio.h>
int main(void)
{
    int a, b, c;
    a = (b = 3, (c = b + 4) + 5);
    printf("a = %d, b = %d, c = %d\n", a, b, c);
    return 0;
}
```

最后需要注意的是：在 C 语言中看到逗号，不一定就是逗号运算符，因为在有些地方，逗号仅仅是被用作分隔符而已。比如：

- int a, b, c;
- scanf("%d%d%d", &a, &b, &c);

这里逗号都是作为分隔符使用，而不是运算符。

2.3.5 条件运算符

有一个操作数的运算符称为单目运算符，有两个操作数的运算符称为双目运算符，C 语言还有唯一的一个有三个操作数的三目运算符，它的作用是提供一种简写的方式来表示 if-else 语句。

这个三目运算符的语法格式为：

```
exp1 ? exp2 : exp3;
```

exp1 是条件表达式，如果结果为真，返回 exp2；如果为假，返回 exp3。所以：

```
if (a > b)
{
    max = a;
}
else
{
    max = b;
}
```

可以直接写成：

```
max = a > b ? a : b;
```

2.3.6　goto 语句

goto 语句可以说是一个历史遗留问题，因为早期的编程语言都留有很多汇编语言的痕迹，goto 语句就是其中之一。goto 语句的作用就是直接跳转到指定标签的位置，语法格式为：

```
goto 标签;
```

其中标签需要被定位于某个语句的前边，比如：

```
//Chapter2/test31.c
#include <stdio.h>
int main(void)
{
    int i = 5;
    while (i++)
    {
        if (i > 10)
        {
            goto Label;
        }
    }
Label:  printf("Here, i = %d\n", i);
    return 0;
}
```

程序实现如下：

```
[fishc@localhost Chapter1]$ gcc test1.c && ./a.out
Here, i = 11
```

很多初学者刚接触 goto 语句可能会觉得很实用，但是这里要强调的一点是：在开发中要尽量避免使用 goto 语句，因为随意使用 goto 语句在代码间跳来跳去，会破坏代码原有的逻辑。

但在一种情况下使用 goto 语句比较合适，那就是当需要跳出多层循环的时候，使用 goto 语句要比多个 break 语句好使。

2.3.7 注释

当工作了一段时间之后，你就会发现，代码的注释其实比代码本身更重要。有些读者可能会说："注释有什么难的？不就是两个斜杠（//），并在后边说明这句代码是干什么用的吗？"非也非也！我曾经要求一位学生给下面这段代码写注释：

```
//Chapter2/test32.c
#include <stdio.h>
int main(void)
{
        int result, i;
        result = 0;
        i = 0;
        while (i <= 100)
        {
                result += i;
                i++;
        }
        return 0;
}
```

结果他这样写：

```
//Chapter2/test32.c
#include <stdio.h> //头文件
int main(void) //main 函数
{
        int result, i; //声明变量 result 和 i
        result = 0; //result 初始化为 0
        i = 0; //i 初始化为 0
        while (i <= 100) //一个执行 100 次的循环
        {
                result += i; //每次将变量 i 的值累加到变量 result 中
                i++; //变量 i 的值加 1
        }
        return 0; //返回 0
}
```

他把每句代码的作用都给写上去了，程序员应该都知道每行代码是干什么的。如果他不懂编程，看了你的注释也不可能就懂编程了。所以这样的注释写了等于没写，浪费时间。

那么合理的注释应该怎么写呢？

其实每个人对注释的理解都不一样，因为注释与其说是写给别人看的，不加说是写给以后自己看的。每个程序员随着时间的推移，都会累积一个自己的源代码"小金库"。说它是小金库还真不夸张，因为不可能每遇到一个新的问题就重新写一遍代码，这样工作效率就太低了。

现在写代码要尽可能考虑到以后会再次使用它，对于一些特殊的变量，应该注明它的作用和使用范围。对于程序或函数，应该在最前边写清楚它的功能、参数和返回值等。

C 语言的注释有两种方式，一种是大家常用的，将注释写在两个连续斜杠的后边：

```
//这是注释，编译器不会理会
```

这样每一行注释的开头都需要有两个斜杠。

有时可能需要写多行注释，那么可以使用"/* 注释的内容 */"来实现：

```
/* 这是一个跨越多行的注释
   这是注释，编译器不会理会
   这是注释，编译器不会理会
   这是注释，编译器不会理会
   这是一个跨越多行的注释 */
```

第3章

数组

　　有时候可能需要保存大量类型一致的数据，如一个班级里边所有学生的成绩，手机通讯录中所有联系人的电话，斐波那契数列的前 100 位数……对于这些类型一致、数量庞大的数据，如果使用不同变量来存储，就会让人觉得编程是一件很痛苦的事情。

　　比如，班级中有 50 名学生，那么总共需要创建 50 个整型变量来存放他们的成绩。如果很不幸，恰巧这次又是期末考试，总共考了 5 个科目，那么每一科要创建 50 个变量，总共就需要创建 250 个变量，然后再依次赋值：

```
#include <stdio.h>
int main(void)
{
    int a1, a2, a3, a4, a5, …, a50;
    int b1, b2, b3, b4, b5, …, b50;
    int c1, c2, c3, c4, c5, …, c50;
    int d1, d2, d3, d4, d5, …, d50;
    int e1, e2, e3, e4, e5, …, e50;
    …
    scanf("%d", &a1);
    …
    scanf("%d", &a50);
    scanf("%d", &b1);
    …
    return 0;
}
```

　　相信没有人会写这样的代码，因为这样编程，还不如找个本子用笔记下来直观。所以，C 语言引入了数组这个概念。

视频讲解

3.1　一维数组

3.1.1　定义一维数组

数组就是存储一批同类型数据的地方，定义一维数组的语法格式为：

```
类型 数组名[数量];
int a[6];          //定义一个整型数组，总共存放 6 个元素
char b[24];        //定义一个字符型数组，总共存放 24 个元素
double c[3];       //定义一个双精度浮点型数组，总共存放 3 个元素
```

在定义数组时，需要在数组名后边紧跟一对方括号，其中的数量用来指定数组中元素的个数，因为只有告诉编译器元素的个数，编译器才能申请对应大小的内存给它存放。

上面三种数组类型，都占用多少字节的内存呢？

int a[6]; //4 * 6 == 24

0	1	2	3	4	5

char b[24]; //1 * 24 == 24

0	1	2	3	4	5	6	7	8	9	10	11	12	13	14	15	16	17	18	19	20	21	22	23

double c[3]; //8 * 3 == 24

0	1	2

在本书的编译环境中，它们都是占用 24 字节的内存空间。在编译器编译程序的时候，这个空间就已经创建了。

3.1.2　访问一维数组

访问一维数组中的元素，同样是使用方括号：

```
数组名[下标];
a[0]; //访问 a 数组中的第一个元素
b[1]; //访问 b 数组中的第二个元素
c[5]; //访问 c 数组中的第六个元素
```

注意：

```
int a[5];     //创建一个具有五个元素的数组
a[0];         //访问第一个元素的下标是 0，不是 1
a[5];         //报错，因为第五个元素的下标是 a[4]
```

3.1.3 循环与数组的关系

在此之前有些读者可能会感到疑惑：为什么循环变量通常初始化为 0，而不是 1 呢？比如实现一个执行 10 次的循环，通常是这么写的：

```c
for (i = 0; i < 10; i++)
{
    ...
}
```

而不是这样写（当然下面这样写也没错，这里只是讨论习惯问题）：

```c
for (i = 1; i <= 10; i++)
{
    ...
}
```

这是因为我们常常需要使用循环来访问数组：

```c
int a[10];
for (i = 0; i < 10; i++)
{
    a[i] = i;
}
```

举个例子，下面代码尝试使用数组存放班级里 10 位同学的数学成绩，并计算出平均值：

```c
//Chapter3/test1.c
#include <stdio.h>
#define NUM 10
int main(void)
{
    int s[NUM];
    int i, sum = 0;
    for (i = 0; i < NUM; i++)
    {
        printf("请输入第%d位同学的成绩：", i + 1);
        scanf("%d", &s[i]);
        sum += s[i];
    }
    printf("成绩录入完毕，该次考试的平均分是：%.2f\n", (double)sum / NUM);
    return 0;
}
```

程序实现如下：

```
[fishc@localhost Chapter3]$ gcc test1.c && ./a.out
```

```
请输入第 1 位同学的成绩：80
请输入第 2 位同学的成绩：90
请输入第 3 位同学的成绩：70
请输入第 4 位同学的成绩：66
请输入第 5 位同学的成绩：77
请输入第 6 位同学的成绩：54
请输入第 7 位同学的成绩：67
请输入第 8 位同学的成绩：86
请输入第 9 位同学的成绩：78
请输入第 10 位同学的成绩：65
成绩录入完毕，该次考试的平均分是：73.30
```

3.1.4　数组的初始化

在定义数组的同时对其各个元素进行赋值，称为数组的初始化。数组的初始化方式有很多，下边逐一介绍。

（1）将数组中所有元素初始化为 0，可以这样写：

```
int a[10] = {0}; //这里只是将第一个元素赋值为 0
```

（2）如果是赋予不同的值，那么用逗号分隔开即可：

```
int a[10] = {1, 2, 3, 4, 5, 6, 7, 8, 9, 0};
```

（3）还可以只给一部分元素赋值，未被赋值的元素自动初始化为 0：

```
int a[10] = {1, 2, 3, 4, 5, 6}; //表示为前边 6 个元素赋值，后边 4 个元素系统自
                                //动初始化为 0
```

（4）有时候还可以偷懒，可以只给出各个元素的值，而不指定数组的长度（因为编译器会根据值的个数自动判断数组的长度）：

```
int a[] = {1, 2, 3, 4, 5, 6, 7, 8, 9, 0};
```

（5）C99 增加了一种新特性：指定初始化的元素。这样就可以只对数组中的某些指定元素进行初始化赋值，而未被赋值的元素自动初始化为 0：

```
int a[10] = {[3] = 3, [5] = 5, [8] = [8]};//编译的时候记得加上-std=c99 选项
```

3.1.5　可变长数组

视频讲解

在 C99 标准出现之前，要求定义数组的时候，数组的维度必须为常量表达式或者 const 的常量，所以那时候如果把代码写成下面这样，就会报错：

```
...
int n;

    printf("请输入字符的个数：");
```

```
    scanf("%d", &n);
    char a[n];
...
```

但是从 C99 标准开始，C 语言正式支持可变长数组（Variable Length Array，VLA），这里的"变长"指的是数组的长度可以在程序运行时才决定，不过一旦完成定义，数组长度在其生命周期内就不能再改变了。请看下面例子：

```
//Chapter3/test2.c
#include <stdio.h>
int main(void)
{
    int n, i;
    printf("请输入字符的个数：");
    scanf("%d", &n);
    char a[n+1]; //定义可变长数组
    printf("请开始输入字符：");
    getchar(); //过滤掉上面最后输入的'\n'
    for (i = 0; i < n; i++)
    {
        scanf("%c", &a[i]);
    }
    a[n] = '\0';
    printf("你输入的字符串是：%s\n", a);
    return 0;
}
```

程序实现如下：

```
[fishc@localhost Chapter3]$ gcc -std=c99 test2.c && ./a.out
请输入字符的个数：17
请开始输入字符：I love FishC.com!
你输入的字符串是：I love FishC.com!
```

3.1.6 字符数组

还记得之前介绍过，C 语言是没有字符串类型的，那么 C 语言是如何存放和表示字符串的呢？有两种方式：字符串常量；字符类型的数组。字符串常量就是用双引号括起来的字符串，它一旦定下来就没有办法改变。更灵活的方式是使用字符类型的数组来存放和处理字符串，这样，数组中的每一个元素表示一个字符（注意：最后还需要添加一个字符串的结束符'\0'）。

接下来快速回顾一下，定义字符数组的方式有哪些。最简单的是先定义指定长度的字符数组，然后给每个元素单独赋值：

```
char str[10];
str[0] = 'F';
```

```
str[1] = 'i';
str[2] = 's';
str[3] = 'h';
str[4] = 'C';
str[5] = '\0';
```

还可以直接在定义的时候对字符数组进行初始化,这样会方便很多:

```
//初始化字符数组的每个元素
char str1[10] = {'F', 'i', 's', 'h', 'C', '\0'};
//可以不写元素的个数,因为编译器会自动计算
char str3[] = {'F', 'i', 's', 'h', 'C', '\0'};
//使用字符串常量初始化字符数组
char str4[] = {"FishC"};
//使用字符串常量初始化,可以省略大括号
char str5[] = "FishC";
```

3.2 字符串处理函数

视频讲解

没错,兜了一圈又来讲字符串了。没办法,字符串实在太重要了,而且基本上每个程序都有它的踪影,不是吗?你看,写程序总是需要和用户交互,那字符串的显示和接收总是无法避免的。分析数据也要涉及字符串,那么对文本的读取、分类、存储也是我们要学习的。总之就是一句话,字符串很重要!

在实际开发中,如果能使用官方提供的现成函数,尽量不要自己去写,这样除了能够大幅度提高工作效率之外,也会使代码更加稳定和快速。这一节介绍处理字符串的几个函数。

为了方便大家平时查阅,小甲鱼做了一个分类和归纳。日常使用只需要打开这个页面(http://bbs.fishc.com/thread-70614-1-1.html)查询即可。比如,需要对一个字符串进行处理,那么单击"字符串处理函数"的索引即可快速找到可用的函数,如图 3-1 所示。

3.2.1 获取字符串的长度

计算字符串的长度使用 strlen 函数(注意是长度,不是尺寸):

```
#include <string.h>
...
size_t strlen ( const char * str );
```

请看下面例子:

```
//Chapter3/test3.c
#include <stdio.h>
#include <string.h>
int main(void)
```

```
{
    char str[] = "I love FishC.com!";
    printf("sizeof str = %d\n", sizeof(str));
    printf("strlen str = %u\n", strlen(str));
    return 0;
}
```

对于程序员来说，库是最重要的工具之一，可以避免重新造轮子。

C 标准函数库（C Standard library）是所有符合标准的头文件（head file）的集合，以及常用的库函数案例，几乎所有的 C 语言程序都是由标准函数库的函数来创建的。

为了方便大家查阅学习，小甲鱼这里给大家做了归类：

1# 概述

2# 字符测试函数 -> 传送门

3# 字符串处理函数 -> 传送门

4# 数学函数 -> 传送门

5# 日期与时间函数 -> 传送门

6# 内存管理函数 -> 传送门

7# 文件操作函数 -> 传送门

8# 文件权限控制函数 -> 传送门

9# 进程管理函数 -> 传送门

10# 信号处理函数 -> 传送门

11# 接口处理函数 -> 传送门

12# 环境变量函数 -> 传送门

13# 终端控制函数 -> 传送门

14# 其他常用函数 -> 传送门

图 3-1　C 语言标准库函数分类索引

长度是不包含字符串最后的结束符（'\0'）的：

```
[fishc@localhost Chapter3]$ gcc test3.c && ./a.out
sizeof str = 18
strlen str = 17
```

另外，strlen 函数的返回值是 size_t 而不是 int，size_t 被定义在 stddef.h 头文件中，事实上就是无符号整型（unsigned int）。

3.2.2　复制字符串

如何复制字符串呢？千万不要试图使用赋值号（＝）来复制字符串，这样做是错误的。字符串的复制应该使用 strcpy 函数或 strncpy 函数来实现：

```
#include <string.h>
...
char *strcpy(char *dest, const char *src);
char *strncpy(char *dest, const char *src, size_t n);
```

请看下面例子：

```
//Chapter3/test4.c
#include <stdio.h>
#include <string.h>
int main(void)
{
        char str1[] = "Original String";
        char str2[] = "New String";
        char str3[100];
        strcpy(str1, str2);
        strcpy(str3, "Copy Successful");
        printf("str1: %s\n", str1);
        printf("str2: %s\n", str2);
        printf("str3: %s\n", str3);

        return 0;
}
```

程序实现如下：

```
[fishc@localhost Chapter3]$ gcc test4.c && ./a.out
str1: New String
str2: New String
str3: Copy Successful
```

注意：

必须保证目标字符数组的空间足以容纳需要复制的字符串。因为 strcpy 函数并没有对边界做检查，所以如果待复制的字符串比目标数组长，多出的字符仍然会被复制，它们将覆盖原先存储在数组后面的内存空间的值。比如上面程序中，将 str1 和 str2 对调一下，程序就可能出现问题。

这个问题是隐性的，如果只是超出几个字符，程序不一定会出问题（比如上边代码在我们的演示环境中是可以正常打印的）。为了把问题突出，将目标字符串修改为 "char str2[] = "OOOOOOOOOOOOOOOOOOOOOriginal String";"，编译运行后，程序报 Segmentation fault 错误。

因此在实现程序复制的时候，应该限制源字符串的长度，确保目标数组在执行完复制后不会发生溢出。这里可以使用 strncpy 函数，它在 strcpy 函数的基础上添加了一个参数，用来指定复制的字符个数。

```
//Chapter3/test5.c
#include <stdio.h>
#include <string.h>
int main(void)
{
        char str1[] = "To be or not to be";
        char str2[40];
        strncpy(str2, str1, 5);
        str2[5] = '\0';
        printf("%s\n", str2);
        return 0;
}
```

程序实现如下：

```
[fishc@localhost Chapter3]$ gcc test5.c && ./a.out
To be
```

需要注意的是：strncpy 函数并不会自动添加末尾的结束符，所以应该养成习惯在复制完后追加一个字符串结束符（'\0'）。

3.2.3 连接字符串

想要把一个字符串连接到另一个字符串的后面，可以使用 strcat 和 strncat 函数：

```
#include <string.h>
...
char *strcat(char *dest, const char *src);
char *strncat(char *dest, const char *src, size_t n);
```

它们要求目标数组里已经包含一个字符串（可以是空字符串），找到这个字符串的末尾，并把源字符串复制连接过去。

```
//Chapter3/test6.c
#include <stdio.h>
#include <string.h>
int main(void)
{
        char str1[100] = "I love";
        char str2[] = "FishC.com!";
        strcat(str1, " ");
        strcat(str1, str2);
        printf("str1: %s\n", str1);
        return 0;
}
```

程序实现如下：

```
[fishc@localhost Chapter3]$ gcc test6.c && ./a.out
str1: I love FishC.com!
```

同样的道理，strncat 函数也是添加了一个参数，用于限定连接的字符数。不过与 strncpy 函数不同的是，strncat 总是在连接后自动追加一个结束符（'\0'）。

3.2.4　比较字符串

比较两个字符串，可以使用 strcmp 函数和 strncmp 函数实现：

```
#include <string.h>
...
int strcmp(const char *s1, const char *s2);
int strncmp(const char *s1, const char *s2, size_t n);
```

采用 strcmp 函数比较两个字符串是否相同时，如果两个字符串完全一致，那么它的返回值是 0；如果存在差异，那么根据情况返回大于 0 或小于 0 的值。

strcmp 函数的原理是从第一个字符开始，依次对比两个字符串中每个字符的 ASCII 码，如果第一个字符串的字符的 ASCII 码小于第二个字符串对应的字符，那么返回一个小于 0 的值（通常这个值是 –1）；如果大于，那么返回一个大于 0 的值（通常这个值是 1）。

```
//Chapter3/test7.c
#include <stdio.h>
#include <string.h>
int main(void)
{
        char str1[10] = "FishC.com";
        char str2[20] = "FishC.com";
        if (!strcmp(str1, str2))
        {
                printf("两个字符串完全一致! \n");
        }
        else
        {
                printf("两个字符串不同! \n");
        }
        return 0;
}
```

程序实现如下：

```
[fishc@localhost Chapter3]$ gcc test7.c && ./a.out
两个字符串完全一致!
```

strncmp 函数增加了一个参数，用于指定只比较前边的 n 个字符。

视频讲解

3.3　二维数组

一维数组和二维数组概念是什么呢？大家都知道点、线、面，如果把点想象成单独的一个变量，那么由这些点组成的线就是一维数组，而二维数组形象地描述就是一个面。

随着开发的深入，我们发现在有些情况下，一维数组难以满足开发的需求，引入二维数组的概念之后，问题就变得简单多了。比如，现在需要存放的不只是班里所有同学的数学成绩，还需要存放语文、英语和综合科目的成绩，如图 3-2 所示。

	小明	小花	小红	小刘	小李	……
语文	80	92	85	86	99	
数学	78	65	89	70	99	
英语	67	78	76	89	99	
综合	88	68	98	90	99	

图 3-2　二维数组

有四门学科的成绩，需要使用四个一维数组来存放：

```
int chinese[50];
int math[50];
int english[50];
int comprehensive[50];
```

如果使用二维数组，则只需要定义一个数组：

```
int score[4][50];
score[0][0] = 80;
score[1][0] = 78;
score[2][0] = 67;
score[3][0] = 88;
```

二维数组通常也被称为矩阵（matrix），将二维数组写成行和列的表示形式，可以很形象地帮我们解决一些问题。

3.3.1　定义二维数组

定义二维数组的方法跟一维数组相似，使用方括号指定每个维度的元素个数，如图 3-3 所示。

```
类型 数组名[数量][数量];
int a[5][5];         //5*5，5行5列
char b[4][5];        //4*5，4行5列
double c[6][3];      //6*3，6行3列
```

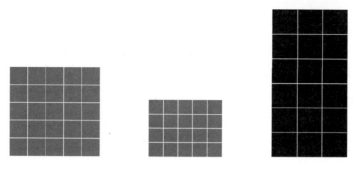

图 3-3 二维数组的定义

这里需要强调的是，几行几列是从概念模型上来看的，也就是说这样来看待二维数组可以更容易理解。但从物理模型上看，无论是二维数组还是更多维的数组，在内存中仍然是以线性的方式存储的。

比如，定义了二维数组 int b[4][5]，那么 b 在内存中的存放如图 3-4 所示。

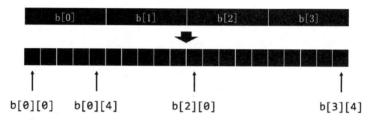

图 3-4 二维数组 b 在内存中的存放形式

从图 3-4 中不难看出，二维数组事实上就是在一维数组的每个元素中存放另一个一维数组，这就是所谓的线性方式存储。同样道理，三维数组、四维数组甚至五维数组都是以同样方式实现的。

3.3.2 访问二维数组

访问二维数组中的元素，同样是使用方括号：

```
数组名[下标][下标];
a[0][0]; //访问 a 数组中第一行第一列的元素
b[1][3]; //访问 b 数组中第二行第四列的元素
c[3][3]; //访问 c 数组中第四行第四列的元素
```

同样也需要注意下标的取值范围，以防止数组的越界访问。比如 int a[3][4]，其"行下标"的取值范围是 0～2，"列下标"的取值范围是 0～3，超出任何一个下标的访问都会造成访问越界。

3.3.3 二维数组的初始化

下面介绍二维数组的六种初始化方式。

（1）二维数组在内存中是线性存放的，因此可以将所有的数据写在一个大括号内：

```
int a[3][4] = {1, 2, 3, 4, 5, 6, 7, 8, 9, 10, 11, 12};
```

这样就是先将第一行的四个元素初始化，再初始化第二行的元素。

（2）为了更直观地表示元素的分布，可以用大括号将每一行的元素括起来：

```
int a[3][4] = {{1, 2, 3, 4}, {5, 6, 7, 8}, {9, 10, 11, 12}};
```

这样写表示会更加清晰：

```
int a[3][4] = {
    {1, 2, 3, 4},
    {5, 6, 7, 8},
    {9, 10, 11, 12}
};
```

（3）二维数组也可以仅对部分元素赋初值：

```
int a[3][4] = {{1}, {5}, {9}};
```

这样写是只对各行的第一列元素赋初值，其余元素初始化为 0。

（4）如果希望整个二维数组初始化为 0，那么直接在大括号里写一个 0 即可：

```
int a[3][4] = {0};
```

（5）C99 同样增加了一种新特性：指定初始化的元素。这样就可以只对数组中的某些指定元素进行初始化赋值，而未被赋值的元素自动初始化为 0：

```
int a[3][4] = {[0][0] = 1, [1][1] = 2, [2][2] = 3};
```

（6）二维数组的初始化也能"偷懒"，让编译器根据元素的数量计算数组的长度，但只有第一维的元素个数可以不写，其他维度必须写上：

```
int a[][4] = {{1, 2, 3, 4}, {5, 6, 7, 8}, {9, 10, 11, 12}};
```

下面实现将图 3-2 中的成绩录入二维数组中并打印出来：

```
//Chapter3/test8.c
#include <stdio.h>
int main(void)
{
    int b[4][5] = {
        {80, 92, 85, 86, 99},
        {78, 65, 89, 70, 99},
        {67, 78, 76, 89, 99},
        {88, 68, 98, 90, 99}
    };
    int i, j;
    for (i = 0; i < 4; i++)
```

```
        {
                for (j = 0; j < 4; j++)
                {
                        printf("%d ", b[i][j]);
                }
                printf("\n");
        }
        return 0;
}
```

程序实现如下：

```
[fishc@localhost Chapter3]$ gcc test8.c && ./a.out
80 92 85 86 99
78 65 89 70 99
67 78 76 89 99
88 68 98 90 99
```

也可以把上面横向和纵向的成绩颠倒过来显示，即将矩阵转置：

```
...
for (i = 0; i < 5; i++)
{
        for (j = 0; j < 4; j++)
        {
                printf("%d ", b[j][i]);
        }
        printf("\n");
}
...
```

代码修改后程序实现如下：

```
[fishc@localhost Chapter3]$ gcc test8.c && ./a.out
80 78 67 88
92 65 78 68
85 89 76 98
86 70 89 90
99 99 99 99
```

第4章

指针

指针是 C 语言的精华部分，没有指针，就没有现在简洁、紧凑、高效的 C 语言。可以说，对指针的掌握程度，直接决定了你的 C 语言的编程能力。

为了让大家理解指针的原理，需要先弄清楚数据在内存中是如何存储和读取的。

如果在程序中定义一个变量，那么当程序进行编译的时候，系统会根据这个变量的类型在系统中分配相应尺寸的空间。那如何使用这个变量呢？没错，就是通过变量名，如图 4-1 所示。

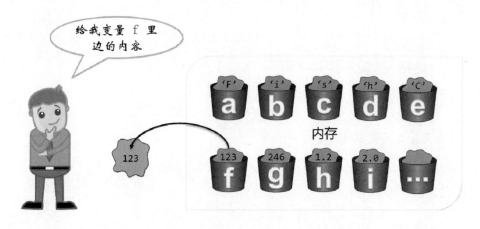

图 4-1　通过变量名获取变量中存放的内容

通过变量名来访问内存，是一种相对安全的方式，因为只有定义了这个变量，才能够访问它。这是对内存的最基本认知，但光这点知识还不够，当深入理解内存的原理时，就会发现心有余而力不足了，因为你依然搞不懂内存是如何存放变量名的，如图 4-2 所示。

好了，要解决这个问题，首先要知道内存是如何存放数据的。由于内存的最小索引单元是 1 字节，所以可以把整个内存想象为一个超级大的字符数组。数组有索引下标，内存也是，只是我们把它称为地址。每个地址可以存放 1 字节的数据，所以对于占 4 字节的整型变量来说，就需要使用 4 个连续的存储单元来存放，如图 4-3 所示。

地址	存放的值
......	
10000	'F'
10001	'i'
10002	's'
10003	'h'
10004	'C'
10005	
10006	123
10007	
10008	
10009	'H'
......	

图 4-2　搞不懂内存是如何存放变量名的　　　　图 4-3　内存是这样存放数据的

好了，这就是内存存放数据的真相。有些读者可能会问："那变量名又是怎么一回事儿呢？"其实在内存中完全没有存储变量名的必要，因为变量名是为了方便程序员的使用而定义的，只有程序员和编译器知道，而编译器又知道具体的变量名对应的存放地址，所以当读取某个变量的时候，编译器就会找到变量名所在的地址，并根据变量的类型读取相应范围的数据，如图 4-4 所示。

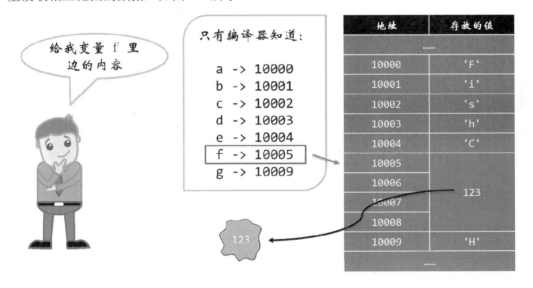

图 4-4　只有编译器知道某个变量对应的地址

4.1　指针和指针变量

视频讲解

说了这么多，那跟我们的主题——指针，又有什么关系呢？

通常所说的指针，就是内存地址（下文简称地址）的意思。C 语言中使用专门的指针变量存放指针，跟普通变量不同，指针变量存储的是一个地址。

指针变量也有类型，它的类型就是存放的地址指向的数据类型。下面先简单描述一下普通变量和指针变量的区别。

如图 4-5 所示，变量 a~g 是普通变量，其中变量 a~e 和变量 g 都是字符变量，只占 1 字节的空间；变量 f 是整型变量，占 4 字节的空间；然后还有两个指针变量——pa 和 pf，存放的数据是地址，在这里它们分别存放了变量 a 和变量 f 的地址（在本书的编译系统中，指针变量是占 4 字节的空间，也就是说一个地址是占 4 字节的空间）。

只有编译器知道：		地址	存放的值		地址	存放的值
		......			......	
a -> 10000		11000			10000	'F'
b -> 10001		11001			10001	'i'
c -> 10002		11002	10000		10002	's'
d -> 10003		11003			10003	'h'
e -> 10004		11004			10004	'C'
f -> 10005		11005			10005	
g -> 10009		11006	10005		10006	123
pa -> 11000		11007			10007	
pf -> 11004					10008	
		......			10009	'H'
		......			......	

图 4-5　指针和指针变量

4.1.1　定义指针变量

定义指针变量的语法格式为：

```
类型名 *指针变量名;
char *pa;
int *pb;
```

定义指针变量跟定义普通变量十分相似，只是中间多了一个星号（*）。左侧的数据类型表示指针变量中存放的地址指向的内存单元的数据类型。比如，图 4-5 中的指针变量 pa 中存放字符变量 a 的地址，所以 pa 应该定义为字符型指针（char *pa;）；而指针变量 pb 中存放的是整型变量 f 的地址，所以 pb 就定义为整型指针（int *pb;）。这点一定要注意，因为不同数据类型所占的内存空间不同，如果指定错误了，那么在访问指针变量指向的数据时就会出错。

4.1.2　取地址运算符和取值运算符

如果需要获取某个变量的地址，可以使用取地址运算符（&）：

```
char *pa = &a;
int *pb = &f;
```

如果需要访问指针变量指向的数据，可以使用取值运算符（*）：

```
printf("%c, %d\n", *pa, *pb);
```

这里要注意的是，取值运算符跟定义指针一样都是使用星号（*），这属于符号的重用，即在不同的地方有不同的意义：在定义时表示定义一个指针变量；在其他位置表示获取指针变量指向的变量的值。

直接通过变量名来访问变量的值，称为直接访问；通过指针变量这样的形式来访问变量的值，称为间接访问，所以取值运算符有时候也叫间接运算符。

请看下面例子：

```
//Chapter4/test1.c
#include <stdio.h>
int main(void)
{
        char a = 'F';
        int f = 123;
        char *pa = &a;
        int *pf = &f;

        printf("a = %c\n", *pa);
        printf("f = %d\n", *pf);

        *pa = 'c';
        *pf += 1;

        printf("now, a = %c\n", *pa);
        printf("now, f = %d\n", *pf);

        printf("sizeof pa = %d\n", sizeof(pa));
        printf("sizeof pf = %d\n", sizeof(pf));

        printf("the addr of a is: %p\n", pa);
        printf("the addr of f is: %p\n", pf);

        return 0;
}
```

程序实现如下：

```
[fishc@localhost Chapter4]$ gcc test1.c && ./a.out
a = F
f = 123
now, a = c
now, f = 124
```

```
sizeof pa = 4
sizeof pf = 4
the addr of a is: 0xbff36587
the addr of f is: 0xbff36580
```

4.1.3　避免访问未初始化的指针

请看下面例子：

```c
#include <stdio.h>
int main(void)
{
    int *a;
    *a = 123;
    return 0;
}
```

类似于上面这样的代码是很危险的，因为指针变量 a 到底指向哪里，我们没办法知道。这个道理就跟访问未初始化的变量一样，它的值是随机的。这在指针变量里会很危险，因为后边代码对一个未知地址进行赋值，那么可能会覆盖到系统的一些关键代码。不过系统通常都不会允许这么操作，程序这时候会被中止并报错。更危险的是，偶尔这个指针变量里随机存放的是一个合法的地址，那么接下来的赋值就会导致那个位置的值莫名其妙地被修改。这种类型的 BUG 是非常难排查的，所以在对指针进行间接访问时，必须确保它们已经被正确地初始化了。

视频讲解

4.2　指针和数组

读者看到这个标题可能会有点懵：指针和数组有什么关系？这不是两个不同的概念吗？但学完之后，问题可能就会演变成：咦，数组不就是指针吗？趁大家还没陷进去，我这里先抛出答案：虽然数组和指针关系密切，是一对好朋友，但数组绝不是指针。

4.2.1　数组的地址

从标准输入流读取一个数据到变量中，需使用 scanf 函数，通常需要加上取址操作符（&），但如果存储的位置是指针变量，则并不需要。

```c
//Chapter4/test2.c
#include <stdio.h>
int main(void)
{
    int a;
    int *p = &a;
```

```
        printf("请输入一个整数：");
        scanf("%d", &a);
        printf("a = %d\n", a);

        printf("请重新输入一个整数：");
        scanf("%d", p);
        printf("a = %d\n", a);

        return 0;
}
```

程序实现如下：

```
[fishc@localhost Chapter4]$ gcc test2.c && ./a.out
请输入一个整数：3
a = 3
请重新输入一个整数：5
a = 5
```

解析：对于普通变量，scanf 函数需要知道它在内存中的地址，所以需要使用取址操作符（&）来获得，但是指针变量本身保存的就是另一个变量的地址信息，所以直接给它指针变量的值就可以了。

大家回忆一下，之前在什么情况下使用 scanf 函数的时候不需要使用取址操作符（&）呢？没错，是在读取字符串的时候：

```
//Chapter4/test3.c
#include <stdio.h>
int main(void)
{
        char str[128];
        printf("请输入鱼 C 工作室的域名：");
        scanf("%s", str);
        printf("鱼 C 工作室的域名是：%s\n", str);
        return 0;
}
```

程序实现如下：

```
[fishc@localhost Chapter4]$ gcc test3.c && ./a.out
请输入鱼 C 工作室的域名：fishc.com
鱼 C 工作室的域名是：fishc.com
```

所以不难推测：数组名其实就是一个地址信息，事实上它就是数组第一个元素的地址。添加一行代码，将数组第一个元素的地址打印出来，对比一下就知道了：

```
...
        printf("str 的地址是：%p\n", str);
```

```
        printf("str[0] 的地址是: %p\n", &str[0]);
...
```

程序实现如下：

```
[fishc@localhost Chapter4]$ gcc test3.c && ./a.out
请输入鱼 C 工作室的域名: fishc.com
鱼 C 工作室的域名是: fishc.com
str 的地址是: 0xbf979870
str[0] 的地址是: 0xbf979870
```

实验证明上面的推断是正确的。由于数组就是一堆类型一致的变量依次排放在一起，所以第二个元素的地址应该是第一个元素的地址加上每个元素所占的空间。我们继续通过实验证明：

```c
//Chapter4/test4.c
#include <stdio.h>
int main(void)
{
        char a[] = "FishC";
        int b[5] = {1, 2, 3, 4, 5};
        float c[5] = {1.1, 2.2, 3.3, 4.4, 5.5};
        double d[5] = {1.1, 2.2, 3.3, 4.4, 5.5};

        printf("a[0] -> %p, a[1] -> %p, a[2] -> %p\n", &a[0], &a[1], &a[2]);
        printf("b[0] -> %p, b[1] -> %p, b[2] -> %p\n", &b[0], &b[1], &b[2]);
        printf("c[0] -> %p, c[1] -> %p, c[2] -> %p\n", &c[0], &c[1], &c[2]);
        printf("d[0] -> %p, d[1] -> %p, d[2] -> %p\n", &d[0], &d[1], &d[2]);

        return 0;
}
```

程序实现如下：

```
[fishc@localhost Chapter4]$ gcc test4.c && ./a.out
a[0] -> 0xbfd0b1fa, a[1] -> 0xbfd0b1fb, a[2] -> 0xbfd0b1fc
b[0] -> 0xbfd0b1e4, b[1] -> 0xbfd0b1e8, b[2] -> 0xbfd0b1ec
c[0] -> 0xbfd0b1d0, c[1] -> 0xbfd0b1d4, c[2] -> 0xbfd0b1d8
d[0] -> 0xbfd0b1a8, d[1] -> 0xbfd0b1b0, d[2] -> 0xbfd0b1b8
```

4.2.2 指向数组的指针

如果用一个指针指向数组，应该怎么做？请看下面例子：

```c
char *p;
p = a; //语句1
p = &a[0]; //语句2
```

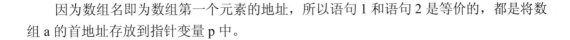

因为数组名即为数组第一个元素的地址，所以语句 1 和语句 2 是等价的，都是将数组 a 的首地址存放到指针变量 p 中。

4.2.3　指针的运算

当指针指向数组元素的时候，允许对指针变量进行加减运算，这样做的意义相当于指向距离指针所在位置向前或向后第 n 个元素。比如，p+1 表示指向 p 指针指向的元素的下一个元素，p–1 则表示指向上一个元素。

```
//Chapter4/test5.c
#include <stdio.h>
int main(void)
{
    char a[] = "FishC";
    char *p = a;
    printf("*p = %c, *(p+1) = %c, *(p+2) = %c\n", *p, *(p+1), *(p+2));
    return 0;

}
```

程序实现如下：

```
[fishc@localhost Chapter4]$ gcc test5.c && ./a.out
*p = F, *(p+1) = i, *(p+2) = s
```

对比标准的下标法访问数组元素，这种使用指针进行间接访问的方法称为指针法。

注意：

p+1 的含义并不是简单地将地址加 1，而是指向数组的下一个元素。

```
//Chapter4/test6.c
#include <stdio.h>
int main(void)
{
    int b[5] = {1, 2, 3, 4, 5};
    int *p = b;

    printf("p -> %p, p+1 -> %p, p+2 -> %p\n", p, p+1, p+2);
    printf("*p = %d, *(p+1) = %d, *(p+2) = %d\n", *p, *(p+1), *(p+2));

    return 0;
}
```

程序实现如下：

```
[fishc@localhost Chapter4]$ gcc test6.c && ./a.out
p -> 0xbf91dcb0, p+1 -> 0xbf91dcb4, p+2 -> 0xbf91dcb8
```

```
*p = 1, *(p+1)= 2, *(p+2)= 3
```

有的读者会问："编译器怎么这么聪明呢？会知道 p+1 不是直接加 1，而是加上数组单个元素的长度？"其实是我们自己告诉编译器的，就在定义指针变量的时候。

如果定义一个指针变量是整型指针，那么说明它指向的变量是整型的。当用它指向整型数组的时候，指针加 1 的操作就是加上一个 sizeof(int)的距离。

事实上通过指针法访问数组的元素，也不一定需要定义一个指向数组的指针，因为数组名自身就是指向数组第一个元素的地址，所以可以直接将指针法作用于数组名：

```
...
printf("p -> %p, p+1 -> %p, p+2 -> %p\n", b, b+1, b+2);
printf("b = %d, b+1 = %d, b+2 = %d\n", *b, *(b+1), *(b+2));
...
```

程序实现如下：

```
[fishc@localhost Chapter4]$ gcc test6.c && ./a.out
p -> 0xbf91dcb0, p+1 -> 0xbf91dcb4, p+2 -> 0xbf91dcb8
p = 1, p+1 = 2, p+2 = 3
```

现在大家是不是发现指针和数组之间有很多联系？还可以直接使用指针定义字符串，然后用下标法读取每一个元素：

```c
//Chapter4/test7.c
#include <stdio.h>
#include <string.h>
int main(void)
{
    char *str = "I love FishC.com!";
    int i, length;

    length = strlen(str);

    for (i = 0; i < length; i++)
    {
        printf("%c", str[i]);
    }
    printf("\n");

    return 0;
}
```

程序实现如下：

```
[fishc@localhost Chapter4]$ gcc test7.c && ./a.out
I love FishC.com!
```

上面代码中，定义了字符指针变量，将它初始化为指向一个字符串。然后后面不仅可以在它身上使用字符串处理函数，还可以用下标法访问字符串中的每一个字符。

循环还可以这样写：

```
for (i = 0; i < length; i++)
{
        printf("%c", *(str + i));
}
```

得到的是同样的输出结果：

```
[fishc@localhost Chapter4]$ gcc test7.c && ./a.out
I love FishC.com!
```

4.2.4　指针和数组的区别

上面讲到指针和数组在很多方面都可以互相替换，所以给大家的感觉是它们似乎是一样的东西。其实不然，随着学习的深入，你会发现：指针终归是指针，数组终归还是数组。下面举例分析。

下面代码试图计算一个字符串的字符个数：

```
//Chapter4/test8.c
#include <stdio.h>
int main(void)
{
        char str[] = "I love FishC.com!";
        int count = 0;

        while (*str++ != '\0')
        {
                count++;
        }
        printf("总共有%d个字符。\n", count);

        return 0;
}
```

当编译器毫不犹豫地报错之后，你可能会开始怀疑学到了假的 C 语言语法：

```
[fishc@localhost Chapter4]$ gcc test8.c && ./a.out
test8.c: In function 'main':
test8.c:9: error: lvalue required as increment operand
```

这里提示的内容是 "lvalue required as increment operand"，意思是 "自增运算符的操作对象需要是一个左值"。

"*str++ != '\0'" 是一个复合表达式，*str++ 是要先运行自增运算符（++）还是取值运算符（*）呢？这是由运算符的优先级来决定的。str++ 的优先级要高于 *str，但后缀的自增运算符作用效果要在下一条语句才生效，所以 "while(*str++ != '\0')" 语句的理解是：

取出 str 指向的值判断是否为字符串结束符，如果是则退出循环，然后 str 指向下一个字符的位置。

代码看上去似乎没问题，为什么编译器要报错呢？

编译器给出的解释是"自增运算符的操作对象需要是一个左值"，这个表达式的自增运算符的操作对象是 str，str 事实上是数组名。那么引出了另一个问题：数组名到底是不是左值呢？

如果是左值的话，它首先要是一个用于识别和定位一个存储位置的标识符，其次它必须是可修改的。第一点数组名是满足的，因为数组名就是定位一个数组的位置。第二点就无法满足了，因为数组名不是变量，它只是一个地址常量，所以没办法修改（这里希望大家自己去实验一下），所以 str 并不是一个 lvalue。

如果按照这个思路来写代码，应该这样修改：

```c
//Chapter4/test8.c
#include <stdio.h>
int main(void)
{
    char str[] = "I love FishC.com!";
    char *target = str;
    int count = 0;

    while (*target++ != '\0')
    {
        count++;
    }
    printf("总共有%d个字符。\n", count);

    return 0;
}
```

这样程序就可以执行了：

```
[fishc@localhost Chapter4]$ gcc test8.c && ./a.out
总共有17个字符。
```

因此可得出结论：数组名只是一个地址，而指针是一个左值。

4.2.5 指针数组和数组指针

视频讲解

指针数组和数组指针，这两个名字非常相似，它们其中一个是指针，另一个是数组，那么哪一个是指针，哪一个是数组呢？有个小技巧，看最后两个字：指针数组是数组，数组指针是指针。

那么你能分辨出下面两个定义哪个是指针数组，哪个是数组指针吗？

```c
int *p1[5];
int (*p2)[5];
```

单从符号上来看，我们都认识，但组合起来，就都不认识。没关系，逐个来分析。先看答案：

```
int *p1[5];        //指针数组
int (*p2)[5];      //数组指针
```

1．指针数组

可以从运算符的优先级和结合性入手：

```
int *p1[5];
```

数组下标的优先级要比取值运算符的优先级高，所以先入为主，p1 被定义为具有 5 个元素的数组。那么数组元素的类型是整型吗？显然不是，因为还有一个星号，所以它们应该是指向整型变量的指针，如图 4-6 所示。

下标	0	1	2	3	4	5
元素	int *	int *	int *	int *	int *	int *

图 4-6　指针数组

结论：指针数组是一个数组，每个数组元素存放一个指针变量。

那么指针数组要如何初始化呢？按照通常的方式，代码应该这样写：

```
//Chapter4/test9.c
#include <stdio.h>
int main(void)
{
    int a = 1;
    int b = 2;
    int c = 3;
    int d = 4;
    int e = 5;
    int *p1[5] = {&a, &b, &c, &d, &e};
    int i;

    for (i = 0; i < 5; i++)
    {
        printf("%d\n", *p1[i]);
    }

    return 0;
}
```

程序实现如下：

```
[fishc@localhost Chapter4]$ gcc test9.c && ./a.out
1
```

```
2
3
4
5
```

这样写代码，就显得很烦琐了，但并不是说指针数组就没什么用；相反，它在指向字符指针的时候是非常实用的。请看下面代码：

```
//Chapter4/test10.c
#include <stdio.h>
int main(void)
{
        char *p1[5] = {
                "让编程改变世界 -- 鱼 C 工作室",
                "Just do it -- NIKE",
                "一切皆有可能 -- 李宁",
                "永不止步 -- 安踏",
                "One more thing... -- 苹果"
        };
        int i;
        for (i = 0; i < 5; i++)
        {
                printf("%s\n", p1[i]);
        }
        return 0;
}
```

程序实现如下：

```
[fishc@localhost Chapter4]$ gcc test10.c && ./a.out
让编程改变世界 -- 鱼 C 工作室
Just do it -- NIKE
一切皆有可能 -- 李宁
永不止步 -- 安踏
One more thing... -- 苹果
```

这样实现是不是比二维数组要更合乎逻辑，更通俗易懂呢？

2. 数组指针

也可以用同样的方式来分析数组指针：

```
int (*p2)[5];
```

因为圆括号和数组下标位于同一个优先级队列，所以接下来就是先来后到的问题了。由于它们的结合性都是从左到右，所以 p2 先被定义为一个指针变量，它后边还紧跟着一个具有 5 个元素的数组，p2 指向的就是这个数组。由于指针变量的类型事实上就是它所指向的元素的类型，所以这个 int 就是定义数组元素的类型为整型，如图 4-7 所示。

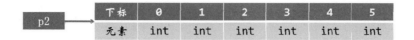

图 4-7 数组指针

结论：数组指针是一个指针，它指向的是一个数组。

不过，当想对数组指针进行初始化的时候，千万不要掉入陷阱。下面代码试图通过数组指针来打印其指向的数组的每一个元素：

```
//Chapter4/test11.c
#include <stdio.h>
int main(void)
{
    int (*p2)[5] = {1, 2, 3, 4, 5};
    int i;
    for (i = 0; i < 5; i++)
    {
        printf("%d\n", *(p2 + i));
    }
    return 0;
}
```

编译器会提醒代码可能有问题，然后打印出奇怪的值：

```
[fishc@localhost Chapter4]$ gcc test11.c && ./a.out
test11.c: In function 'main':
test11.c:6: warning: initialization makes pointer from integer without a cast
test11.c:6: warning: excess elements in scalar initializer
test11.c:6: warning: (near initialization for 'p2')
test11.c:6: warning: excess elements in scalar initializer
test11.c:6: warning: (near initialization for 'p2')
test11.c:6: warning: excess elements in scalar initializer
test11.c:6: warning: (near initialization for 'p2')
test11.c:6: warning: excess elements in scalar initializer
test11.c:6: warning: (near initialization for 'p2')
1
21
41
61
81
```

这是一个错误使用指针的典型案例，编译器提示说这里存在一个整数赋值给指针变量的问题，其实 p2 说到底它还是一个指针，所以要给它的是一个地址。于是把代码修改如下：

```
//Chapter4/test12.c
#include <stdio.h>
int main(void)
{
        int temp[5] = {1, 2, 3, 4, 5};
        int (*p2)[5] = temp;
        int i;
        for (i = 0; i < 5; i++)
        {
                printf("%d\n", *(p2 + i));
        }
        return 0;
}
```

程序实现如下：

```
[fishc@localhost Chapter4]$ gcc test12.c && ./a.out
test12.c: In function 'main':
test12.c:7: warning: initialization from incompatible pointer type
-1075364940
-1075364920
-1075364900
-1075364880
-1075364860
```

怎么又出错了呢？分析一下：编译器提醒的是"initialization from incompatible pointer type"，意思是说"指针类型初始化不一致"。数组名不就是数组第一个元素的地址吗？指针变量要的不就是地址吗？怎么就不一致了呢？

回忆一下，学习指针时是如何将指针指向数组的，我们是将指针指向数组名，像下面这样：

```
//Chapter4/test13.c
#include <stdio.h>
int main(void)
{
        int temp[5] = {1, 2, 3, 4, 5};
        int *p = temp;
        int i;
        for (i = 0; i < 5; i++)
        {
                printf("%d\n", *(p + i));
        }
        return 0;
}
```

程序实现如下：

```
[fishc@localhost Chapter4]$ gcc test13.c && ./a.out
```

```
1
2
3
4
5
```

那时候我们认为指针 p 是指向数组的指针，事实上它并不是。仔细推敲就会发现：这个指针是指向数组的第一个元素，而不是指向数组。因为数组的所有元素都是一个挨着一个存放的，所以知道第一个元素的地址，也就可以遍历后边所有的元素了。

但追根溯源，指针 p 只是一个指向整型变量的指针，它并不是指向数组的指针。而刚刚接触的数组指针，才是指向数组的指针。

所以，应该将数组的地址传递给数组指针，而不是传递数组第一个元素的地址，尽管它们的值是相同的，但它们的含义确实不一样：

```c
//Chapter4/test14.c
#include <stdio.h>
int main(void)
{
        int temp[5] = {1, 2, 3, 4, 5};
        int (*p2)[5] = &temp;
        int i;
        for (i = 0; i < 5; i++)
        {
                printf("%d\n", *(*p2 + i));
        }
        return 0;
}
```

程序实现如下：

```
[fishc@localhost Chapter4]$ gcc test14.c && ./a.out
1
2
3
4
5
```

4.2.6　指针和二维数组

之前我们学过二维数组，知道 C 语言并没有真正意义上的二维数组。在 C 语言中，二维数组的实现，只是简单地通过"线性扩展"的方式进行的。

如图 4-8 所示，"int b[4][5];"就是定义 4 个元素，每个元素都是一个包含 5 个整型变量的一维数组，它在内存中依然是以线性形式存储的。

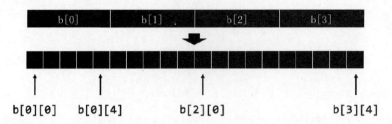

图 4-8　二维数组（int b[4][5]）

大家现在跟着我的引导开始思考，假设定义了二维数组 int array[4][5]，形象的画法如图 4-9 所示。

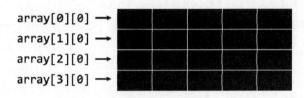

图 4-9　二维数组（int array[4][5]）

为了更好地解决大家内心的疑问，这一节以问答的形式来展开学习。

1．array 表示的是什么

显然，array 是整个二维数组的首地址。另外，我们知道在一维数组中，数组名相当于数组第一个元素的指针（地址）。由于二维数组实际上是一维数组的扩展，所以 array 应该理解为"指向包含 5 个元素的数组的指针（地址）"。

如何证明我们的判断是正确的？其实也不难，可以写如下的测试代码：

```
//Chapter4/test15.c
#include <stdio.h>
int main(void)
{
        int array[4][5] = {0};
        printf("sizeof int: %d\n", sizeof(int));
        printf("array: %p\n", array);
        printf("array+1: %p\n", array + 1);
        return 0;
}
```

程序实现如下：

```
[fishc@localhost Chapter4]$ gcc test15.c && ./a.out
sizeof int: 4
array: 0xbfeeef30
array+1: 0xbfeeef44
```

有句老话说得好："指针的类型决定了指针的视野，指针的视野决定了指针的跨度"，array 的跨度可以看到是 0xbfeeef44−0xbfeeef30 == 0x14 == 20 字节，每个整型变量在我们的系统中是占 4 字节的空间，所以 array 和 array + 1 之间相差 5 个元素的距离，即 array 的跨度是 5 个元素。因此，也证明了 array 就是"指向包含 5 个元素的数组的指针（地址）"这句话。

2．*(array + 1) 表示的是什么

这个问题要分两个步骤来解答。首先，从上边的例子中可以得出结论：array + 1 同样是"指向包含 5 个元素的数组的指针（地址）"；其次，*(array + 1)相当于 array[1]，而 array[1]相当于 array[1][0]的数组名。因此可以得出结论，*(array + 1)是指向第二行子数组第一个元素的地址，如图 4-10 所示。

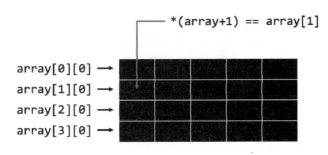

图 4-10 *(array + 1)表示的元素

验证代码如下：

```c
//Chapter4/test16.c
#include <stdio.h>
int main(void)
{
        int array[4][5] = {0};
        int i, j, k = 0;
        for (i = 0; i < 4; i++)
        {
                for (j = 0; j < 5; j++)
                {
                        array[i][j] = k++;
                }
        }
        printf("*(array + 1): %p\n", *(array + 1));
        printf("array[1]: %p\n", array[1]);
        printf("&array[1][0]: %p\n", &array[1][0]);
        printf("**(array + 1): %d\n", **(array + 1));
        return 0;
}
```

程序实现如下：

```
[fishc@localhost Chapter4]$ gcc test16.c && ./a.out
*(array + 1): 0xbfe1c1f8
```

```
array[1]: 0xbfe1c1f8
&array[1][0]: 0xbfe1c1f8
**(array + 1): 5
```

3. *(*(array+1)+3)表示的是什么

有了第二点的论证，我们知道*(array+1)是指向第二行子数组第一个元素的指针，所以对其再+3，得到的结果必然是指向第二行子数组第四个元素的指针，再对其进行取值，得到的就是二维数组中第二行第四列的元素值，如图 4-11 所示。

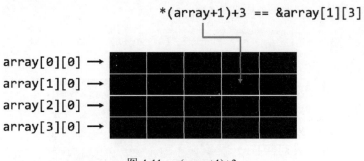

图 4-11 *(array+1)+3

再次证明，将代码修改如下：

```
...
        printf("*(*(array+1)+3): %d\n", *(*(array+1)+3));
        printf("array[1][3]: %d\n", array[1][3]);
...
```

程序实现如下：

```
[fishc@localhost Chapter4]$ gcc test16.c && ./a.out
...
*(*(array+1)+3): 8
array[1][3]: 8
```

结论：通过这个例子，主要就是想告诉大家无论是二维数组也好，多维数组也罢，下标索引的形式都可以转换为使用指针间接索引的形式，并且它们之间是完全等价的。

```
*(array+i) == array[i]
*(*(array+i)+j) == array[i][j]
*(*(*(array+i)+j)+k) == array[i][j][k]
```

4.2.7 数组指针和二维数组

视频讲解

在讲解二维数组的时候，提到过在初始化二维数组时是可以"偷懒"的：

```
int array[2][3] = {{0, 1, 2}, {3, 4, 5}};
```

可以写成：

```
int array[][3] = {{0, 1, 2}, {3, 4, 5}};
```

定义一个数组指针是这样的：

```
int (*p)[3];
```

那么请问如何解释下边这条语句：

```
int (*p)[3] = array;
```

通过 4.2.6 节的例子，很容易理解 array 其实是指向拥有 3 个元素的数组的指针。那么，p 也是指向一个拥有 3 个元素的数组的指针，所以这里可以将 array 赋值给 p。

```
//Chapter4/test17.c
#include <stdio.h>
int main(void)
{
        int array[2][3] = {{0, 1, 2}, {3, 4, 5}};
        int (*p)[3] = array;

        printf("**(p+1): %d\n", **(p+1));
        printf("**(array+1): %d\n", **(array+1));
        printf("array[1][0]: %d\n", array[1][0]);
        printf("*(*(p+1)+2): %d\n", *(*(p+1)+2));
        printf("*(*(array+1)+2): %d\n", *(*(array+1)+2));
        printf("array[1][2]: %d\n", array[1][2]);

        return 0;
}
```

程序实现如下：

```
[fishc@localhost Chapter4]$ gcc test17.c && ./a.out
**(p+1): 3
**(array+1): 3
array[1][0]: 3
*(*(p+1)+2): 5
*(*(array+1)+2): 5
array[1][2]: 5
```

4.3 void 指针

视频讲解

void 的字面意思是"无类型"，定义变量的时候，通过类型来决定该变量所占的内存空间。比如，在本书的环境中，char 类型占 1 字节，int 类型占 4 字节，double 类型则占 8 字节。那么 void 既然是无类型，就不应该用它来定义一个变量，如果一定要这么做，编译器就会毫不犹豫地报错：

```
//Chapter4/test18.c
#include <stdio.h>
int main(void)
{
        void a;
        return 0;
}
```

程序实现如下：

```
[fishc@localhost Chapter4]$ gcc test18.c && ./a.out
test18.c: In function 'main':
test18.c:6: error: variable or field 'a' declared void
```

但如果定义的是一个 void 指针，那就"厉害"了。我们把 void 指针称为通用指针，就是可以指向任意类型的数据。也就是说，任何类型的指针都可以赋值给 void 指针。

```
//Chapter4/test19.c
#include <stdio.h>
int main(void)
{
        int num = 1024;
        int *pi = &num;
        char *ps = "FishC";
        void *pv;

        pv = pi;
        printf("pi:%p, pv:%p\n", pi, pv);

        pv = ps;
        printf("ps:%p, pv:%p\n", ps, pv);

        return 0;
}
```

程序实现如下：

```
[fishc@localhost Chapter4]$ gcc test19.c && ./a.out
pi:0xbfcf22f0, pv:0xbfcf22f0
ps:0x8048504, pv:0x8048504
```

将任何类型的指针转换为 void 指针都是没问题的，但如果要转换回来，则需要进行强制类型转换。另外，不要直接对 void 指针进行解引用，因为编译器不知道它所指向的是什么数据类型：

```
//Chapter4/test20.c
#include <stdio.h>
int main(void)
{
```

```
        int num = 1024;
        int *pi = &num;
        char *ps = "FishC";
        void *pv;

        pv = pi;
        printf("pi:%p, pv:%p\n", pi, pv);
        printf("*pv:%d\n", *pv);

        pv = ps;
        printf("ps:%p, pv:%p\n", ps, pv);
        printf("*pv:%s\n", *pv);

        return 0;
}
```

程序实现如下：

```
[fishc@localhost Chapter4]$ gcc test20.c && ./a.out
test20.c: In function 'main':
test20.c:13: warning: dereferencing 'void *' pointer
test20.c:13: error: invalid use of void expression
test20.c:17: warning: dereferencing 'void *' pointer
test20.c:17: error: invalid use of void expression
```

如果一定非要这么做，可以使用强制类型转换：

```
...
printf("*pv:%p\n", *(int *)pv);
...
printf("*pv:%p\n", (int *)pv);
...
```

程序实现如下：

```
[fishc@localhost Chapter4]$ gcc test20.c && ./a.out
pi:0xbfab2d40, pv:0xbfab2d40
*pv:1024
ps:0x8048534, pv:0x8048534
*pv:FishC
```

使用 void 指针一定要小心，由于 void 指针可以通吃几乎所有类型，所以间接使得不同类型的指针转换变为合法，如果代码中存在一些不合理的转换，编译器对此也表示无能为力：

```
//Chapter4/test21.c
#include <stdio.h>
int main(void)
{
```

```
        int num = 1024;
        int *pi = &num;
        char *ps = "FishC";
        void *pv;

        pv = pi;
        printf("pi:%p, pv:%p\n", pi, pv);
        printf("*pv:%d\n", *(int *)pv);

        ps = (char *)pv;

        pv = ps;
        printf("ps:%p, pv:%p\n", ps, pv);
        printf("*pv:%s\n", (int *)pv);

        return 0;
}
```

程序实现如下：

```
[fishc@localhost Chapter4]$ gcc test21.c && ./a.out
pi:0xbffd6200, pv:0xbffd6200
*pv:1024
ps:0xbffd6200, pv:0xbffd6200
*pv:
```

在使用 void 指针的时候一定要注意，不到必要时不去用它。后面讲函数的时候会发现，void 指针还能发挥更多的妙用。

4.4 NULL 指针

在 C 语言中，如果一个指针不指向任何数据，就称为空指针，用 NULL 表示。NULL其实是一个宏定义：

```
#define NULL ((void *)0)
```

在大部分操作系统中，地址 0 通常是一个不被使用的地址，所以，如果一个指针指向 NULL，那么就意味着该指针不指向任何东西。

为什么一个指针要指向 NULL 呢？

其实这反而是比较推荐的一种编程风格——当指针不知道指向哪儿的时候，那么将它指向 NULL，以后就不会有太多的麻烦。

如何理解这句话？请看下面代码：

```
//Chapter4/test22.c
#include <stdio.h>
```

```
int main(void)
{
    int *p1;
    int *p2 = NULL;
    printf("%d\n", *p1);
    printf("%d\n", *p2);
    return 0;
}
```

程序执行如下：

```
[fishc@localhost Chapter4]$ gcc test22.c && ./a.out
304989057
Segmentation fault
```

观察程序的执行结果，我们发现如果定义一个指针变量（p1），却没有给它赋值，那么它的默认值就是随机的，它会乱指。这类指针被称为迷途指针、野指针或者悬空指针。如果后面的代码不小心对这种指针进行解引用，刚好这个随机地址又是合法的，那么程序就会出现很难排查的 BUG（就像上面的代码，它理直气壮地打印了一些毫无意义的数字），使用 NULL 来初始化指针就可以很好地规避这个问题。如大家所看到的，如果对 NULL 指针进行解引用，那么直接就会导致程序崩溃，因为对一个 NULL 指针进行解引用是非法的。

一个良好的编程习惯是：当还不清楚要将指针初始化为什么地址时，请将它初始化 **NULL**；在对指针进行解引用时，先检查该指针是否为 **NULL**。这种习惯可以为今后编写大型程序节省大量的调试时间。

4.5 指向指针的指针

视频讲解

只要掌握了指针的概念，那么指向指针的指针也就没什么了不起了。请看下面例子：

```
#include <stdio.h>
int main(void)
{
    int num = 520;
    int *p = &num;
    int **pp = &p;
    ...
    return 0;
}
```

上面代码中，p 定义的是指向整型的指针，也就是说指针变量 p 里边存放的是整型变量 num 的地址。所以，*p 就是对指针进行解引用，得到了 num 的值。而 pp 就是指向指针的指针，pp 存放的是指针变量 p 的地址。所以，对 pp 进行一层解引用（*pp）得到的是 p 的值（num 的地址），对 pp 进行两层解引用（**pp）相当于对 p 进行一层解引用

（*p），得到的是整型变量 num 的值。

其实 C 语言在定义指针的时候，就已经告诉大家应该如何进行解引用了。比如，"int *p = #"这一句的意思就是，对 p 进行解引用（*p）就可以得到一个整型的值。那么 "int **pp = &p" 的意思也一样，对 pp 进行两次解引用（**pp）就可以得到一个整型的值。实践一下：

```
//Chapter4/test23.c
#include <stdio.h>
int main(void)
{
        int num = 520;
        int *p = &num;
        int **pp = &p;

        printf("num: %d\n", num);
        printf("*p: %d\n", *p);
        printf("**p: %d\n", **pp);
        printf("&p: %p, pp: %p\n", &p, pp);
        printf("&num: %p, p: %p, *pp: %p\n", &num, p, *pp);

        return 0;
}
```

程序实现如下：

```
[fishc@localhost Chapter4]$ gcc test23.c && ./a.out
num: 520
*p: 520
**p: 520
&p: 0xbfcbc8d4, pp: 0xbfcbc8d4
&num: 0xbfcbc8d8, p: 0xbfcbc8d8, *pp: 0xbfcbc8d8
```

现在应该清楚指向指针的指针是什么概念了，因此也可以继续推导出指向（指向指针的指针）的指针或指向（指向（指向指针的指针）的指针）的指针。虽然指针确实可以这么无限制地"指向"下去，但小甲鱼不建议大家这么做，因为当你的老板、同事看你编写的代码看得很难受的时候，就离你被"炒鱿鱼"不远了，因为没有人会愿意和代码书写混乱人一起工作。

4.6 指针数组和指向指针的指针

指向指针的指针有什么实际用处吗？当然有！下面通过一个实例来演示。

首先定义一个指针数组，用于存放 C 语言的一些经典书籍：

```
char *cBooks[] = {
```

```
            "《C 程序设计语言》",
            "《C 专家编程》",
            "《C 和指针》",
            "《C 陷阱与缺陷》",
            "《C Primer Plus》",
            "《带你学 C 带你飞》"};
```

　　然后需要对这些书进行归类，其中一类是由 FishC 编写的书，另一类是小甲鱼最爱的书，那么我们不可能再去重新创建两个新的指针数组，再重新填入书名。所以，能不能通过一个指针来完成呢？

　　当然可以，这时候指向指针的指针就派上用场了。首先，这是一个指针数组，也就是说数组中的每个元素其实都是指针，而数组又可以用指针的形式来访问，所以就可以用指向指针的指针来指向指针数组：

```
...
char **byFishC;
char **jiayuLoves[4];

byFishC = &cBooks[5];
jiayuLoves[0] = &cBooks[0];
jiayuLoves[1] = &cBooks[1];
jiayuLoves[2] = &cBooks[2];
jiayuLoves[3] = &cBooks[3];
...
```

这里有两点需要讲一下：

（1）byFishC 定义为一个指向字符指针的指针变量，cBooks[5]得到的是一个字符串，即字符指针（char *），而&cBooks[5]得到的是字符串的首地址，也就是指向字符指针的指针，所以可以将&cBooks[5]赋值给 byFishCl。

（2）jiayuLoves 定义的是一个数组，里边存放的是指向字符指针的指针变量。

弄清楚这两点之后，就可以尝试对它们进行打印了，看结果是否如我们所预料的：

```
...
printf("FishC 出版的图书有: %s\n", *byFishC);
printf("小甲鱼喜欢的图书有: \n");
for (i = 0; i < 4; i++)
{
        printf("%s\n", *jiayuLoves[i]);
}
...
```

可以看到，使用指向指针的指针来指向数组指针，至少有以下两个优势：

（1）避免重复分配内存（虽然我们进行了多个分类，但每本书的书名只占据一个存储位置，没有浪费）。

（2）只需要进行一处修改（如果其中一个书名需要修改，只需要修改一个地方即可）。

这样，代码的灵活性和安全性都有了显著提高。

4.7　再讲数组指针和二维数组

有些读者看到这节的标题也许会问："之前讲解数组指针的时候不是用它指向一维数组吗？怎么现在又跟二维数组有关系了？"

其实 C 语言的指针非常灵活，甚至很多人越学越觉得 C 语言强大就是因为指针。因为同样的代码，用不同的角度切入去理解，就可以有不同的应用。大家稍安勿躁，且听我一步步分析。

大家都知道指针和数组有着密不可分的关系，比如下面代码：

```
//Chapter4/test24.c
#include <stdio.h>
int main(void)
{
        int array[10] = {0, 1, 2, 3, 4, 5, 6, 7, 8, 9};
        int *p = array;
        int i;
        for (i = 0; i < 10; i++)
        {
                printf("%d\n", *(p + i));
        }
        return 0;
}
```

程序实现如下：

```
[fishc@localhost Chapter4]$ gcc test24.c && ./a.out
0
1
2
3
4
5
6
7
8
9
```

有些聪明的读者就会以此类推了，既然一维数组可以用指针来访问，那么二维数组当然也是可以用指向指针的指针来访问了。接下来试试看：

```
//Chapter4/test25.c
#include <stdio.h>
int main(void)
```

```
{
        int array[3][4] = {
                {0, 1, 2, 3},
                {4, 5, 6, 7},
                {8, 9, 10, 11}};
        int **pp = array;
        int i, j;
        for (i = 0; i < 3; i++)
        {
                for (j = 0; j < 4; j++)
                {
                        printf("%2d ", *(*(pp+i)+j));
                }
                printf("\n");
        }
        return 0;
}
```

你会发现编译器给出了警告，并且程序无法顺利执行：

```
[fishc@localhost Chapter4]$ gcc test25.c && ./a.out
test25.c: In function 'main':
test25.c:10: warning: initialization from incompatible pointer type
Segmentation fault
```

然后如果把"int **pp = array;"这一行注释掉，并且把 pp 换成数组名 array，程序就可以成功执行了：

```
[fishc@localhost Chapter4]$ gcc test25.c && ./a.out
 0  1  2  3
 4  5  6  7
 8  9 10 11
```

这是为什么呢？要解开这个疑团，需要大家从编译器的角度思考问题。如果 pp 存放的是整个二维数组的起始地址，但是 pp 又不知道 array 是一个几行几列的二维数组，在对 pp 进行解引用的时候，它就会认为这是一个跨度为 sizeof(int)的指针。这里可以证明一下：

```
...
printf("pp: %p, array: %p\n", pp, array);
printf("pp + 1: %p, array + 1: %p\n", pp + 1, array + 1);
...
```

打印的结果如下：

```
pp: 0xbfd4f244, array: 0xbfd4f244
pp + 1: 0xbfd4f248, array + 1: 0xbfd4f254
```

那么要如何利用指针来指向二维数组呢？没错，使用数组指针。请看下面代码：

```
//Chapter4/test26.c
#include <stdio.h>
int main(void)
{
        int array[3][4] = {
                {0, 1, 2, 3},
                {4, 5, 6, 7},
                {8, 9, 10, 11}};
        int (*p)[4];
        int i, j;
        p = array;
        for (i = 0; i < 3; i++)
        {
                for (j = 0; j < 4; j++)
                {
                        printf("%2d ", *(*(p+i)+j));
                }
                printf("\n");
        }
        return 0;
}
```

程序实现如下：

```
[fishc@localhost Chapter4]$ gcc test26.c && ./a.out
 0  1  2  3
 4  5  6  7
 8  9 10 11
```

分析：p 是一个指向数组的指针，这个数组包含了 4 个元素，所以 p 的跨度是 4 *
sizeof(int)，然后把二维数组第一个元素的地址赋值给 p。这时，p+1 恰好是二维数组一
行的跨度。对 p+1 进行解引用，得到的就是二维数组第二行第一个元素的首地址，所以
可以通过数组指针的方式来访问二维数组。

视频讲解

4.8　常量和指针

常量，是一个既熟悉又陌生的词。在大家看来，常量应该是下面这样的：

```
520, 'a', 3.14
```

或者是这样：

```
#define PRICE 520
#define A 'a'
#define PI 3.14
```

众所周知，变量和常量最大的区别就是一个的值可以被改变，另一个则不行。在 C 语言中，可以将变量变成具有常量一样的特性，那就是利用 const 关键字：

```
const int price = 520;
const char a = 'a';
const float pi = 3.14;
```

在 const 关键字的修饰下，变量就会失去可修改的特性，也就是变成"只读"的属性：

```
//Chapter4/test27.c
#include <stdio.h>
int main(void)
{
    const float pi = 3.14;
    printf("%f\n", pi);
    pi = 3.1415; //试图修改常量的行为将会导致程序出错
    return 0;
}
```

试图修改常量的行为将会导致程序出错：

```
[fishc@localhost Chapter4]$ gcc test27.c && ./a.out
test27.c: In function 'main':
test27.c:9: error: assignment of read-only variable 'pi'
```

4.9　指向常量的指针

万能的指针当然也可以指向被 const 修饰过的变量，这就意味着不能通过指针来修改它所引用的值。下面举个例子：

```
//Chapter4/test28.c
#include <stdio.h>
int main(void)
{
    int num = 520;
    const int cnum = 880;
    const int *pc = &cnum;

    printf("cnum: %d, &cnum: %p\n", cnum, &cnum);
    printf("*pc: %d\n, pc: %p", *pc, pc);

    //尝试修改*pc 的值
    *pc = 1024;
    printf("*pc: %d\n", *pc);
```

```
        return 0;
}
```

如果尝试修改指针 pc 引用的值（*pc），那么将被告知程序无法通过编译：

```
[fishc@localhost Chapter4]$ gcc test28.c && ./a.out
test28.c: In function 'main':
test28.c:14: error: assignment of read-only location '*pc'
```

但如果修改的是指针 pc 的指向，那么编译器并不会阻止：

```
...
pc = &num;
printf("num: %d, &num: %p\n", num, &num);
printf("*pc: %d, pc: %p\n", *pc, pc);
...
```

程序实现如下：

```
[fishc@localhost Chapter4]$ gcc test28.c && ./a.out
cnum: 880, &cnum: 0xbfac5370
*pc: 880, pc: 0xbfac5370
num: 520, &num: 0xbfac5374
*pc: 520, pc: 0xbfac5374
```

这时可以通过 num 变量名来修改变量的值，但无法通过解引用指针来修改：

```
num = 1024;  //这是可以的
*pc = 1024;  //这是禁止的
```

总结如下：

（1）指针可以修改为指向不同的常量。

（2）指针可以修改为指向不同的变量。

（3）可以通过解引用来读取指针指向的数据。

（4）不可以通过解引用修改指针指向的数据。

4.10 常量指针

4.10.1 指向非常量的常量指针

4.9 节讲的是指向常量的指针，不能改变的是指针指向的值，但指针本身是可以被修改的。如果想让指针也不可变，那么可以使用常量指针。同样使用 const 关键字修饰即可，只是位置稍微发生了变化：

```
//Chapter4/test29.c
#include <stdio.h>
int main(void)
```

```
{
        int num = 520;
        const int cnum = 880;
        int *const p = &num;

        *p = 1024; //这是可以的
        printf("*p: %d\n", *p);

        p = &cnum; //这是禁止的
        printf("*p: %d\n", *p);

        return 0;
}
```

程序实现如下：

```
[fishc@localhost Chapter4]$ gcc test29.c && ./a.out
test29.c: In function 'main':
test29.c:13: error: assignment of read-only variable 'p'
```

像上面例子，常量指针指向的对象是一个普通的变量，称为指向非常量的常量指针。
它有如下特性：
（1）指针自身不可以被修改。
（2）指针指向的值可以被修改。

4.10.2　指向常量的常量指针

在 4.10.1 节的基础上做进一步的限制，让常量指针指向的值也是常量：

```
//Chapter4/test30.c
#include <stdio.h>
int main(void)
{
        int num = 520;
        const int cnum = 880;
        const int *const p = &cnum;

        *p = 1024;
        printf("*p: %d\n", *p);

        p = &cnum;
        printf("*p: %d\n", *p);

        return 0;
}
```

程序实现如下：

```
[fishc@localhost Chapter4]$ gcc test30.c && ./a.out
test30.c: In function 'main':
test30.c:10: error: assignment of read-only location '*p'
test30.c:13: error: assignment of read-only variable 'p'
```

指针自身不能被改变，它所指向的数据也不能通过对指针进行解引用来修改。这种限制其实在日常使用上很少能派上用场，并且如果初始化时指向的对象不是 const 修饰的变量，那么仍然可以通过变量名直接修改它的值：

```c
//Chapter4/test31.c
#include <stdio.h>
int main(void)
{
        int num = 520;
        const int cnum = 880;
        const int *const p = &num;

        printf("*p: %d\n", *p);

        num = 1024;
        printf("*p: %d\n", *p);

        /*
        *p = 1024;
        printf("*p: %d\n", *p);

        p = &cnum;
        printf("*p: %d\n", *p);
        */

        return 0;
}
```

程序实现如下：

```
[fishc@localhost Chapter4]$ gcc test31.c && ./a.out
*p: 520
*p: 1024
```

总结如下：

（1）指针自身不可以被修改。

（2）指针指向的值也不可以被修改。

4.10.3 指向"指向常量的常量指针"的指针

标题看起来似乎挺烦琐，但其实只要仔细思考，就不难发现：关于指针的那点事儿，

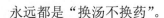

永远都是"换汤不换药"。

```c
//Chapter4/test32.c
#include <stdio.h>
int main(void)
{
        int num = 520;
        const int cnum = 880;
        const int *const p = &cnum;
        const int *const *pp = &p;

        printf("pp: %p, &p: %p\n", pp, &p);
        printf("*pp: %p, p: %p, &cnum: %p\n", *pp, p, &cnum);
        printf("**pp: %d, *p: %d, cnum: %d\n", **pp, *p, cnum);

        return 0;
}
```

程序实现如下：

```
[fishc@localhost Chapter4]$ gcc test32.c && ./a.out
pp: 0xbfc7c670, &p: 0xbfc7c670
*pp: 0xbfc7c674, p: 0xbfc7c674, &cnum: 0xbfc7c674
**pp: 880, *p: 880, cnum: 880
```

第5章

函数

随着编写的程序规模不断扩大，编程的人都免不了会面临下面几个问题。

- main 函数变得相当冗杂，程序可读性差。
- 程序复杂度不断提高，编程变成了头脑风暴。
- 代码前后关联度高，修改代码往往牵一发而动全身。
- 变量的命名都成了问题（因为简单的名字都用完了，小明、小红、旺财、阿福，为了不重复命名，只能使用小明 2 号，小红 3 号……）。
- 为了在程序中多次实现某个功能，不得不重复多次写相同的代码。

这一章开始讲解函数，就是为了解决上面这些问题。

函数，从本书第一个程序开始就一直在用，在屏幕上打印"Hello World"字符串的时候，使用的是 printf 函数。它是一个标准库函数，是 C 语言为我们提供的，有了它，就可以在屏幕上输出格式化的内容。C 语言的标准库中还提供了很多实现各种功能的函数，有处理字符串的，有数学计算的，有输入输出的，有进程管理的，有信号、接口处理的……

【扩展阅读】为了方便大家平时查阅，小甲鱼做了一个分类和归纳，日常使用可访问 http://bbs.fishc.com/thread-70614-1-1.html 或扫描图 5-1 所示二维码进行查阅。

图 5-1　标注库函数文档索引

有了这些标准库函数，就不用去关注内部的实现细节，可以将大部分的注意力都放在程序的业务实现逻辑上。比如，要打印字符串到屏幕上，只需要知道调用 printf 函数并给它传递要打印的内容即可。

5.1 函数的定义和声明

5.1.1 热身

作为一门高级编程语言，C 语言还允许我们自己进行函数的封装。当我们将代码段根据其功能封装为一个个不同的函数时，其实就是模块化程序设计，也就是把大的计算任务分解成若干个较小的任务来实现。

C 语言的函数应该如何封装呢？下面先通过例子让大家体验一下。下面代码封装一个 print_C 函数，调用它便可打印一个由井字符（#）构成的字母 C：

```c
// Chapter5/test1.c
#include <stdio.h>
void print_C(void); //函数声明
//函数定义开始
void print_C(void)
{
    printf(" ###### \n");
    printf("##    ##\n");
    printf("##      \n");
    printf("##      \n");
    printf("##      \n");
    printf("##    ##\n");
    printf(" ###### \n");
}
//函数定义结束
int main(void)
{
    print_C(); //函数调用
    return 0;
}
```

程序实现如图 5-2 所示。

```
[fishc@localhost Chapter5]$ gcc test1.c && ./a.out
 ######
##    ##
##
##
##
##    ##
 ######
```

图 5-2 封装函数（1）

如果希望多打印几个字母 C，只需要在 main 函数中多调用几次 print_C 函数即可：

```
...
int main(void)
{
    print_C();
    printf("\n");
    print_C();
    printf("\n");
    print_C();

    return 0;
}
...
```

程序实现如图 5-3 所示。

图 5-3　封装函数（2）

5.1.2　函数的定义

C 语言要求函数必须"先定义，再调用"，定义函数的格式如下：

```
类型名 函数名(参数列表)
{
    函数体
}
```

- 类型名就是函数的返回值，如果这个函数不准备返回任何数据，那么需要写上

void（void 就是无类型，表示没有返回值）。

- 函数名就是函数的名字，一般根据函数实现的功能来命名，如 print_C 就是“打印 C”的意思，一目了然。
- 参数列表指定了参数的类型和名字，如果这个函数没有参数，那么这个位置也写上 void 即可。
- 函数体指定函数的具体实现过程，是函数中最重要的部分。

5.1.3　函数的声明

所谓声明（declaration），就是告诉编译器“我要使用这个函数，你现在没有找到它的定义不要紧，请不要报错，稍后我会把定义补上”。

有些读者发现即使不写函数的声明，程序也是可以正常执行的。但是，如果把函数的定义写在调用之后，那么编译器可能就会“找不着北”了。看下面代码：

```
// Chapter5/test2.c
#include <stdio.h>
int main(void)
{
        print_C();
        return 0;
}
void print_C(void)
{
        printf(" ###### \n");
        printf("##    ##\n");
        printf("##      \n");
        printf("##      \n");
        printf("##      \n");
        printf("##    ##\n");
        printf(" ###### \n");
}
```

程序执行后会弹出提醒（一些比较旧的编译器甚至会报错），如图 5-4 所示。

```
[fishc@localhost s1e28]$ gcc test1.c && ./a.out
test1.c:10: warning: conflicting types for 'print_C'
test1.c:5: note: previous implicit declaration of 'print_C' was here
 ######
##    ##
##
##
##
##    ##
 ######
```

图 5-4　函数的声明

这是因为程序的编译是从上到下执行的，所以从原则上来说，函数必须“先定义，再调用"，像上面例子一样反其道而行就会出问题。但在实际开发中，经常会在函数定义之前使用它们，这个时候就需要提前声明。

声明函数的格式非常简单，只需要去掉函数定义中的函数体再加上分号（;）即可：

```
void print_C(void);
```

声明函数是一个良好的编程习惯，建议大家无论如何都要把函数的声明写上。

视频讲解

5.2 函数的参数和返回值

函数在定义的时候通过参数列表来指定参数的数量和类型，参数使得函数变得更加灵活，传入不同的参数可以让函数实现更为丰富的功能。比如，现在要造一辆车，那么这个车轮就使用一个函数来生产，但如果所有型号的汽车的车轮都一样，那就没办法个性化销售了。所以函数要支持个性化定制，让车轮可以是圆的，也可以是……不对，车轮都应该是圆的，那就定制图案，可以是梅花的，可以是五角星的，等等。这就是参数的用法。

函数的类型名事实上就是指定函数的返回值。一个函数实现了一个功能，经常是要反馈结果的。比如，我传给你两个数字 1 和 2，你将它们进行复杂的计算之后把结果 3 返回给我。当然，在现实开发中并不是所有的函数都有计算结果可以返回。比如，调用一个函数用于在窗口中绘制一个矩形，那么就没有什么计算结果需要返回了，所以通常这些函数会通过返回值来说明该函数是否调用成功。最后，如果函数确实不需要返回值，那么就用 void 表示不返回。

下面先看两个小例子。

（1）编写一个函数 sum，由用户输入参数 n，计算 1+2+3+…+(n-1)+n 的结果并返回。

代码清单：

```
// Chapter5/test3.c
#include <stdio.h>
int sum(int n);
int sum(int n)
{
        int result = 0;
        do
        {
                result += n;
        } while(n-- > 0);
        return result;
}
int main(void)
{
        int n;
```

```
        printf("请输入 n 的值：");
        scanf("%d", &n);
        printf("1+2+3+...+(n-1)+n 的结果是：%d\n", sum(n));

        return 0;
}
```

程序实现如下：

```
[fishc@localhost Chapter5]$ gcc test3.c && ./a.out
请输入 n 的值：100
1+2+3+...+(n-1)+n 的结果是：5050
```

（2）编写一个函数 max，接收两个整型参数，并返回它们中较大的值。

代码清单：

```
// Chapter5/test4.c
#include <stdio.h>
int max(int, int); //声明可以只写参数的类型，不写名字
int max(int x, int y)
{
        if (x > y)
                return x; //程序一旦执行return语句，表明函数返回，后边的代码不会继续执行
        else
                return y;
}
int main(void)
{
        int x, y, z;
        printf("请输入两个整数：");
        scanf("%d,%d", &x, &y); //格式占位符以逗号分隔，输入时就要以逗号分隔两个整数
        z = max(x, y);
        printf("它们中较大的值是：%d\n", z);
        return 0;
}
```

程序实现如下：

```
[fishc@localhost Chapter5]$ gcc test4.c && ./a.out
请输入两个整数：520,880
它们中较大的值是：880
```

5.2.1　形参和实参

经常会听到形参和实参这两个名词，很多初学者往往分不清楚。其实很好理解，形参就是形式参数，函数定义的时候写的参数就叫形参，因为那时候它只是作为一个占位符而已。而实参就是在真正调用这个函数的时候，传递进去的数值，是一个实实在在

的值。

　　没错，形参和实参的功能说白了就是用作数据传送。当发生函数调用时，实参的值会传送给形参，并且这种传输具有单向性（也就是不能把形参的值回传给实参）。另外，形参变量只有在函数被调用时才会分配内存，调用结束后，立刻释放内存，所以形参变量只在函数内部有效，不能在函数外部使用。

5.2.2　传值和传址

　　指针也是一个变量，所以它可以通过参数传递给函数。那么引进指针的参数，有什么实际意义呢？下面通过两个例子来进行对比。

　　不使用指针的例子：

```c
// Chapter5/test5.c
#include <stdio.h>
void swap(int x, int y);
void swap(int x, int y)
{
        int temp;

        printf("In swap, 互换前: x = %d, y = %d\n", x, y);
        temp = x;
        x = y;
        y = temp;
        printf("In swap, 互换后: x = %d, y = %d\n", x, y);
}
int main(void)
{
        int x = 3, y = 5;

        printf("In main, 互换前: x = %d, y = %d\n", x, y);
        swap(x, y);
        printf("In main, 互换后: x = %d, y = %d\n", x, y);

        return 0;
}
```

　　程序实现如下：

```
[fishc@localhost Chapter5]$ gcc test5.c && ./a.out
In main, 互换前: x = 3, y = 5
In swap, 互换前: x = 3, y = 5
In swap, 互换后: x = 5, y = 3
In main, 互换后: x = 3, y = 5
```

　　这样的输出结果应该符合大家的预料，那如果将传入的变量改成指针呢？

使用指针的例子：

```
// Chapter5/test6.c
#include <stdio.h>
void swap(int *x, int *y);
void swap(int *x, int *y)
{
        int temp;

        printf("In swap，互换前：x = %d, y = %d\n", *x, *y);
        temp = *x;
        *x = *y;
        *y = temp;
        printf("In swap，互换后：x = %d, y = %d\n", *x, *y);
}
int main(void)
{
        int x = 3, y = 5;

        printf("In main，互换前：x = %d, y = %d\n", x, y);
        swap(&x, &y);
        printf("In main，互换后：x = %d, y = %d\n", x, y);

        return 0;
}
```

程序实现如下：

```
[fishc@localhost Chapter5]$ gcc test6.c && ./a.out
In main，互换前：x = 3, y = 5
In swap，互换前：x = 3, y = 5
In swap，互换后：x = 5, y = 3
In main，互换后：x = 5, y = 3
```

分析：当不使用指针的时候，函数内部没办法修改实参的值。因为 C 语言中每个函数都有一个独立的作用域（关于作用域的知识点在 5.5 节有单独讲解），简单地说就是每个函数的内部是互相独立的，它们的变量只在函数内部生效，不同函数之间不能直接相互访问对方的变量。所以，main 函数里的两个变量命名为 x 和 y，swap 的两个形参也命名为 x 和 y，它们并不冲突，因为它们不在同一个作用域中。

那使用了指针后为什么就能改变了呢？之前讲过了，指针变量里边存放的就是地址。这里将 main 函数的 x 和 y 变量的地址作为实参传给 swap 函数，这时 swap 函数的两个实参其实就是分别指向 main 函数的 x 和 y 变量的指针。所以在函数中对它们进行解引用，就相当于间接地访问了 main 函数中的 x 和 y 变量。

5.2.3 传数组

既然参数可以传递指针了，那传递数组是否也可以呢？不妨试试看：

```
// Chapter5/test7.c
#include <stdio.h>
void get_array(int a[10]);
void get_array(int a[10])
{
        int i;
        for (i = 0; i < 10; i++)
        {
                printf("a[%d] = %d\n", i, a[i]);
        }
}
int main(void)
{
        int a[10] = {1, 2, 3, 4, 5, 6, 7, 8, 9, 0};
        get_array(a);
        return 0;
}
```

程序实现如下：

```
[fishc@localhost Chapter5]$ gcc test7.c && ./a.out
a[0] = 1
a[1] = 2
a[2] = 3
a[3] = 4
a[4] = 5
a[5] = 6
a[6] = 7
a[7] = 8
a[8] = 9
a[9] = 0
```

似乎真的将整个数组给传递过去了，但眼见不一定为实。将代码修改如下：

```
// Chapter5/test7.c
#include <stdio.h>
void get_array(int a[10]);
void get_array(int a[10])
{
        int i;
        a[5] = 520;
        for (i = 0; i < 10; i++)
        {
                printf("a[%d] = %d\n", i, a[i]);
        }
}
int main(void)
{
```

```
        int a[10] = {1, 2, 3, 4, 5, 6, 7, 8, 9, 0};
        int i;
        get_array(a);
        printf("在main函数里也打印一次! \n");
        for (i = 0; i < 10; i++)
        {
                printf("a[%d] = %d\n", i, a[i]);
        }
        return 0;
}
```

程序实现如下:

```
[fishc@localhost Chapter5]$ gcc test7.c && ./a.out
a[0] = 1
a[1] = 2
a[2] = 3
a[3] = 4
a[4] = 5
a[5] = 520
a[6] = 7
a[7] = 8
a[8] = 9
a[9] = 0
在main函数里也打印一次!
a[0] = 1
a[1] = 2
a[2] = 3
a[3] = 4
a[4] = 5
a[5] = 520
a[6] = 7
a[7] = 8
a[8] = 9
a[9] = 0
```

看到了吗? 在 get_array 函数中修改了数组中的一个元素, 但却改变了 main 函数中的数组。这只能说明一个问题, 那就是并没有将整个数组的所有元素作为参数传递过去, 这样实际上传递过去的不过是数组首元素的地址罢了。

请看下面代码:

```
// Chapter5/test8.c
#include <stdio.h>
void get_array(int b[10]);
void get_array(int b[10])
{
        int i;
```

```
        printf("b: %p\n", b);
        printf("size of b: %d\n", sizeof(b));
        printf("addr of b: %d\n", &b);
}
int main(void)
{
        int a[10] = {1, 2, 3, 4, 5, 6, 7, 8, 9, 0};
        printf("a: %p\n", a);
        printf("size of a: %d\n", sizeof(a));
        printf("addr of a: %d\n", &a);
        get_array(a);
        return 0;
}
```

程序实现如下：

```
[fishc@localhost Chapter5]$ gcc test8.c && ./a.out
a: 0xbfee5bf8
size of a: 40
addr of a: 0xbfee5bf8
b: 0xbfee5bf8
size of b: 4
addr of b: 0xbfee5be0
```

分析：现在就非常清晰了，形参 b 只是一个指针变量（占 4 字节），它存放的是传递过来的数组首元素的地址。

5.2.4　可变参数

有些读者可能会好奇像 printf 这类函数是如何实现的，我们知道，printf 函数的参数是根据格式占位符的数量决定的，这种数量不固定的参数称为可变参数，实现可变参数需要包含一个头文件——<stdarg.h>。

<stdarg.h>头文件中有一个类型和三个宏是需要用到的：一个类型是 va_list，三个宏是 va_start、va_arg 和 va_end，这里的 va 就是 variable-argument（可变参数）的缩写。

可变参数实现的方法如下：

```
// Chapter5/test9.c
#include <stdio.h>
#include <stdarg.h>
int sum(int n, ...);
int sum(int n, ...)  //三个小点是占位符，表示参数个数不确定
{
        int i, sum = 0;
        va_list vap; //定义参数列表
        va_start(vap, n); //初始化参数列表，n 是第一个参数的名称
        for (i = 0; i < n; i++)
```

```
    {
            sum += va_arg(vap, int); //获取参数值
    }
    va_end(vap); //关闭参数列表
    return sum;
}
int main(void)
{
    int result;
    result = sum(3, 1, 2, 3);
    printf("result = %d\n", result);
    return 0;
}
```

程序实现如下：

```
[fishc@localhost Chapter5]$ gcc test9.c && ./a.out
result = 6
```

视频讲解

5.3　指针函数和函数指针

5.3.1　指针函数

　　函数的类型，事实上指的就是函数的返回值。根据需求，一个函数可以返回字符型、整型和浮点型这些基本类型的数据。当然，它还可以返回指针类型的数据，这种返回指针类型数据的函数称为指针函数。定义指针函数的时候只需要与定义指针变量一样，在类型后边加一个星号即可。

　　请看下面例子：

```
// Chapter5/test10.c
#include <stdio.h>
char *getWord(char c);
char *getWord(char c)
{
    switch (c)
    {
            case 'A': return "Apple";
            case 'B': return "Banana";
            case 'C': return "Cat";
            case 'D': return "Dog";
            default: return "None";
    }
}
int main(void)
```

```
{
    char input;
    printf("请输入一个字符：");
    scanf("%c", &input);
    printf("%s\n", getWord(input));
    return 0;
}
```

分析：char *getWord(char c)表明 getWord 函数的返回值是字符指针类型，所以该函数应该返回一个字符指针变量。而定义字符串的时候，通常都是定义一个字符指针指向其第一个元素。所以，return "Apple"事实上就是返回字符串（"Apple"）中第一个元素（'A'）的地址。

程序实现如下：

```
[fishc@localhost Chapter5]$ gcc test10.c && ./a.out
请输入一个字符：A
Apple
```

5.3.2　误区：返回指向局部变量的指针

将 5.3.1 节的例子进行如下修改：

```
// Chapter5/test11.c
#include <stdio.h>
char *getWord(char c);
char *getWord(char c)
{
    char str1[] = "Apple";
    char str2[] = "Banana";
    char str3[] = "Cat";
    char str4[] = "Dog";
    char str5[] = "None";
    switch (c)
    {
        case 'A': return str1;
        case 'B': return str2;
        case 'C': return str3;
        case 'D': return str4;
        default: return str5;
    }
}
int main(void)
{
    char input;

    printf("请输入一个字符：");
```

```
        scanf("%c", &input);
        printf("%s\n", getWord(input));

        return 0;
}
```

看上去似乎变化不大，只是将几个字符串单独定义为字符数组变量而已，但程序的执行结果却不正确了：

```
[fishc@localhost Chapter5]$ gcc test11.c && ./a.out
test11.c: In function 'getWord':
test11.c:15: warning: function returns address of local variable
test11.c:16: warning: function returns address of local variable
test11.c:17: warning: function returns address of local variable
test11.c:18: warning: function returns address of local variable
test11.c:19: warning: function returns address of local variable
请输入一个字符: A

[fishc@localhost Chapter5]$
```

编译器已经发出了警告，因为它发现试图返回局部变量的地址（这样做是不对的）。

为什么不能返回局部变量的地址呢？因为函数内部定义的变量称为局部变量，局部变量的作用域（就是它的有效范围）仅限于函数内部，出了函数别人就不认识它了（关于这一点在 5.6 节有详细的介绍）。所以请记住一点：无论什么情况，不要将局部变量的指针（地址）作为函数的返回值。

5.3.3　函数指针

前面讲过指针函数，那函数指针又是什么呢？相信经过第 3 章（数组）的"洗礼"，大家应该都掌握了这其中的命名套路——指针函数是函数，函数指针是指针。没错，从名字上看，函数指针就是一个指向函数的指针。

与数组指针一样，使用小括号将函数和前边的星号包括起来，那么这就是一个函数指针：

```
指针函数 -> int *p();
函数指针 -> int (*p)();
```

从本质上来说，函数表示法就是指针表示法。因为函数的名字经过求值会变成函数的地址，所以在定义了函数指针后，给它传递一个已经被定义的函数名，即可通过该指针进行调用。请看下面例子：

```
// Chapter5/test12.c
#include <stdio.h>
int square(int num);
int square(int num)
{
```

```
        return num * num;
}
int main(void)
{
        int num;
        int (*fp)(int);

        printf("请输入一个整数：");
        scanf("%d", &num);
        fp = square;
        printf("%d * %d = %d\n", num, num, (*fp)(num));

        return 0;
}
```

程序实现如下：

```
[fishc@localhost Chapter5]$ gcc test12.c && ./a.out
请输入一个整数：5
5 * 5 = 25
```

这里有以下两点需要注意：

（1）fp = square 可以写成 fp = &square。

（2）(*fp)(num) 可以写成 fp(num)。

5.3.4　函数指针作为参数

函数指针也可以作为参数进行传递，举个例子：

```
// Chapter5/test13.c
#include <stdio.h>

int add(int, int);
int sub(int, int);
int calc(int (*fp)(int, int), int, int);

int add(int num1, int num2)
{
        return num1 + num2;
}
int sub(int num1, int num2)
{
        return num1 - num2;
}
int calc(int (*fp)(int, int), int num1, int num2)
{
        return (*fp)(num1, num2);
```

```
}
int main(void)
{
    printf("3 + 5 = %d\n", calc(add, 3, 5));
    printf("3 - 5 = %d\n", calc(sub, 3, 5));

    return 0;
}
```

程序实现如下：

```
[fishc@localhost Chapter5]$ gcc test13.c && ./a.out
3 + 5 = 8
3 - 5 = -2
```

5.3.5　函数指针作为返回值

将函数指针作为返回值，这个函数的声明应该怎么写？比如，函数的名字叫 select，它本身有两个参数；返回值是一个函数指针，函数指针也有两个参数，并且其返回值为整型。有些读者肯定会不假思索地这样写：

```
int (*fp)(int, int) select(int , int);
```

这行代码从编译器的角度来看是："怎么同一个语句里面声明两个函数？赶紧报错。"

正确的写法应该是怎样的呢？举个例子：现在让用户输入一个表达式，然后程序根据用户输入的运算符来决定是调用 add 函数还是 sub 函数进行运算。

代码清单：

```
// Chapter5/test14.c
#include <stdio.h>

int add(int, int);
int sub(int, int);
int calc(int (*fp)(int, int), int, int);
int (*select(char op))(int, int);

int add(int num1, int num2)
{
    return num1 + num2;
}
int sub(int num1, int num2)
{
    return num1 - num2;
}
int calc(int (*fp)(int, int), int num1, int num2)
{
    return (*fp)(num1, num2);
```

```
}
int (*select(char op))(int, int)
{
        switch(op)
        {
                case '+': return add;
                case '-': return sub;
        }
}
int main(void)
{
        int num1, num2;
        char op;
        int (*fp)(int, int);

        printf("请输入一个式子(如：1+2)：");
        scanf("%d%c%d", &num1, &op, &num2);
        fp = select(op);
        printf("%d %c %d = %d\n", num1, op, num2, calc(fp, num1, num2));

        return 0;
}
```

程序实现如下：

```
[fishc@localhost Chapter5]$ gcc test14.c && ./a.out
请输入一个式子(如：1+2)：3+5
3 + 5 = 8
[fishc@localhost Chapter5]$ gcc test14.c && ./a.out
请输入一个式子(如：1+2)：8-3
8 - 3 = 5
```

上面例子中，返回值为函数指针的函数声明是像下面这样写的：

```
int (*select(char op))(int, int);
```

为什么这样写就没问题呢？因为运算符是有优先级和方向性的，首先从 select 入手，它是一个函数（后面有参数列表），它拥有一个字符类型的参数；其次，select 函数的返回值是一个指针，那么这个指针指向什么呢？我们把已知的去掉，将声明简化成 int (*)(int, int)，这就是函数指针。所以，select 函数的返回值是一个返回整型并且带有两个整型参数的函数指针。

5.4 局部变量和全局变量

视频讲解

5.4.1 局部变量

在开始讲解函数之前，我们所理解的变量就是在内存中开辟一个存储数据的位置，并给它起个名字。因为那时候只有一个 main 函数，所以那时我们对它的作用范围一无所知，觉得定义了变量就可以随时随地使用它。直到学习函数之后才发现情况并不都是这样的，不同的函数定义的变量，它们是无法相互进行访问的。

```c
void func(int a)
{
    int b, c;
    …
    for (int i = 0; i < 10; i++)
    {
        …
    }
}
int main()
{
    int m, n;
    …
    return 0;
}
```

比如上面的代码，func 函数有一个参数、两个变量，它们的作用范围仅限于 func 函数的内部，在 main 函数中无法访问参数 a 以及变量 b 和 c。同样，在 func 函数中也无法访问在 main 函数里边定义的 m 和 n 两个变量。

另外，在 func 函数的内部还有一个复合语句（for 语句以及其体内用大括号包裹的若干语句构成一个复合语句），在 for 语句的第一个表达式部分声明变量 i（C99 标准），它的作用范围仅限于复合语句的内部。

请看下面例子：

```c
// Chapter5/test15.c
#include <stdio.h>
int main(void)
{
    int i = 520;
    printf("before, i = %d\n", i);
    for (int i = 0; i < 10; i++)
    {
        printf("%d\n", i);
    }
    printf("after, i = %d\n", i);
    return 0;
}
```

程序实现如下：

```
[fishc@localhost Chapter5]$ gcc -std=c99 test15.c && ./a.out
before, i = 520
0
```

```
1
2
3
4
5
6
7
8
9
after, i = 520
```

分析：在 main 函数中定义了两次 i 变量，但编译器竟然通过了（在同一个函数中重复定义同名变量是不允许的），这是因为第二个 i 变量是定义于 for 语句构成的复合语句中，它的作用范围仅限于 for 循环体的内部，所以两者并不会发生冲突。

局部变量的作用范围如图 5-5 所示。

```
int main(void)
{
        int i = 520;

        printf("before, i = %d\n", i);

        for (int i = 0; i < 10; i++)
        {
                printf("%d\n", i);
        }

        printf("after, i = %d\n", i);

        return 0;
}
```

图 5-5　局部变量的作用范围

值得一提的是，这里 for 语句因为定义了同名的 i 变量，所以它屏蔽了第一个定义的 i 变量。换句话说，在 for 语句的循环体中，无法直接访问到外边的 i 变量。

有些读者看到我们在 for 语句中声明变量觉得很神奇，其实 C 语言是允许在程序中"随处"声明变量的。允许变量在需要时才声明是一个非常棒的特性，因为当函数体非常庞大的时候，没有人会愿意往前翻好几页的代码去看某个变量的注释。有些读者可能会担心："要是能随处定义变量，那一不小心重复定义了怎么办？"其实这是编译器应该关心的问题（编译器会找出重复定义的变量并报错），所以只管使用就可以了。

5.4.2　全局变量

在函数里面定义的变量称为局部变量；在函数外面定义的变量称为外部变量，也叫全局变量。有时候，可能需要在多个函数中使用同一个变量，那么就会用到全局变量，因为全局变量可以被本程序中其他函数所共用。

小甲鱼先给大家说个笑话：有位科学家到了南极，碰到一群企鹅。他问其中一个：

"你每天都干什么呀？"那企鹅说："吃饭睡觉打豆豆。"他又问另一个："你每天都干什么呀？"那企鹅也说："吃饭睡觉打豆豆。"他问了很多企鹅，它们都说："吃饭睡觉打豆豆。"后来他碰到了一只小企鹅，很可爱，就问它："小朋友，你每天都干什么呀？"小企鹅说："吃饭睡觉。"科学家一愣，随即问到："你怎么不打豆豆？"小企鹅说："因为我就是豆豆。"

如果每一只企鹅都是一个函数，现在要统计豆豆被打了多少次，就需要在函数的外部定义一个全局变量来进行统计：

```c
// Chapter5/test16.c
#include <stdio.h>
void a(void);
void b(void);
void c(void);
int count = 0; //全局变量
void a(void)
{
        count++;
}
void b(void)
{
        count++;
}
void c(void)
{
        count++;
}
int main(void)
{
        a();
        b();
        c();
        b();
        printf("豆豆今天被打了%d次! \n", count);
        return 0;
}
```

程序实现如下：

```
[fishc@localhost Chapter5]$ gcc test16.c && ./a.out
豆豆今天被打了 4 次!
```

分析：这个 count 变量定义于函数之外，它就是全局变量。它的作用范围是整个程序，所以无论是 main 函数还是 a、b、c 函数，都可以对它进行访问和修改。这样一来，全局变量无疑就拓宽了函数之间交流的渠道。

与局部变量不同，如果不对全局变量进行初始化，那么它会自动初始化为 0。如果在函数的内部存在一个与全局变量同名的局部变量，编译器并不会报错，而是在函数中屏蔽全局变量（也就是说在这个函数中，同名局部变量将代替全局变量）。

请看下面例子：

```c
// Chapter5/test17.c
#include <stdio.h>
void func(void);
int a, b = 520;
void func(void)
{
        int b;
        a = 880;
        b = 120;
        printf("In func, a = %d, b = %d\n", a, b);
}
int main(void)
{
        printf("In main, a = %d, b = %d\n", a, b);
        func();
        printf("In main, a = %d, b = %d\n", a, b);
        return 0;
}
```

程序实现如下：

```
[fishc@localhost Chapter5]$ gcc test17.c && ./a.out
In main, a = 0, b = 520
In func, a = 880, b = 120
In main, a = 880, b = 520
```

分析：程序定义了 a 和 b 两个全局变量，其中 a 并没有对其进行初始化。进入 main 函数后，先打印 a 和 b 的值，发现 a 默认被初始化为 0。接着调用 func 函数，恰好 func 函数中定义了与全局变量同名的局部变量 b。由于出现了同名的局部变量，所以对应的全局变量 b 被屏蔽。接下来同时对变量 a 和 b 进行修改，然后打印的是全局变量 a 和局部变量 b 的值。最后回到 main 函数，打印的是两个全局变量的值，发现在 func 函数中对 b 进行修改，并不会影响全局变量的值。

如果一个全局变量在函数定义后才被定义，会有什么样的事情发生呢？请看下面例子：

```c
// Chapter5/test18.c
#include <stdio.h>
void func(void)
{
        count++;
}
int count = 0;
int main(void)
{
```

```
        func();
        printf("%d\n", count);
        return 0;
}
```

程序实现如下：

```
[fishc@localhost Chapter5]$ gcc test18.c && ./a.out
test18.c: In function 'func':
test18.c:6: error: 'count' undeclared (first use in this function)
test18.c:6: error: (Each undeclared identifier is reported only once
test18.c:6: error: for each function it appears in.)
```

分析：因为编译器对代码的解读是从上到下的，所以 func 函数中，没有发现前面有 count 变量的定义，就报错：'count'变量未定义。

对于这种情况，可以在 func 函数中，用 extern 关键字对后面定义的 count 全局变量进行修饰。这样就相当于告诉编译器：这个变量在后面才定义，先别急着报错。

代码修改如下：

```
...
void func(void)
{
        extern int count;
        count++;
}
...
```

程序实现如下：

```
[fishc@localhost Chapter5]$ gcc test18.c && ./a.out
1
```

5.4.3　不要大量使用全局变量

不推荐大量使用全局变量，主要有以下原因。

（1）使用全局变量会使程序占用更多的内存。因为全局变量从被定义开始，直到程序退出才被释放；而局部变量是当函数调用完成即刻释放。有些读者可能会说，现在计算机配置那么高，哪还要在乎这一点儿的内存空间呢？其实不然，现在使用 C 语言进行开发，要么是非常注重效率的驱动、底层开发，要么是嵌入式开发，它们可都是"寸土寸金"的领域。再说了，等学到了结构体，定义出来的变量可就不是只占用一点儿的空间了。

（2）污染命名空间。虽然局部变量会屏蔽全局变量，但这样一来也会降低程序的可读性，人们往往很难一下子判断出每个变量的含义和作用范围。

（3）提高了程序的耦合性。使用全局变量会牵一发而动全身，时间久了，代码长了，连自己都不知道全局变量被哪些函数修改过。记住，在模块化程序设计的指导下，应该尽量设计内聚性强、耦合性弱的模块。也就是要求函数的功能要尽量单一，与其他函数的相互影响尽可能地少，而大量使用全局变量恰好背道而驰。

尽管如此，也不要把全局变量当作洪水猛兽，禁止去使用它，因为在有些时候，全局变量确实也是个好东西，比如在统计豆豆被打了多少次的时候。

视频讲解

5.5 作用域和链接属性

5.4 节是从变量的作用域角度将变量划分为局部变量和全局变量，这是从空间的角度来分析的。但同时也发现当变量被定义在程序的不同位置时，它的作用范围是不一样的，这个作用范围就是所说的作用域。

例如，函数的形式参数以及函数内部定义的变量，将它们称为局部变量，它们的作用域仅限于该函数的函数体，因此具备代码块作用域；如果将变量定义于函数的外部，那么该变量是所有函数均可见的，称为全局变量，它的作用域是整个文件，就说它具备文件作用域。

C 语言编译器可以确认四种不同类型的作用域：代码块作用域、文件作用域、原型作用域和函数作用域。

5.5.1 代码块作用域

最常见的就是代码块作用域（block scope）。所谓代码块，就是位于一对大括号之间的所有语句，如整个函数体就是一个代码块，函数体内的复合语句也是一个代码块。在代码块中定义的变量，它们具有代码块作用域，作用范围是从变量定义的位置开始，到标志该代码块结束的右大括号（}）处结束。另外，尽管函数的形式参数不在大括号内定义，但其同样具有代码块作用域，隶属于包含函数体的代码块。

请看下面例子：

```c
// Chapter5/test19.c
#include <stdio.h>
int main(void)
{
    int i = 100; // i1
    {
        int i = 110; // i2
        {
            int i = 120; // i3
            printf("i = %d\n", i); // p1
        }
        {
            printf("i = %d\n", i); // p2
            int i = 130; // i4
            printf("i = %d\n", i); // p3
```

```
        }
        printf("i = %d\n", i); // p4
    }
    printf("i = %d\n", i); // p5
    return 0;
}
```

程序实现如下：

```
[fishc@localhost Chapter5]$ gcc test19.c && ./a.out
i = 120
i = 110
i = 130
i = 110
i = 100
```

分析：虽然程序中定义了四个同名变量 i，但由于它们的作用域不同，所以程序并不会报错。第一个定义的 i 变量（i1）的作用域是整个 main 函数，接下来的一个左大括号（{）表示程序进入一个新的代码块，在里面定义第二个 i 变量（i2），由于嵌套的关系，内层代码块将自动屏蔽外层代码块的同名变量，然后进入下一个语句块，同理第三个 i 变量（i3）屏蔽了前面的 i 变量（i1 和 i2），所以第一个打印（p1）的结果是 i = 120。随后进入下一个语句块，由于与上一个语句块之间并不存在嵌套关系，所以这时打印（p2）的是外层 i 变量（i2）的值。紧接着再次定义一个同名的 i 变量（i4），此刻内层的 i 变量（i4）屏蔽了外层的同名变量（i2），所以打印（p3）结果理所当然是内层变量（i4）的值。程序的最后，跳出了所有内层的代码块，打印（p5）的就是最开始定义的变量 i（i1）的值。

5.5.2　文件作用域

任何在代码块之外声明的标识符都具有文件作用域（file scope），作用范围是从它们的声明位置开始，到文件的结尾处结束。另外，函数名也具有文件作用域，因为函数名本身也在代码块之外。

请看下面例子：

```
// Chapter5/test20.c
#include <stdio.h>
void func(void);
int main(void)
{
    extern int count;
    func();
    count++;
    printf("In main, count = %d\n", count);
```

```
        return 0;
}
int count;
void func(void)
{
        count++;
        printf("In func, count = %d\n", count);

}
```

程序实现如下：

```
[fishc@localhost Chapter5]$ gcc test20.c && ./a.out
In func, count = 1
In main, count = 2
```

分析：在上面的例子中，count、func 和 main 都属于文件作用域，它们的作用范围是从它们声明的位置开始到文件末尾。这里还故意把全局变量 count 和函数 func 的定义写到了下方，这样好做比较。由于 func 函数的定义位于 count 变量的下方，所以在 func 函数的角度是看得到 count 变量的。但是从 main 函数的角度来看，count 和 func 都是不可见的。所以，要在文件的上方对 func 函数和 count 函数进行额外的声明（不妨试试将这两行声明代码去掉，看结果会怎样）。

5.5.3 原型作用域

原型作用域（prototype scope）只适用于那些在函数原型中声明的参数名。我们知道，函数在声明的时候可以不写参数的名字（但参数类型是必须要写上的），其实尝试一下还可以发现，函数原型的参数名还可以随便写一个名字，不必与形式参数相匹配（当然，这样做毫无意义）。之所以允许这么做，是因为原型作用域起了作用。

5.5.4 函数作用域

函数作用域（function scope）只适用于 goto 语句的标签，作用是将 goto 语句的标签限制在同一个函数内部，以及防止出现重名标签。

5.5.5 链接属性

简单来说，编译器将源文件变成可执行程序需要经过两个步骤：编译和链接。编译过程主要是将源代码生成机器码格式的目标文件，而链接过程则是将相关的库文件添加进来（比如，在源文件中调用了 stdio 库的 printf 函数，那么在这个过程中，就把 printf 的代码添加进来），然后整合成一个可执行程序，如图 5-6 所示。

【扩展阅读】编译器的工作流程并不在本书的讨论范围之内，感兴趣的读者可以访问 http://bbs.fishc.com/thread-78063-1-1.html 或扫描图 5-7 所示二维码进行查阅。

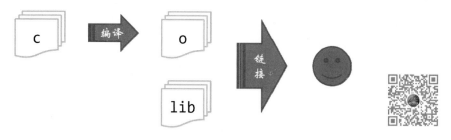

图 5-6　编译和链接　　　　　　　　　图 5-7　编译器的工作流程

这里主要是想引入一个新的知识点——链接属性。

我们知道大型程序都由很多源文件构成，那么在不同文件中的同名标识符，编译器是如何处理的呢？这就要看链接属性了。

在 C 语言中，链接属性一共以下有三种。

- external（外部的）：多个文件中声明的同名标识符表示同一个实体。
- internal（内部的）：单个文件中声明的同名标识符表示同一个实体。
- none（无）：声明的同名标识符被当作独立不同的实体。比如，函数的局部变量，因为它们被当作独立不同的实体，所以不同函数间同名的局部变量并不会发生冲突。

默认情况下，具备文件作用域的标识符拥有 external 属性，也就是说该标识符允许跨文件访问。对于 external 属性的标识符，无论在不同文件中声明多少次，表示的都是同一个实体。

举个例子，将之前打豆豆的代码分成几个源文件来编写：

```c
// Chapter5/a.c
extern int count;
void a(void)
{
        count++;
}
// Chapter5/b.c
extern int count;

void b(void)
{
        count++;
}
// Chapter5/c.c
extern int count;
```

```
void c(void)
{
        count++;
}
// Chapter5/test21.c
#include <stdio.h>

extern void a(void);
extern void b(void);
extern void c(void);

int count;

int main(void)
{
        a();
        b();
        c();
        b();
        printf("豆豆今天一共被打了%d 次! \n", count);

        return 0;
}
```

让 GCC 编译多个文件很简单，直接把所有有关的源代码文件列举进去即可：

```
[fishc@localhost Chapter5]$ gcc a.c b.c c.c test21.c && ./a.out
豆豆今天被打了 4 次!
```

虽然不同函数被定义在不同的文件中，但并不影响 main 函数对它们的调用。值得一提的是，在 main 函数的上方写了三个函数的原型声明，是为了告诉编译器我们在其他地方定义了它们。由于函数名属于文件作用域，它们的链接属性默认是 external，所以编译器如果在该源文件中找不到它们的定义，会继续在其他源文件中查找。同样道理，全局变量 count 定义于 test21.c 这个源文件，由于它也是 external 属性，所以在其他的源文件中也可以访问到它，只是需要加上声明，告诉编译器找不到定义时不要立刻报错，到其他文件中再找找看。

使用 static 关键字可以使得原先拥有 external 属性的标识符变为 internal 属性。这里有以下两点需要注意。

（1）使用 static 关键字修改链接属性，只对具有文件作用域的标识符生效（对于拥有其他作用域的标识符是另一种功能）。

（2）链接属性只能修改一次，也就是说，一旦将标识符的链接属性变为 internal，就无法再变回 external 了。

这里把 test21.c 源文件中的 count 变量修改为：

```
static int count;
```

其他不变的情况下，再来编译程序，发现出错了：

```
[fishc@localhost Chapter5]$ gcc a.c b.c c.c test21.c && ./a.out
/tmp/ccObFPzJ.o: In function 'a':
a.c:(.text+0x4): undefined reference to 'count'
a.c:(.text+0xc): undefined reference to 'count'
/tmp/ccUv90p0.o: In function 'b':
b.c:(.text+0x4): undefined reference to 'count'
b.c:(.text+0xc): undefined reference to 'count'
/tmp/cc52Qwhh.o: In function 'c':
c.c:(.text+0x4): undefined reference to 'count'
/tmp/cc52Qwhh.o:c.c:(.text+0xc): more undefined references to 'count' follow
collect2: ld returned 1 exit status
```

这是因为 static 将全局变量 count 的链接属性修改为 internal，此时 count 只能在 test21.c 这个源文件中被访问，出了这个源文件，就看不到它了。同样道理，如果想限制一个函数只能在某个文件中被调用，那么可以在函数名的前边添加 static 关键字。

5.6　生存期和存储类型

视频讲解

5.6.1　生存期

5.5 节从空间角度进行分析，讲解了变量的作用域和链接属性。其实还可以从时间角度作为切入点，分析变量的生存期。

C 语言的变量拥有两种生存期，分别是静态存储期（static storage duration）和自动存储期（automatic storage duration）。

具有文件作用域的变量具有静态存储期（如全局变量），函数名也拥有静态存储期。具有静态存储期的变量在程序执行期间将一直占据存储空间，直到程序关闭才释放。

具有代码块作用域的变量一般情况下具有自动存储期（如局部变量和形式参数），具有自动存储期的变量在代码块结束时将自动释放存储空间。

请看下面例子：

```
// Chapter5/test22.c
#include <stdio.h>
int A;
static int B;
extern int C;
void func(int m, int n)
```

```
{
        int a, b, c;
}
int main(void)
{
        int i, j, k;
        return 0;
}
```

上面代码中，全局变量 A、B、C，不论是内部链接属性还是外部链接属性，它们都拥有文件作用域，func 和 main 两个函数也拥有文件作用域，因此它们的生存期具有静态存储期，只有当程序关闭的时候，它们所占的内存空间才会被释放。而定义于 func 函数内的局部变量 a、b、c 和形参 m、n，以及定义于 main 函数内部的局部变量 i、j、k，它们都拥有代码块作用域，因此它们的生存期具有自动存储期，变量所占的内存空间在代码块结束时将自动被释放。

5.6.2 存储类型

前面分别介绍了 C 语言变量的作用域、链接属性和生存期，这些都是由变量的存储类型来定义的。变量的存储类型其实是指存储变量值的内存类型，C 语言提供了五种不同的存储类型，分别是 auto、register、static、extern 和 typedef。

1. 自动变量

在代码块中声明的变量默认的存储类型就是自动变量（auto），使用关键字 auto 来描述。所以，函数中的形参、局部变量以及复合语句中定义的局部变量都具有自动变量。自动变量拥有代码块作用域、自动存储期和空链接属性。

```
// Chapter5/test23.c
#include <stdio.h>
int main(void)
{
        auto int i, j, k;
        return 0;
}
```

由于这是默认的存储类型，所以不写 auto 是完全没问题的。但有时候，如果想强调局部变量屏蔽同名的全局变量这一做法，可以在该局部变量的声明处加上 auto，这样做可以使得代码更清晰：

```
// Chapter5/test24.c
#include <stdio.h>
int i;
```

```
int main(void)
{
        auto int i;
        return 0;
}
```

2．寄存器变量

学过汇编语言的读者肯定对寄存器这个词不陌生，因为寄存器是存在于 CPU 内部的，CPU 对寄存器的读取和存储可以说几乎没有任何延时。

将一个变量声明为寄存器变量（register），那么该变量就有可能被存放于 CPU 的寄存器中。为什么这里说是"有可能"呢？因为 CPU 的寄存器空间十分有限，所以编译器并不会让你将所有声明为 register 的变量都放到寄存器中。事实上，有可能所有的 register 关键字都被忽略，因为编译器有自己的一套优化方法，会权衡哪些才是最常用的变量。在编译器看来，它比你更了解程序。而那些被忽略的 register 变量，它们会变成普通的自动变量。

所以，寄存器变量和自动变量在很多方面是一样的，它们都拥有代码块作用域、自动存储期和空链接属性。

不过这里有一点需要注意：若将变量声明为寄存器变量，那么就没办法通过取址运算符（&）获得该变量的地址。

请看下面例子：

```
// Chapter5/test25.c
#include <stdio.h>
int main(void)
{
        register int i = 520;
        printf("Addr of i: %p\n", &i);
        return 0;
}
```

程序实现如下：

```
[fishc@localhost Chapter5]$ gcc test25c && ./a.out
test25.c: In function 'main':
test25.c:8: error: address of register variable 'i' requested
```

3．静态局部变量

static 用于描述具有文件作用域的变量或函数时，表示将其链接属性从 external 修改为 internal，它的作用范围就变成了仅当前源文件可以访问。但如果将 static 用于描述局部变量，那么效果又会不一样了。

默认情况下，局部变量是 auto 类型、具有自动存储期的变量。如果使用 static 来声明局部变量，那么就可以将局部变量指定为静态局部变量（static）。static 使得局部变量具有静态存储期，所以它的生存期与全局变量一样，存储空间直到程序结束才释放。

请看下面例子：

```c
// Chapter5/test26.c
#include <stdio.h>
void func(void);
void func(void)
{
        static int count = 0;
        printf("count = %d\n", count);
        count++;
}
int main(void)
{
        int i;
        for (i = 0; i < 10; i++)
        {
                func();
        }
        return 0;
}
```

程序实现如下：

```
[fishc@localhost Chapter5]$ gcc test26.c && ./a.out
count = 0
count = 1
count = 2
count = 3
count = 4
count = 5
count = 6
count = 7
count = 8
count = 9
```

分析：count 本来是一个普通的局部变量，但当我们在前面使用 static 描述后，它就大变样了。这里 count 只初始化一次，并且每次执行完 func 函数，count 所占的存储空间均不会被释放，因此它能够"记住"上一次保存的值。注意，因为这里 count 是静态局部变量，所以它只初始化一次，再次执行 func 函数，并不会重复初始化 count。另外，虽然静态局部变量具有静态存储期，但它的作用域仍然是局部变量，所以在别的函数中是无法直接使用变量名对其进行访问的。

4. static 和 extern

static 和 extern 的作用域是文件作用域，static 关键字使得默认具有 external 链接属性的标识符变成 internal 链接属性，而 extern 关键字告诉编译器这个变量或函数在别的地方已经定义过了，先去别的地方找找，不要急着报错。

看了下面例子就会发现，就算不写上 extern，编译器也不会有任何提醒或报错，程序也可以正常执行：

```
// Chapter5/func.c
#include <stdio.h>
int count;
void func(void)
{
        printf("count = %d\n", count);
}
// Chapter5/test27.c
void func(void);

int count = 520;

int main(void)
{
        func();
        return 0;
}
```

程序实现如下：

```
[fishc@localhost Chapter5]$ gcc test27.c && ./a.out
count = 520
```

其实这个 extern 与 auto 类似，在大部分情况下，它的作用是使程序更健全，代码更清晰易懂，所以建议还是要加上。比如，在 func.c 源文件中声明的 count，如果不写上 extern，会让人以为这是要定义一个新的全局变量，而事实上，这里只是对 count 进行声明，它里边存放的值是 test27.c 源文件中初始化的 520。因此对上面例子做如下修改：

```
// Chapter5/func.c
#include <stdio.h>
extern int count;
void func(void)
{
        printf("count = %d\n", count);
}
// Chapter5/test27.c
extern void func(void);
int count = 520;
int main(void)
{
        func();
}
```

总的来说，使用 auto 或 register 关键字声明的变量具有自动存储期，而使用 static 或 extern 关键字声明的变量具有静态存储期。

typedef 与其他四个存储类型的语义不同，typedef 与内存存储无关，用于为数据类型定义一个新的名字，因此本节暂时先不讲 tyepdef，在 6.9 节会专门讲解。

视频讲解

5.7 递归

"从前有座山，山上有座庙，庙里有一个老和尚和一个小和尚，有一天，老和尚对小和尚说：'从前有座山，山上有座庙，庙里有一个老和尚和一个小和尚，有一天，老和尚对小和尚说：……'"

这个故事（见图 5-8）可以给大家讲上一年……就到此为止吧。这个故事实际上说的就是今天要讲解的知识点：递归。

图 5-8 递归

5.7.1 什么是递归

递归这个概念属于算法的范畴，本来是不属于 C 语言的语法内容，但小甲鱼基本在每个编程语言系列教学里都要讲递归，那是因为如果掌握了递归的方法和技巧，会发现这是一个非常棒的编程思路。有时候绞尽脑汁都解决不了的问题，用递归就可以轻松地实现。

下面给出递归在日常中的常用例子。

1．汉诺塔游戏

汉诺塔游戏（见图 5-9）要求将最左边柱子的圆盘借助中间柱子依次移动到最右边，要求每次只能移动一个圆盘，并且较大的圆盘必须在下方。

图 5-9 汉诺塔游戏

2. 谢尔斯宾基三角形

三角形里边填充有三角形，只要空间够大，它可以撑满整个宇宙，这就是谢尔斯宾基三角形（见图 5-10）。

图 5-10 谢尔斯宾基三角形

3. 目录树的索引

后续开发程序可能会遇到目录访问（见图 5-11）的情况，需要逐层去访问目录，但并不知道目录究竟有多少层，这时使用递归访问就可以很好地解决这个问题。

图 5-11 目录树的索引

4．女神的自拍

记得有段时间流行图 5-12 所示的拍照方式，这其实就是递归在现实中表现出来的形态。

图 5-12　女神的自拍

说了这么多，在编程上，递归的概念还没讲呢！递归从原理上来说就是函数调用自身的行为。在函数内部可以调用其他函数，当然也可以调用函数本身。

请看下面例子：

```c
// Chapter5/test28.c
#include <stdio.h>
void recursion(void);
void recursion(void)
{
    printf("Hi!");
    recursion();
}
int main(void)
{
    recursion();
    return 0;
}
```

如果编译并运行上边的代码，会发现第一个实现递归的代码就出问题了，如图 5-13 所示。

Hi!HSegmentation fault

图 5-13　运行出现问题

　　程序打印了满屏幕的"Hi!"，并在最后抛出 Segmentation fault 的错误，其实这里故意给大家展示一个有问题的代码，因为很多初学者刚接触递归的时候，最容易出现的就是这种类型的错误。由于程序无休止地调用 recursion 函数本身，但并没有设置退出的条件，所以这个程序会永远执行下去直至消耗掉所有的内存空间。

　　如果递归不停下来，那么程序就会因占尽内存而崩溃。所以，递归必须要有结束的条件，否则程序将崩溃。

　　修改一下代码：

```
...
void recursion(void)
{
        static int count = 5;
        printf("Hi!\n");
        if (--count)
        {
                recursion();
        }
}
...
```

程序实现如下：

```
[fishc@localhost Chapter5]$ gcc test28.c && ./a.out
Hi!
Hi!
Hi!
Hi!
Hi!
```

　　有了 if 条件语句的限制，当 count 为 0 的时候，recursion 函数就会停止调用其本身，程序得以结束。

5.7.2　递归求阶乘

　　正整数阶乘是指所有小于及等于该数的所有正整数的积。比如，所给的数是 5，则阶乘是 $1 \times 2 \times 3 \times 4 \times 5 = 120$，所以 120 就是 5 的阶乘。

　　这个程序用循环可以实现：

```
// Chapter5/test29.c
#include <stdio.h>
long fact(int num);
long fact(int num)
{
        long result;
        for (result = 1; num > 1; num--)
        {
```

```
            result *= num;
        }
        return result;
}
int main(void)
{
        int num;
        printf("请输入一个正整数：");
        scanf("%d", &num);
        printf("%d 的阶乘是：%ld\n", num, fact(num));
        return 0;
}
```

程序实现如下：

```
[fishc@localhost Chapter5]$ gcc test29.c && ./a.out
请输入一个正整数：5
5 的阶乘是：120
```

下面代码使用递归函数的形式实现：

```
// Chapter5/test30.c
#include <stdio.h>
long fact(int num);
long fact(int num)
{
        long result;
        if (num > 0)
        {
                result = num * fact(num - 1);
        }
        else
        {
                result = 1;
        }
        return result;
}
int main(void)
{
        int num;
        printf("请输入一个正整数：");
        scanf("%d", &num);
        printf("%d 的阶乘是：%ld\n", num, fact(num));
        return 0;
}
```

程序实现如下：

```
[fishc@localhost Chapter5]$ gcc test30.c && ./a.out
```

```
请输入一个正整数：5
5 的阶乘是：120
```

对代码的分析如图 5-14 所示。

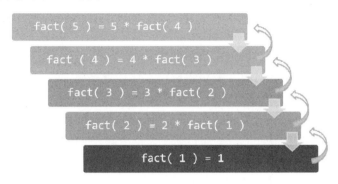

图 5-14　递归函数

下面从 CPU 的角度来模拟程序的执行流程。

- 进入 main 函数，第一次调用 fact 函数，此时 num 为 5。
- 进入 fact 函数（第一级），num 为 5，所以 "result = 5 * fact(4);"，此时 fact 函数还不能返回，因为它需要等待 fact(4)这个函数的返回值。
- 进入 fact 函数（第二级），num 为 4，所以 "result = 4 * fact(3);"，此时 fact 函数还不能返回，因为它需要等待 fact(3)这个函数的返回值。
- 进入 fact 函数（第三级），num 为 3，所以 "result = 3 * fact(2);"，此时 fact 函数还不能返回，因为它需要等待 fact(2)这个函数的返回值。
- 进入 fact 函数（第四级），num 为 2，所以 "result = 2 * fact(1);"，此时 fact 函数还不能返回，因为它需要等待 fact(1)这个函数的返回值。
- 进入 fact 函数（第五级），num 为 1，所以 "result = 1 * fact(0);"，此时 fact 函数还不能返回，因为它需要等待 fact(0)这个函数的返回值。
- 进入 fact 函数（第六级），num 为 0，所以 result = 1，函数开始返回。
- 回到 fact 函数（第五级），result = 1 * 1，函数继续返回。
- 回到 fact 函数（第四级），result = 2 * 1，函数继续返回。
- 回到 fact 函数（第三级），result = 3 * 2，函数继续返回。
- 回到 fact 函数（第二级），result = 4 * 6，函数继续返回。
- 回到 fact 函数（第一级），result = 5 * 24，函数继续返回。
- 回到 main 函数，将 result = 120 这个结果打印出来。

回顾一下，实现递归要满足两个基本条件：调用函数本身；设置了正确的结束条件。

在此之前可能听说过："普通程序员用迭代，天才程序员用递归！"其实这只是上半句，给大家补充下半句："但我们宁可做普通程序员！"

因为平时读你的代码，与你协助开发的人，通常也都是普通程序员。一段代码以实现目标为前提，递归并没有在程序的执行效率上有任何优势，相反，使用递归的程序更难以阅读和维护。所以，不到万不得已，不要轻易采用递归。当然，存在即合理。在有些问题上，如后面要讲解的汉诺塔程序和快速排序算法，传统思路会遇到阻滞，这时使用递归求解会有一种豁然开朗的感觉。

5.7.3　汉诺塔

视频讲解

汉诺塔的来源据说是这样的，一位法国数学家曾编写过一个印度的古老传说：在世界中心贝拿勒斯的圣庙里边，有一块黄铜板，上边插着三根宝针。印度教的主神梵天在创造世界的时候，在其中一根针上从下到上地穿好了由大到小的 64 片金片，这就是所谓的汉诺塔。然后不论白天或者黑夜，总有一名僧侣按照下面的法则来移动这些金片：一次只移动一片，不管在哪根针上，小片必须在大片上面。规则很简单，另外僧侣们预言，当所有的金片都从梵天穿好的那根针上移到另外一根针上时，世界就将在一声霹雳中消灭，而梵塔、庙宇和众生也都将同归于尽。

下面先讲解汉诺塔游戏的玩法（由于篇幅有限，演示的是三层的汉诺塔）。

初始状态下的汉诺塔如图 5-15 所示。

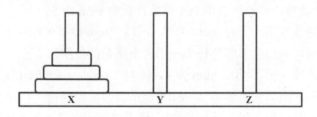

图 5-15　初始状态

Step1　X→Z，如图 5-16 所示。

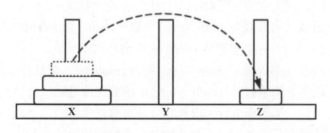

图 5-16　X→Z

Step2　X→Y，如图 5-17 所示。

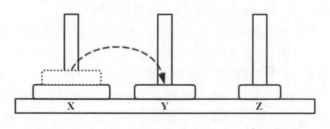

图 5-17　X→Y

Step3　Z→Y，如图 5-18 所示。

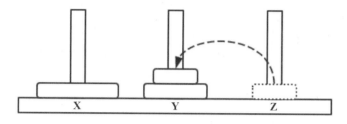

图 5-18　Z→Y

Step4　X→Z，如图 5-19 所示。

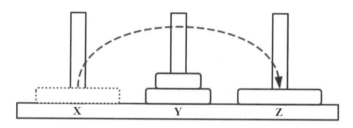

图 5-19　X→Z

Step5　Y→X，如图 5-20 所示。

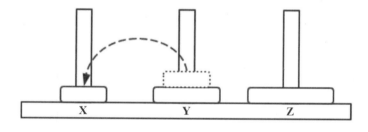

图 5-20　Y→X

Step6　Y→Z，如图 5-21 所示。

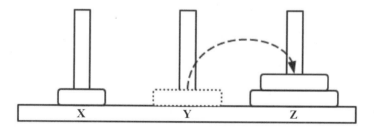

图 5-21　Y→Z

Step7　X→Z，如图 5-22 所示。

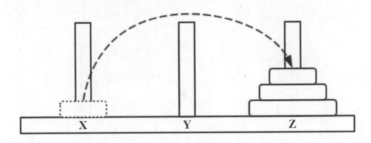

图 5-22　X→Z

对于上述游戏的玩法，可以简单分解为以下三个步骤。

（1）将前 63 个盘子从 X 移动到 Y 上，确保大盘在小盘下面。

（2）将最底下的第 64 个盘子从 X 移动到 Z 上。

（3）将 Y 上的 63 个盘子移动到 Z 上。

在游戏中，由于每次只能移动一个圆盘，所以在移动的过程中显然要借助另外一根针才可以实施。也就是说，步骤（1）将 1～63 个盘子移到 Y 上，需要借助 Z；步骤（3）将 Y 针上的 63 个盘子移到 Z 针上，需要借助 X。

所以把新的思路聚集为以下两个问题。

问题一：如何将 X 上的 63 个盘子借助 Z 移到 Y 上？

问题二：如何将 Y 上的 63 个盘子借助 X 移到 Z 上？

解决这两个问题的方法与解决"如何将 X 上的 64 个盘子借助 Y 移动到 Z 上？"这个问题是一样的，都是可以拆解成上述三个步骤来实现。

问题一（"如何将 X 上的 63 个盘子借助 Z 移到 Y 上？"）拆解为：

（1）将前 62 个盘子从 X 移动到 Z 上，确保大盘在小盘下面。

（2）将最底下的第 63 个盘子移动到 Y 上。

（3）将 Z 上的 62 个盘子移动到 Y 上。

问题二（"如何将 Y 上的 63 个盘子借助 X 移到 Z 上？"）拆解为：

（1）将前 62 个盘子从 Y 移动到 X 上，确保大盘在小盘下面。

（2）将最底下的第 63 个盘子移动到 Z 上。

（3）将 X 上的 62 个盘子移动到 Y 上。

没错，汉诺塔的拆解过程刚好满足递归算法的定义，因此，使用递归来解决，问题就变得相当简单了。

```c
// Chapter5/test31.c
#include <stdio.h>
void hanoi(int n, char x, char y, char z);
void hanoi(int n, char x, char y, char z)
{
        if (n == 1)
        {
                printf("%c --> %c\n", x, z); //剩下底部的那个圆盘
        }
        else
        {
```

```
            hanoi(n-1, x, z, y); //将 n-1 个圆盘从 x 移动到 y
            printf("%c --> %c\n", x, z);
            hanoi(n-1, y, x, z); //将 n-1 个圆盘从 y 移动到 z
        }
}
int main(void)
{
        int n;
        printf("请输入汉诺塔的层数：");
        scanf("%d", &n);
        hanoi(n, 'X', 'Y', 'Z');
        return 0;
}
```

程序实现如下：

```
[fishc@localhost Chapter5]$ gcc test31.c && ./a.out
请输入汉诺塔的层数：3
X --> Z
X --> Y
Z --> Y
X --> Z
Y --> X
Y --> Z
X --> Z
```

【扩展阅读】关于递归与分治思想的解读，感兴趣的读者朋友可以访问 http://bbs.fishc.com/thread-88075-1-1.html 或扫描 5-23 所示二维码进行查阅。

图 5-23　递归与分治思想

5.7.4　分治法

什么是分治法？通俗地讲，分治法就是大事化小，小事化了。

递归实际上就是分治法的实现，把一个大问题分成若干个小问题，再把每一个小问题分成若干个再小的问题，直到不能再分割。然后从最简单的问题着手解决，层层回归，最后大问题自然也就解决了。

比如，要统计国家的 GDP 总和，应该怎么做？

首先把国家分为若干省份，接着再细分，省到市，市到县，诸如此类，直到细分到某个非常容易计算出 GDP 的单位，然后再层层统计总和，向上汇报，最后得到一个国家的 GDP 总和。这就是分治思想。

如果要对各个省份的 GDP 进行排名，那么就需要使用排序算法。接下来讲排序算法中的快速排序。

5.7.5 快速排序

所谓排序就是将一堆零零散散的数据重新整理成从大到小或从小到大的序列。排序算法在日常生活中应用很广，如期末考试，老师要给所有同学的成绩进行排序；或者打开招聘网站，经常是优先考虑待遇高的职位，那么应该让薪酬从高到低进行排序；又或者去网上购买商品，但不知道哪一款合适，所以单击按销量进行排序……

排序的算法有很多，如大家耳熟能详的冒泡排序、快速排序、插入排序、希尔排序、选择排序等。其中"名声"最大的当属快速排序，它可是 20 世纪十大算法之一，是由图灵奖得主东尼·霍尔提出的排序算法。

快速排序算法的基本思想是：通过一项排序将待排序数据分割成独立的两部分，其中一部分的所有元素均比另一部分的元素小，然后分别对这两部分继续进行排序，重复上述

图 5-24 快速排序

将理论写成如下代码：

```c
// Chapter5/test32.c
#include <stdio.h>
void quick_sort(int array[], int left, int right)
{
    int i = left, j = right;
    int temp;
    int pivot;

    //基准点设置为中间元素，也可以选择其他元素作为基准点
    pivot = array[(left + right) / 2];

    while (i <= j)
    {
        //找到左边大于等于基准点的元素
        while (array[i] < pivot)
        {
            i++;
        }
        //找到右边小于等于基准点的元素
        while (array[j] > pivot)
        {
            j--;
        }
        //如果左边下标小于右边，则互换元素
        if (i <= j)
        {
            temp = array[i];
            array[i] = array[j];
            array[j] = temp;
            i++;
            j--;
        }
    }

    //递归遍历左侧子序列
    if (left < j)
    {
        quick_sort(array, left, j);
    }
    //递归遍历右侧子序列
    if (i < right)
    {
        quick_sort(array, i, right);
    }
}
```

```
int main(void)
{
        int array[] = {73, 108, 111, 118, 101, 70, 105, 115, 104, 67, 46,
        99, 111, 109};
        int i, length;

        length = sizeof(array) / sizeof(array[0]);
        quick_sort(array, 0, length-1);

        printf("排序后的结果是：");
        for (i = 0; i < length; i++)
        {
                printf("%d ", array[i]);
        }
        putchar('\n');

        return 0;
}
```

程序实现如下：

```
[fishc@localhost Chapter5]$ gcc test32.c && ./a.out
排序后的结果是：46 67 70 73 99 101 104 105 108 109 111 111 115 118
```

视频讲解

5.8 动态内存管理

前面学过存储类型，说白了就是限定了变量的作用域和生命周期，它们都有一个共同的特征——代码都需要服从预先定制的内存管理规则来行事。整个程序要使用什么类型的变量，使用多少个变量都需要预先定义好，而不能在程序运行的时候再来定义。

后来 C99 添加了变长数组，允许用变量声明数组的长度，这一特性提高了代码的灵活度，不过数组一旦创建出来，也就不能再修改长度了。那有没有办法让 C 语言更灵活地管理内存资源呢？

答案是有的，而且只需要几个库函数就可以，这些库函数都包含在 stdlib.h 这个头文件中：

* malloc——申请动态内存空间。
* free——释放动态内存空间。
* calloc——申请并初始化一系列内存空间。
* realloc——重新分配内存空间。

5.8.1 malloc

malloc 函数用于申请动态内存空间，函数原型：

```
#include <stdlib.h>
...
void *malloc(size_t size);
```

malloc 函数向系统申请分配 size 个字节的内存空间，并返回一个指向这块空间的指针。不过要注意，申请的这块空间并没有被"清理"（初始化为 0），所以它上面的数据是随机的（就与局部变量一样）。

如果函数调用成功，会返回一个指向申请的内存空间的指针，由于返回类型是 void 指针（void *），所以它可以被转换成任何类型的数据；如果函数调用失败，返回值是 NULL。另外，如果 size 参数设置为 0，返回值也可能是 NULL，但这并不意味着函数调用失败。

请看下面例子：

```
// Chapter5/test33.c
#include <stdio.h>
#include <stdlib.h>
int main(void)
{
        int *ptr;
        ptr = (int *)malloc(sizeof(int));
        if (ptr == NULL)
        {
                printf("分配内存失败！\n");
                exit(1);
        }
        printf("请输入一个整数：");
        scanf("%d", ptr);
        printf("你输入的整数是：%d\n", *ptr);
        return 0;
}
```

程序实现如下：

```
[fishc@localhost Chapter5]$ gcc test33.c && ./a.out
请输入一个整数：520
你输入的整数是：520
```

这段代码很简单，就是使用 malloc 函数申请一块 int 类型尺寸的空间，然后用 ptr 指针指向它，随后将用户输入的数据存放到这块空间里。

不过，由于 malloc 函数申请的空间位于内存的堆上（5.9 节会专门讲解 C 语言的内存布局，到时候就会讲到栈和堆的区别），所以如果不主动释放它，那么它会永远存在直到程序关闭。所以，当不再需要使用这块内存时，请务必自己动手释放它，否则很有可能造成内存泄漏。

5.8.2　free

释放动态内存空间使用 free 函数，函数原型：

```
#include <stdlib.h>
...
void free(void *ptr);
```

free 函数释放 ptr 参数指向的内存空间。该内存空间必须是由 malloc、calloc 或 realloc 函数申请的；否则，该函数将导致未定义行为。如果 ptr 参数是 NULL，则不执行任何操作。注意：该函数并不会修改 ptr 参数的值，所以调用后它仍然指向原来的地方（变为非法空间）。

所以，应该在不使用这块内存空间的时候将其释放：

```
int main(void)
{
    ...
    printf("你输入的整数是：%d\n", *ptr);
    free(ptr);
    return 0;
}
```

5.8.3 内存泄漏

如果申请的动态内存没有及时释放会怎么样？

为了让大家意识到问题的严重性，现在来做一个小实验，打开两个 Terminal 终端，在其中一个终端上输入 top 命令（注：top 是 Linux 中常用的性能分析工具，用于显示当前系统运行的进程消耗了多少 CPU、内存等数据），然后在另一个终端中编译运行下面代码：

```
// Chapter5/test34.c
#include <stdio.h>
#include <stdlib.h>
int main(void)
{
    while (1)
    {
        malloc(1024);
    }
    return 0;
}
```

运行程序的那一刻，就可以明显感觉到机器（虚拟机）出现了"卡顿"，而我们的程序所占用的 CPU 和内存（MEM）值一直在飙升，如图 5-25 所示。

在系统"假死"了一段时间之后，我们发现程序被系统杀死（Killed）了：

```
[fishc@localhost Chapter5]$ gcc test34.c && ./a.out
Killed
```

这是操作系统在自我保护，因为如果不把程序"杀死"，程序就会把系统卡死。

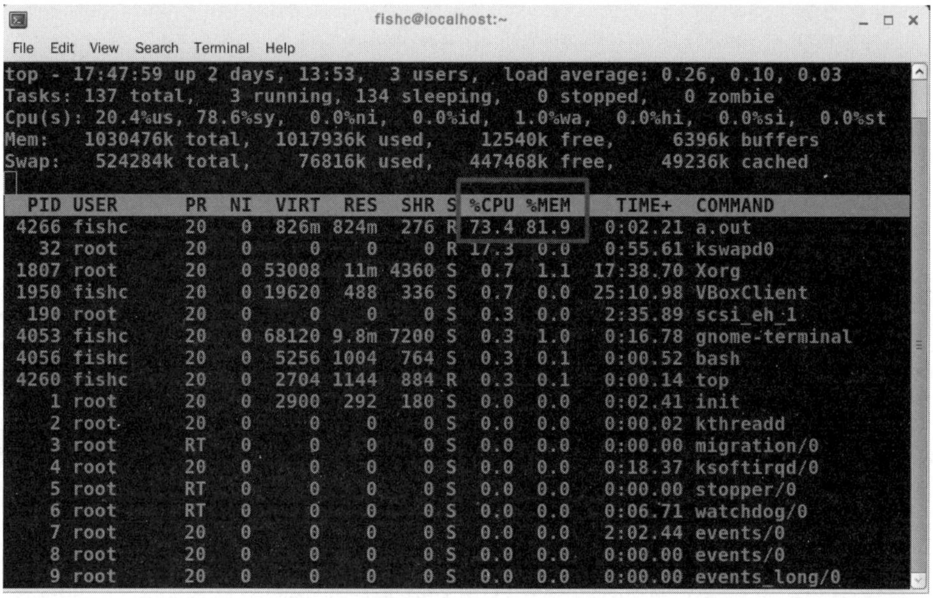

图 5-25　内存泄漏——动态内存没有及时释放

通过这个小实验不难发现，虽然现在的内存不像以前那样寸土寸金了，但身为一名合格的程序员，居安思危的意识一点儿都不能少，如果代码恰好在一个循环中不断地申请内存资源，那么程序就有可能出现崩溃。这种不合理的申请大量内存空间的行为称为内存泄漏。为了防止内存泄漏，应该在使用完这个内存块的时候立刻调用 free 函数释放掉。也就是说，malloc 和 free 函数应该是成对编写的。

其实有一些高级的编程语言具备垃圾回收机制，不需要自己动手释放申请的内存，解释系统会自动计算这块内存是否不再被使用，如果是，则自动进行清理。很遗憾，C语言不具备垃圾回收机制，所以还是自己动手释放内存。

还有一种导致内存泄漏的情况是丢失内存块的地址，请看下面例子：

```c
// Chapter5/test35.c
#include <stdio.h>
#include <stdlib.h>
int main(void)
{
        int *ptr;
        int num = 123;
        ptr = (int *)malloc(sizeof(int));
        if (ptr == NULL)
        {
                printf("分配内存失败！\n");
                exit(1);
        }
        printf("请输入一个整数：");
```

```
        scanf("%d", ptr);
        printf("你输入的整数是：%d\n", *ptr);

        ptr = &num;
        printf("你输入的整数是：%d\n", *ptr);

        free(ptr);
        return 0;
}
```

程序实现如图 5-26 所示。

```
[fishc@localhost Chapter5]$ gcc test.c && ./a.out
请输入一个整数：520
你输入的整数是：520
你输入的整数是：123
*** glibc detected *** ./a.out: double free or corruption (out): 0xbfe0c088 ***
======= Backtrace: =========
/lib/libc.so.6(+0x70bb1)[0xb7fbb1]
/lib/libc.so.6(+0x73611)[0xb82611]
./a.out[0x8048578]
/lib/libc.so.6(__libc_start_main+0xe6)[0xb25d26]
./a.out[0x8048441]
======= Memory map: =========
001cf000-001ec000 r-xp 00000000 fd:00 1751      /lib/libgcc_s-4.4.7-20120601.so.1
001ec000-001ed000 rw-p 0001d000 fd:00 1751      /lib/libgcc_s-4.4.7-20120601.so.1
00a81000-00a82000 r-xp 00000000 00:00 0         [vdso]
00a9b000-00aba000 r-xp 00000000 fd:00 1780      /lib/ld-2.12.so
00aba000-00abb000 r--p 0001e000 fd:00 1780      /lib/ld-2.12.so
00abb000-00abc000 rw-p 0001f000 fd:00 1780      /lib/ld-2.12.so
00b0f000-00ca0000 r-xp 00000000 fd:00 1787      /lib/libc-2.12.so
00ca0000-00ca2000 r--p 00191000 fd:00 1787      /lib/libc-2.12.so
00ca2000-00ca3000 rw-p 00193000 fd:00 1787      /lib/libc-2.12.so
00ca3000-00ca6000 rw-p 00000000 00:00 0
08048000-08049000 r-xp 00000000 fd:00 1794      /home/fishc/Chapter5/a.out
08049000-0804a000 rw-p 00000000 fd:00 1794      /home/fishc/Chapter5/a.out
08e3d000-08e5e000 rw-p 00000000 00:00 0         [heap]
b7600000-b7621000 rw-p 00000000 00:00 0
b7621000-b7700000 ---p 00000000 00:00 0
b77c5000-b77c6000 rw-p 00000000 00:00 0
b77ce000-b77d2000 rw-p 00000000 00:00 0
bfdf9000-bfe0e000 rw-p 00000000 00:00 0         [stack]
Aborted
```

图 5-26　内存泄漏——丢失内存块的地址

由于 malloc 申请的内存块地址保存在 ptr 指针里，换句话说，只有 ptr 知道这块可用内存的地址。所以当 ptr 被指向其他地方之后，这块内存就泄漏了。更危险的是，当 free 尝试释放 ptr 新指向的变量时，由于这个变量是局部变量，不允许手动释放，所以导致了大家看到的错误画面。

总结一下，导致内存泄漏主要有以下两种情况。

（1）隐式内存泄漏（即用完内存块没有及时使用 free 函数释放）。

（2）丢失内存块地址。

视频讲解

5.8.4　申请任意尺寸的内存空间

malloc 不仅可以申请存储基本类型数据的空间，还可以申请一块任意尺寸的内存空间。对于后者，由于申请得到的空间是连续的，所以经常用数组来进行索引。

下面代码申请了一块存放若干个整数的连续空间：

```c
// Chapter5/test36.c
#include <stdio.h>
#include <stdlib.h>
int main(void)
{
        int *ptr = NULL;
        int num, i;
        printf("请输入待录入整数的个数：");
        scanf("%d", &num);
        ptr = (int *)malloc(num * sizeof(int));
        for (i = 0; i < num; i++)
        {
                printf("请录入第%d个整数：", i+1);
                scanf("%d", &ptr[i]);
        }
        printf("你录入的整数是：");
        for (i = 0; i < num; i++)
        {
                printf("%d ", ptr[i]);
        }
        putchar('\n');
        free(ptr);
        return 0;
}
```

程序实现如下：

```
[fishc@localhost Chapter5]$ gcc test36.c && ./a.out
请输入待录入整数的个数：5
请录入第1个整数：94
请录入第2个整数：83
请录入第3个整数：90
请录入第4个整数：87
请录入第5个整数：98
你录入的整数是：94 83 90 87 98
```

由于 malloc 并不会初始化申请的内存空间，所以需要自己进行初始化。当然可以写一个循环来做这件事，但不建议这么做，标准库提供了更加高效的函数：memset。

以 mem 开头的函数被编入字符串标准库，函数的声明包含在 string.h 这个头文件中：

- memset——使用一个常量字节填充内存空间。
- memcpy——复制内存空间。
- memmove——复制内存空间。
- memcmp——比较内存空间。
- memchr——在内存空间中搜索一个字符。

```
#include <string.h>
...
void *memset(void *s, int c, size_t n);
void *memcpy(void *dest, const void *src, size_t n);
void *memmove(void *dest, const void *src, size_t n);
int memcmp(const void *s1, const void *s2, size_t n);
void *memchr(const void *s, int c, size_t n);
```

看它们的函数原型，不难发现与之前接触的字符串处理函数极其相似。这是因为以
mem 开头的函数也是按照字符数组的方式来操作内存空间的数据，所以两者看上去很相
似，但它们也并不完全一样。比如，str 开头的函数使用的是 char 类型的指针（char *），
而 mem 开头的函数使用的是 void 类型的指针（void *）。另外，mem 开头的函数主要目
的是提供一个高效的函数接口来处理内存空间的数据。

使用 memset 函数初始化刚申请下来的内存空间：

```
// Chapter5/test37.c
#include <stdio.h>
#include <stdlib.h>
#include <string.h>

#define N 10

int main(void)
{
        int *ptr = NULL;
        int i;
        ptr = (int *)malloc(N * sizeof(int));
        if (ptr == NULL)
        {
                exit(1);
        }
        memset(ptr, 0, N * sizeof(int));
        for (i = 0; i < N; i++)
        {
                printf("%d ", ptr[i]);
        }
        putchar('\n');
        free(ptr);
        return 0;
}
```

程序实现如下：

```
[fishc@localhost Chapter5]$ gcc test37.c && ./a.out
0 0 0 0 0 0 0 0 0 0
```

如果觉得这样太麻烦，可以使用 calloc 函数一步到位来实现。

5.8.5 calloc

calloc 函数用于申请并初始化一系列内存空间，函数原型：

```
#include <stdlib.h>
...
void *calloc(size_t nmemb, size_t size);
```

calloc 函数在内存中动态地申请 nmemb 个长度为 size 的连续内存空间（即申请的总空间尺寸为 nmemb * size），这些内存空间全部被初始化为 0。

如果函数调用成功，会返回一个指向申请的内存空间的指针，由于返回类型是 void 指针（void *），所以它可以被转换成任何类型的数据；如果函数调用失败，返回值是 NULL。如果 nmemb 或 size 参数设置为 0，返回值也可能是 NULL，但这并不意味着函数调用失败。

calloc 函数与 malloc 函数的一个重要区别是：calloc 函数在申请完内存后，自动初始化该内存空间为 0，而 malloc 函数不进行初始化操作，里边数据是随机的。因此，下面两种写法是等价的：

```
// calloc() 分配内存空间并初始化
int *ptr = (int *)calloc(8, sizeof(int));
// malloc() 分配内存空间并用 memset() 初始化
int *ptr = (int *)malloc(8 * sizeof(int));
memset(ptr, 0, 8 * sizeof(int));
```

5.8.6 realloc

有时候由于业务的需求，可能需要对原来分配的内存空间进行扩展，但是没办法确保两次调用 malloc 函数分配的内存空间是线性连续的。所以需要先申请一个足够大的空间，再将原来的数据复制过去：

```
// Chapter5/test38.c
#include <stdio.h>
#include <stdlib.h>
#include <string.h>

int main(void)
{
    int *ptr1 = NULL;
    int *ptr2 = NULL;
    //第一次申请的内存空间
    ptr1 = (int *)malloc(10 * sizeof(int));
    //进行若干操作后发现 ptr1 申请的空间不够用...
```

```
        //第二次申请的内存空间
        ptr2 = (int *)malloc(20 * sizeof(int));
        //将 ptr1 的数据复制到 ptr2 中
        memcpy(ptr2, ptr1, 10);
        free(ptr1);
        //对 ptr2 申请的内存空间进行若干操作...
        free(ptr2);
        return 0;
}
```

这么烦琐的操作，当然希望库函数可以为我们封装好……嗯，有的！使用 realloc 函数即可实现同样的功能。

realloc 函数用于重新分配内存空间，函数原型：

```
#include <stdlib.h>
...
void *realloc(void *ptr, size_t size);
```

以下几点是需要注意的。

- realloc 函数将 ptr 指向的内存空间大小修改为 size 字节。
- 如果新分配的内存空间比原来的大，则旧内存块的数据不会发生改变；如果新分配的内存空间比原来的小，则可能导致数据丢失，请慎用。
- 该函数将移动内存空间的数据并返回新的指针。
- 如果 ptr 参数为 NULL，那么调用该函数就相当于调用 malloc(size)。
- 如果 size 参数为 0，并且 ptr 参数不为 NULL，那么调用该函数就相当于调用 free(ptr)。
- 除非 ptr 参数为 NULL，否则，ptr 的值必须由先前调用 malloc、calloc 或 realloc 函数返回。

编写一个程序，不断地接收用户输入的整数，直到用户输入-1 表示输入结束，将所有数据打印出来：

```
// Chapter5/test39.c
#include <stdio.h>
#include <stdlib.h>

int main(void)
{
        int i, num;
        int count = 0;
        int *ptr = NULL; //注意，这里必须初始化为 NULL
        do
        {
                printf("请输入一个整数(输入-1 表示结束): ");
                scanf("%d", &num);
                count++;
```

```
                ptr = (int *)realloc(ptr, count * sizeof(int));
                if (ptr == NULL)
                {
                        exit(1);
                }
                ptr[count-1] = num;
        } while(num != -1);
        printf("输入的整数分别是: ");
        for (i = 0; i < count; i++)
        {
                printf("%d ", ptr[i]);
        }
        putchar('\n');
        free(ptr);
        return 0;
}
```

程序实现如下:

```
[fishc@localhost Chapter5]$ gcc test39.c && ./a.out
请输入一个整数(输入-1 表示结束): 34
请输入一个整数(输入-1 表示结束): 22
请输入一个整数(输入-1 表示结束): 46
请输入一个整数(输入-1 表示结束): 21
请输入一个整数(输入-1 表示结束): 86
请输入一个整数(输入-1 表示结束): -1
输入的整数分别是: 34 22 46 21 86 -1
```

5.9 C 语言的内存布局

视频讲解

请看下面代码:

```
// Chapter5/test40.c
#include <stdio.h>
#include <stdlib.h>

int global_uninit_var;
int global_init_var1 = 520;
int global_init_var2 = 880;

void func(void);
void func(void)
{
        ;
}
int main(void)
{
```

```
        int local_var1;
        int local_var2;
        static int static_uninit_var;
        static int static_init_var = 456;
        const int const_var = 123;
        char *str1 = "I love FishC.com!";
        char *str2 = "You are right!";

        int *malloc_var = (int *)malloc(sizeof(int));

        printf("addr of func -> %p\n", func);
        printf("addr of str1 -> %p\n", str1);
        printf("addr of str2 -> %p\n", str2);
        printf("addr of global_init_var1 -> %p\n", &global_init_var1);
        printf("addr of global_init_var2 -> %p\n", &global_init_var2);
        printf("addr of static_init_var -> %p\n", &static_init_var);
        printf("addr of static_uninit_var -> %p\n", &static_uninit_var);
        printf("addr of global_uninit_var -> %p\n", &global_uninit_var);
        printf("addr of malloc_var -> %p\n", malloc_var);
        printf("addr of local_var1 -> %p\n", &local_var1);
        printf("addr of local_var2 -> %p\n", &local_var2);

        return 0;
}
```

程序实现如下：

```
[fishc@localhost Chapter5]$ gcc test40.c && ./a.out
addr of func -> 0x80483f4
addr of str1 -> 0x80485e4
addr of str2 -> 0x80485f6
addr of global_init_var1 -> 0x80498d8
addr of global_init_var2 -> 0x80498dc
addr of static_init_var -> 0x80498e0
addr of static_uninit_var -> 0x80498ec
addr of global_uninit_var -> 0x80498f0
addr of malloc_var -> 0x81f5008
addr of local_var1 -> 0xbf8241ec
addr of local_var2 -> 0xbf8241e8
```

这里打印出 C 语言中各种变量的地址，试图从中找到 C 语言的内存布局规律，如图 5-27 所示。

可以看到局部变量的地址最高，接着是 malloc 函数申请的动态内存空间，然后是全局变量和静态局部变量。不过这两者都需要区分是否已经初始化，已经初始化的放一块，未初始化的放一块，并且未初始化的地址要比已经初始化的更高一些。接下来是字符串常量，最后是函数的地址。

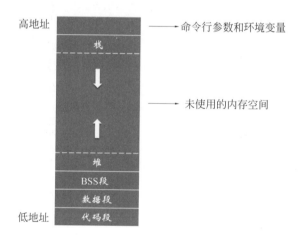

图 5-27　C 语言中各种变量的地址

接下来看一下典型的 C 语言程序的内存空间是如何划分的，C 语言的内存布局如图 5-28 所示。

图 5-28　C 语言的内存布局

根据内存地址从低到高分别做如下划分。

- 代码段（text segment）；
- 数据段（initialized data segment）；
- BSS 段（BSS segment/Uninitialized data segment）；
- 栈（stack）；
- 堆（heap）。

5.9.1　代码段

代码段通常用来存放程序执行代码的一块内存区域。这部分区域的大小在程序运行前就已经确定，并且内存区域通常属于只读。在代码段中，也有可能包含一些只读的常数变量，如字符串常量等。

5.9.2　数据段

数据段通常用来存放已经初始化的全局变量和局部静态变量。

5.9.3　BSS 段

BSS 段通常用来存放程序中未初始化的全局变量的一块内存区域。BSS 是英文 Block Started by Symbol 的简称，这个区段中的数据在程序运行前将被自动初始化为数字 0。

下面来验证一下：

```
// Chapter5/test41.c
#include <stdio.h>
int main(void)
{
        return 0;
}
```

使用 gcc test41.c -o test41 命令，将源代码 test41.c 生成可执行程序 test41，并使用 size 命令打开：

```
[fishc@localhost Chapter5]$ gcc test41.c -o test41
[fishc@localhost Chapter5]$ size test41
   text    data     bss     dec     hex filename
    960     248       8    1216     4c0 test41
```

可以看到各个区段所占的内存空间大小，现在将代码修改如下：

```
// Chapter5/test41.c
#include <stdio.h>
int global_uninit_var;
int main(void)
{
        return 0;
}
```

这里添加了一个未初始化的全局变量，现在重新生成可执行程序并查看尺寸：

```
[fishc@localhost Chapter5]$ gcc test41.c -o test41
[fishc@localhost Chapter5]$ size test41
   text    data     bss     dec     hex filename
    960     248      12    1220     4c4 test41
```

可以看到 bss 区段的尺寸发生了变化，增加了 4 字节。

接着在代码中添加一个静态局部变量：

```
// Chapter5/test41.c
#include <stdio.h>
int global_uninit_var;
int main(void)
{
        static int num;
        return 0;
}
```

可以看到 bss 的尺寸再次增加：

```
[fishc@localhost Chapter5]$ gcc test41.c -o test41
[fishc@localhost Chapter5]$ size test41
   text      data      bss      dec      hex  filename
    960       248       16     1224      4c8  test41
```

接着为全局变量和静态局部变量赋初值：

```
// Chapter5/test41.c
#include <stdio.h>
int global_uninit_var = 123;
int main(void)
{
        static int num = 520;
        return 0;
}
```

现在发现 bss 的尺寸变小了，而 data 的尺寸变大了：

```
[fishc@localhost Chapter5]$ gcc test41.c -o test41
[fishc@localhost Chapter5]$ size test41
   text      data      bss      dec      hex  filename
    960       256        8     1224      4c8  test41
```

最后添加一个字符串：

```
// Chapter5/test41.c
#include <stdio.h>
int global_uninit_var = 123;
int main(void)
{
        static int num = 520;
        const char *str = "FishC";
        return 0;
}
```

发现代码段的尺寸明显增加：

```
[fishc@localhost Chapter5]$ gcc test41.c -o test41
[fishc@localhost Chapter5]$ size test41
   text    data    bss    dec     hex  filename
   982     256      8     1246    4de  test41
```

一个程序本质上由 bss 段、data 段、text 段三个段组成，所以使用 size 命令显示的就是这三个区段。

5.9.4 堆

前面学习了动态内存管理函数，使用它们申请的内存空间就是分配在这个堆里边。所以，堆是用于存放进程运行中被动态分配的内存段，它的大小并不固定，可动态扩展或缩小。当进程调用 malloc 等函数分配内存时，新分配的内存就被动态添加到堆上；当利用 free 等函数释放内存时，被释放的内存从堆中被剔除。

5.9.5 栈

大家平时可能经常听到堆栈这个词，一般指的就是栈。栈是函数执行的内存区域，通常和堆共享同一片区域。堆和栈是 C 语言运行时最重要的元素之一，下面将两者进行对比。

（1）申请方式：
- 堆由程序员手动申请。
- 栈由系统自动分配。

（2）释放方式：
- 堆由程序员手动释放。
- 栈由系统自动释放。

（3）生存周期：
- 堆的生存周期由动态申请到程序员主动释放为止，不同函数之间均可自由访问。
- 栈的生存周期由函数调用开始到函数返回时结束，函数之间的局部变量不能互相访问。

下面做个实验：

```
// Chapter5/test42.c
#include <stdio.h>
#include <stdlib.h>
int *func(void)
{
    int *ptr = NULL;
    ptr = (int *)malloc(sizeof(int));
    if (ptr == NULL)
    {
        exit(1);
```

```
        }
        *ptr = 520;
        return ptr;
}
int main(void)
{
        int *ptr = NULL;
        ptr = func();
        printf("%d\n", *ptr);
        free(ptr);
        return 0;
}
```

程序实现如下：

```
[fishc@localhost Chapter5]$ gcc test42.c && ./a.out
520
```

注意：

上面的实验代码中，在 func 函数中申请堆内存，在 main 函数中释放，这种做法在现实开发中是不提倡的。通常应该在同一个函数中进行申请和释放。

（4）发展方向：

- 堆和其他区段一样，都是从低地址向高地址发展。
- 栈则相反，是由高地址向低地址发展。

下面做个实验：

```
// Chapter5/test43.c
#include <stdio.h>
#include <stdlib.h>

int main(void)
{
        int *ptr1 = NULL;
        int *ptr2 = NULL;

        ptr1 = (int *)malloc(sizeof(int));
        ptr2 = (int *)malloc(sizeof(int));

        printf("stack: %p -> %p\n", &ptr1, &ptr2);
        printf("heap: %p -> %p\n", ptr1, ptr2);

        return 0;
}
```

ptr1 和 ptr2 这两个指针变量用来存放从堆动态申请的内存空间地址，由于 ptr1 和 ptr2

本身是局部变量，所以直接打印它们的地址和值即可：

```
[fishc@localhost Chapter5]$ gcc test43.c && ./a.out
stack: 0xbfb4829c -> 0xbfb48298
heap: 0x8255008 -> 0x8255018
```

可以看到栈中的两个变量地址是从大到小，而堆中的两个空间是从小到大。另外还发现，连续调用 malloc 函数申请的两个内存空间并没有挨在一起，而是之间留有几字节的空隙。所以如果有环保性能这么一个评测标准的话，栈应该是比堆更为"环保"的。

插句题外话，如果这时候调用 realloc 函数为 ptr1 指向的位置重新分配内存空间，那么 ptr1 指向的位置由新分配的尺寸来决定。

将 test43.c 的代码修改如下：

```
...
        printf("stack: %p -> %p\n", &ptr1, &ptr2);
        printf("heap: %p -> %p\n", ptr1, ptr2);

        ptr1 = (int *)realloc(ptr1, 2 * sizeof(int));
        printf("heap: %p -> %p\n", ptr1, ptr2);
...
```

如果新分配的空间足够存放，ptr1 不需要指向新的位置：

```
[fishc@localhost Chapter5]$ gcc test43.c && ./a.out
stack: 0xbf8f988c -> 0xbf8f9888
heap: 0x8b1b008 -> 0x8b1b018
heap: 0x8b1b008 -> 0x8b1b018
```

如果重新申请的内存空间比较大：

```
...
        printf("stack: %p -> %p\n", &ptr1, &ptr2);
        printf("heap: %p -> %p\n", ptr1, ptr2);

        ptr1 = (int *)realloc(ptr1, 20 * sizeof(int));
        printf("heap: %p -> %p\n", ptr1, ptr2);
...
```

那么 ptr1 会指向一个新的位置：

```
[fishc@localhost Chapter5]$ gcc test43.c && ./a.out
stack: 0xbfbef8bc -> 0xbfbef8b8
heap: 0x9619008 -> 0x9619018
heap: 0x9619028 -> 0x9619018
```

5.10　高级宏定义

视频讲解

作为 C 语言三大预处理功能之一，宏定义的作用是替换，关于宏定义有一点大家一定要了解：就算再复杂，它也只是替换，不做计算，也不做表达式求解。另外的两大预处理功能分别是文件包含和条件编译。

5.10.1　不带参数的宏定义

宏定义分为带参数和不带参数两种情况，不带参数的情况就是我们熟悉的直接替换操作。例如：

```
#define PI 3.14
```

这个宏定义的作用是把程序中出现的 PI 在预处理阶段全部替换成 3.14。

 注意：

- 为了和普通的变量进行区分，宏的名字通常约定全部由大写字母组成。
- 宏定义只是简单地进行替换，并且由于预处理是在编译之前的处理，而编译工作的任务之一就是语法检查，所以编译器不会对宏定义进行语法检查。
- 宏定义不是说明或语句，末尾不必加分号。
- 宏定义的作用范围是从定义的位置开始到整个程序结束。
- 可以用 #undef 命令终止宏定义的作用域。
- 宏定义允许嵌套。

下面举个例子：

```
// Chapter5/test44.c
#include <stdio.h>
#define PI 3.14
int main(void)
{
        int r;
        float s;
        printf("请输入圆的半径: ");
        scanf("%d", &r);
#undef PI
        s = PI * r * r;
        printf("圆的面积是: %.2f\n", s);
        return 0;
}
```

上面代码中使用#undef PI 终止了 PI 的宏定义，所以编译器会报错：

```
[fishc@localhost Chapter5]$ gcc test44.c && ./a.out
test44.c: In function 'main':
test44.c:16: error: 'PI' undeclared (first use in this function)
test44.c:16: error: (Each undeclared identifier is reported only once
test44.c:16: error: for each function it appears in.)
```

另外，宏定义还支持嵌套（就是在宏定义中使用另外一个宏）：

```
// Chapter5/test45.c
#include <stdio.h>

#define R 6371
#define PI 3.14
#define V = PI * R * R * R * 4 / 3

int main(void)
{
        printf("地球的体积大概是：%.2f\n", V);
        return 0;
}
```

程序实现如下：

```
[fishc@localhost Chapter5]$ gcc test45.c && ./a.out
地球的体积大概是：1082657777102.05
```

因为地球的平均半径是 6371km，所以计算出来体积大概是 $1.08 \times 10^{12} km^3$。但这个数据与网上查到的有些出入，这是因为地球实际上并不是一个球，而是一个两极稍扁、赤道略鼓的不规则球体。

5.10.2　带参数的宏定义

C 语言允许宏定义带有参数，在宏定义中的参数称为形式参数，在宏调用中的参数称为实际参数，这点和函数有些类似。例如：

```
#define MAX(x, y) (((x) > (y)) ? (x) : (y))
```

这个宏定义的作用是求出 x 和 y 两个参数中比较大的那一个。
下面验证一下：

```
// Chapter5/test46.c
#include <stdio.h>
#define MAX(x, y) (((x) > (y)) ? (x) : (y))
int main(void)
{
        int x, y;
        printf("请输入两个整数：");
        scanf("%d%d", &x, &y);
        printf("%d 是比较大的那个！\n", MAX(x, y));
        return 0;
}
```

程序实现如下：

```
[fishc@localhost Chapter5]$ gcc test46.c && ./a.out
请输入两个整数：3 5
5 是比较大的那个！
```

 注意：

在宏定义的时候，宏的名字和参数列表之间不能有空格，否则会被当作无参数的宏定义。

下面这样写则是错误的：

```
#define MAX  (x, y)  (((x) > (y)) ? (x) : (y))
```

这样会将 MAX 直接替换成(x, y) (((x) > (y)) ? (x) : (y))，显然不是我们想要的答案。

那么带参数的宏定义和函数有什么区别呢？

细心的读者可能已经发现了，虽然宏定义也有所谓的"形参"和"实参"，但在宏定义的过程中，并不需要为形参指定类型。这是因为宏定义只是进行机械替换，并不需要为参数分配内存空间。而函数不同，在函数中形参和实参是两个不同的变量，都有自己的内存空间和作用域，调用时要把实参的值传递给形参。

另外，宏定义的参数部分小甲鱼都特别地加上了小括号，这是为了防止"意外事件"的发生。下面举个例子：

```
// Chapter5/test47.c
#include <stdio.h>
#define SQUARE(x) x * x
int main(void)
{
        int x;
        printf("请输入一个整数：");
        scanf("%d", &x);
        printf("%d 的平方是：%d\n", x, SQUARE(x));
        return 0;
}
```

程序实现如下：

```
[fishc@localhost Chapter5]$ gcc test47.c && ./a.out
请输入一个整数：5
5 的平方是：25
```

这么看似乎没有问题，不过只要稍微修改一下参数的内容，问题就大了：

```
...
        printf("%d 的平方是：%d\n", x, SQUARE(x));
        printf("%d 的平方是：%d\n", x+1, SQUARE(x+1));
...
```

程序实现如下：

```
[fishc@localhost Chapter5]$ gcc test47.c && ./a.out
请输入一个整数：5
```

```
5 的平方是：25
6 的平方是：11
```

5 的平方是 25，6 的平方反而是 11？这主要还是因为宏定义"没脑子"，它只是简单地直接替换而已，并没有那么智能。所以当传入的参数值是 x+1 的时候，SQUARE(x+1) 被替换为 x+1 * x+1，即 5 + 1*5 + 1 == 11。

所以，在参数的前前后后都加上小括号强调优先级，是稳妥的做法：

```
#define SQUARE(x) ((x) * (x))
```

但建议大家尽量不要用宏定义的方式来代替函数或相应表达式，就比如这个求平方的宏定义中还是隐藏着很难被发现的 BUG，读者发现了吗（答案在 5.11 节讲解）？

视频讲解

5.11 内联函数

肯定有读者觉得使用带参数的宏来代替函数实现一些简单的功能，程序的执行效率相对会高一些。他们的出发点是直接在预编译阶段替换到代码中，并不需要像函数那样每次调用都要去申请栈空间。没错，从这个角度上来看，宏调用确实比函数调用效率更高一些，不过宏定义藏有许多陷阱，一不小心就容易写出带有 BUG 的程序来。

举个例子，下面这段代码计算并打印从 1 到 10 所有数的平方值：

```c
// Chapter5/test48.c
#include <stdio.h>
int square(int x);
int square(int x)
{
        return x * x;
}
int main(void)
{
        int i = 1;
        while (i <= 10)
        {
                printf("%d 的平方是%d\n", i-1, square(i++));
        }
        return 0;
}
```

但是每一次计算平方值都需要调用一次 square 函数，这样执行 10 次循环就需要进行 10 次栈空间的申请。有些读者可能觉得这样太浪费资源了，不如换成宏定义让它直接在代码中展开：

```c
// Chapter5/test48.c
#include <stdio.h>
#define SQUARE(x) ((x) * (x))
```

```
int main(void)
{
        int i = 1;
        while (i <= 10)
        {
                printf("%d 的平方是%d\n", i-1, SQUARE(i++));
        }
        return 0;
}
```

看上去似乎没问题，可事实真的如此吗？尝试编译运行一下：

```
[fishc@localhost Chapter5]$ gcc test48.c && ./a.out
2 的平方是 1
4 的平方是 9
6 的平方是 25
8 的平方是 49
10 的平方是 81
```

我们期待的是打印从 1 到 10 的平方值，但它给的却不是我们想要的结果。问题出在哪儿呢？出题就出在 SQUARE(i++)展开之后是((i++) * (i++))，这样每一次调用该宏，变量 i 就自增两次，而我们计划的是让它自增一次而已。

有没有办法解决呢？有，就是使用宏定义。那又该如何提高函数的效率呢？C 语言引入内联函数来解决程序中函数调用的效率问题。

定义内联函数的方法很简单，只要在函数定义的头前加上关键字 inline 即可。内联函数的定义方法与一般函数一样：

```
// Chapter5/test49.c
#include <stdio.h>
inline int square(int x);
inline int square(int x)
{
        return x * x;
}
int main(void)
{
        int i = 1;
        while (i <= 10)
        {
                printf("%d 的平方是%d\n", i-1, square(i++));
        }
        return 0;
}
```

指定一个函数为内联函数，编译器就会像处理宏定义那样，将整个内联函数直接在 main 函数中展开。

普通函数的调用如图 5-29 所示。内联函数的调用如图 5-30 所示。

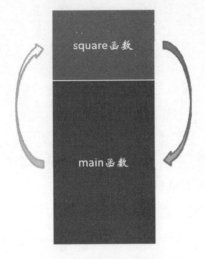

图 5-29　普通函数的调用　　　　图 5-30　内联函数的调用

不过内联函数也不是万能的，内联函数虽然节省了函数调用的时间消耗，但由于每一个函数出现的地方都要进行替换，因此增加了代码编译的时间。另外，并不是所有的函数都能够变成内联函数。现在的编译器也很聪明，即使不写 inline 关键字，它也会自动将一些经常使用的函数优化成内联函数。

总结：编译器比我们更了解哪些函数应该内联，哪些函数不能内联，所以这个知识点只需要知道就好。

5.12　一些鲜为人知的技巧

5.12.1　# 和

#和##是两个预处理运算符（注意，不是表达式运算符）。在带参数的宏定义中，#运算符后面应该跟一个参数，预处理器会把这个参数转换为一个字符串。

下面举个例子：

```
// Chapter5/test50.c
#include <stdio.h>
#define STR(s) # s
int main(void)
{
    printf("%s\n", STR(FishC));
    return 0;
}
```

虽然 FishC 传入的并不是字符串的形式，但#将其变成了字符串，所以 printf 函数可以使用%s 格式将其打印：

```
[fishc@localhost Chapter5]$ gcc test50.c && ./a.out
```

```
FishC
```

在实参中，如果存在多个空白字符，会被替换成一个空格；如果存在"字符，会被替换成\"，如果存在\字符，会被替换成\\，这样才能确保其变成字符串后的内容原封不动：

```
// Chapter5/test51.c
#include <stdio.h>
#define STR(s) # s
int main(void)
{
        printf(STR(Hello    %s num = %d\n), STR(FishC), 520);
        return 0;
}
```

程序实现如下：

```
[fishc@localhost Chapter5]$ gcc test51.c && ./a.out
Hello FishC num = 520
```

这里"printf(STR(Hello   %s num = %d\n), STR(FishC), 520);"在预处理的时候被替换为"printf("Hello %s num = %d\n", "FishC", 520);"。

##运算符被称为记号连接运算符，可以使用##运算符连接两个参数：

```
// Chapter5/test52.c
#include <stdio.h>
#define TOGETHER(x, y) x ## y
int main(void)
{
        printf("%d\n", TOGETHER(2, 50));
        return 0;
}
```

大家看，2 和 50 连接在一起就是 250 了：

```
[fishc@localhost Chapter5]$ gcc test52.c && ./a.out
250
```

5.12.2　可变参数

之前学习了如何让函数支持可变参数，带参数的宏定义也支持使用可变参数：

```
#define SHOWLIST(…) printf(#__VA_ARGS__)
```

其中，…表示使用可变参数，__VA_ARGS__在预处理中被实际的参数集所替换。
下面举个例子：

```
// Chapter5/test53.c
#include <stdio.h>
#define SHOWLIST(...) printf(# __VA_ARGS__)
```

```
int main(void)
{
        SHOWLIST(FishC, 520, 3.14\n);
        return 0;
}
```

程序实现如下：

```
[fishc@localhost Chapter5]$ gcc test53.c && ./a.out
FishC, 520, 3.14
```

可变参数是允许空参数的（如果可变参数是空参数，##会将 format 后面的逗号"吃掉"，从而避免参数数量不一致的错误）：

```
// Chapter5/test54.c
#include <stdio.h>
#define PRINT(format, ...) printf(#format, ##__VA_ARGS__)
int main(void)
{
        PRINT(num = %d\n, 520);
        PRINT(Hello FishC!\n);
        return 0;
}
```

程序实现如下：

```
[fishc@localhost Chapter5]$ gcc test54.c && ./a.out
num = 520
Hello FishC!
```

第**6**章
结构体

C 语言提供了一些非常基本的数据类型，如 int、float、double、char 等，这些不同的类型决定了一个变量在内存中应该占据的空间以及其表现形式。

但有时候我们面对的问题可能比较复杂，并不是这些基本的数据类型就可以解决的。比如，我想为"好书推荐"栏目写一个程序，用于采集每一本图书的信息，那么就需要用到一个变量来统一存放一本书涉及的多个数据，如图 6-1 所示。

图 6-1 结构体

这时候可能会想到数组，没错，数组允许将多个数据存放到一块儿。但有一个问题，数组要求每一个构成元素的类型是一样的。这里图书名称、图书作者和出版社可以用字符数组来存放，但图书售价应该使用浮点型，出版日期是由整型数字构成，ISBN（国际标准书号）通常由 10 位或 13 位数字组成，可以考虑使用 C99 新加入的 unsigned long long 类型的变量来存放。

那么应对这种情况，C 语言是否就没办法了呢？不！C 语言可是因灵活多变而扬名于天下的，这点小问题，怎么可能难得倒它？

6.1 结构体的声明和定义

视频讲解

6.1.1 结构体的声明

在 C 语言中，可以使用结构体（structure）来组织不同类型的数据。

结构体声明（structure declaration）是描述结构体组合的主要方法，语法格式为：

```
struct 结构体名称
{
    结构体成员 1;
    结构体成员 2;
    结构体成员 3;
};
```

其中，结构体成员既可以是任何一种基本的数据类型，也可以是另一个结构体，如果是后者，那么就相当于结构体的嵌套。

那么，一本书的结构体声明就应该是这样的：

```
struct Book
{
        char title[128];
        char author[40];
        float price;
        unsigned int date;
        char publisher[40];
};
```

这样的话，相当于描绘了一个关于书的框架，然后再根据这个框架来定义结构体变量。注意，这里的 struct 关键字是必不可少的，Book 是这个框架的名称，通常为了与普通变量和宏名区分开来，这里约定使用第一个字符为大写的单词，另外末尾的分号也别丢了。

结构体声明既可以放在所有函数的外面，也可以单独在一个函数里面声明。如果是后者，则该结构体只能在该函数中被定义。

6.1.2 结构体的定义

结构体声明只是进行一个框架的描绘，定义一个真正的结构体类型变量之前，它并不会在内存中分配空间存储数据。

定义结构体变量的语法如下：

```
struct 结构体名称 结构体变量名;
```

 注意：

这里的 struct 关键字不能丢。

声明和定义一起写：

```
#include <stdio.h>

struct Book
```

```
{
        char title[128];
        char author[40];
        float price;
        unsigned int date;
        char publisher[40];
};

int main(void)
{
        struct Book book;
        ...
}
```

也可以在结构体声明的时候定义结构体变量：

```
#include <stdio.h>

struct Book
{
        char title[128];
        char author[40];
        float price;
        unsigned int date;
        char publisher[40];
} book;

int main(void)
{
        ...
}
```

如果是这样，那么 book 结构体变量是一个全局变量，在其他函数中也可以对它进行访问。

6.1.3　访问结构体成员

访问结构体成员，需要引入一个新的运算符——点号（.）运算符。比如，book.title 就是引用 book 结构体的 title 成员，它是一个字符数组；而 book.price 则是引用 book 结构体的 price 成员，它是一个浮点型的变量。

下面是一个简单的书籍录入程序：

```
// Chapter6/test1.c
#include <stdio.h>

struct Book
```

```
{
        char title[128];
        char author[40];
        float price;
        unsigned int date;
        char publisher[40];
};

int main(void)
{
        struct Book book;

        printf("请输入书名：");
        scanf("%s", book.title);
        printf("请输入作者：");
        scanf("%s", book.author);
        printf("请输入售价：");
        scanf("%f", &book.price);
        printf("请输入出版日期：");
        scanf("%u", &book.date);
        printf("请输入出版社：");
        scanf("%s", book.publisher);

        printf("\n=====数据录入完毕=====\n\n");

        printf("书名：%s\n", book.title);
        printf("作者：%s\n", book.author);
        printf("售价：%.2f\n", book.price);
        printf("出版日期：%u\n", book.date);
        printf("出版社：%s\n", book.publisher);

        return 0;
}
```

程序实现如下：

```
[fishc@localhost Chapter6]$ gcc test1.c && ./a.out
请输入书名：《零基础入门学习 Python》
请输入作者：小甲鱼
请输入售价：49.5
请输入出版日期：20161111
请输入出版社：清华大学出版社

=====数据录入完毕=====
书名：《零基础入门学习 Python》
作者：小甲鱼
售价：49.50
```

出版日期：20161111
出版社：清华大学出版社

6.1.4　初始化结构体

在定义一个变量或数组的时候可以对其进行初始化：

```
int a = 520;
int array[5] = {1, 2, 3, 4, 5};
```

同样，定义结构体变量的时候也可以同时为其初始化：

```
struct Book book = {
        "《零基础入门学习 Python》",
        "小甲鱼",
        49.5,
        20161111,
        "清华大学出版社"
};
```

说白了，就是跟初始化数组一样：用一个大括号把所有的成员值括起来，用逗号作为分隔符。如果要这样写，请务必注意结构体的各个成员类型要对号入座。

C99 增加了一种新特性：支持初始化结构体的指定成员值。

初始化结构体的语法和数组指定初始化元素类似，只不过结构体中指定初始化成员使用点号（.）运算符和成员名（数组则是用方括号和下标索引值）。比如，可以让程序只初始化 Book 的 price 成员：

```
struct Book book = {.price = 49.5};
```

还可以不按结构体声明的成员顺序进行初始化：

```
struct Book book = {
        .publisher = "清华大学出版社",
        .price = 49.5,
        .date = 20161111
};
```

注意：

　　未初始化的成员也将被自动初始化，其中数值型成员初始化为 0，字符型成员初始化为'\0'。

6.1.5　对齐

先请大家看一下下面代码会打印什么：

```
// Chapter6/test2.c
```

```
#include <stdio.h>

int main(void)
{
    struct A
    {
        char a
        int b;
        char c;
    } a = {'x', 520, 'o'};

    printf("size of a = %d\n", sizeof(a));

    return 0;
}
```

相信很多读者都会脱口而出：6。因为在本书的编译环境中，char 类型占 1 字节的空间，int 类型占 4 字节的空间，所以，1+4+1=6 是毋庸置疑的结果。

但事实真的如此吗？编译运行后的结果如下：

```
[fishc@localhost Chapter6]$ gcc test2.c && ./a.out
size of a = 12
```

为什么会有这样出人意料的结果呢？这是因为编译器对结构体的成员进行了对齐，说白了，对齐是为了让 CPU 可以更快地读取和处理数据。

对齐前的内存空间分配如图 6-2 所示。对齐后的内存空间分配如图 6-3 所示。

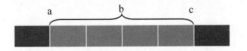

图 6-2　对齐前的内存空间分配

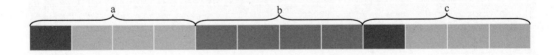

图 6-3　对齐后的内存空间分配

把结构体修改如下：

```
struct A
{
    char a;
    char c;
    int b;
} a = {'x', 520, 'o'};
```

它所占用的空间又会有所不同：

```
[fishc@localhost Chapter6]$ gcc test2.c && ./a.out
size of a = 8
```

修改后的内存空间分配如图 6-4 所示。

图 6-4 修改后的内存空间分配

由于 a 为了对齐需要填充 3 字节的无用空间，如果将 c 安排在 a 的后面，就可以减少因对齐而导致的空间浪费——这时候只需要填充 2 字节即可。

【扩展阅读】有关如何通过调整结构体成员的顺序来节省内存空间的内容，感兴趣的读者可以阅读一下这篇文章——失传的 C 结构体打包技艺，可访问 http://bbs.fishc.com/thread- 83418-1-1.html 或扫描图 6-5 所示的二维码进行查阅。

这篇文章写得非常不错，作者是埃里克·雷蒙，史上最具争议性的黑客之一，被公认为开放源代码运动的主要领导者之一。

图 6-5 失传的 C 结构体打包技艺

6.2 结构体嵌套

对于日期，其实可以单独为其声明一个结构体类型：

```
struct Date
{
    int year;
    int month;
    int day;
};

struct Book
{
    char title[128];
    char author[40];
```

```
        float price;
        struct Date date;
        char publisher[40];
} book = {
        "《零基础入门学习 Python》",
        "小甲鱼",
        49.5,
        {2016, 11, 11},
        "清华大学出版社"
};
```

这时候如果访问其结构体成员的话，就需要使用两层点号运算符来进行操作。因为 C 语言的结构体，只能对其最底层的成员进行访问，所以如果存在多级结构体嵌套的话，就需要一级一级地深入，直到找到最底层的成员才行。

因此，试图用 book.date 访问日期的做法是错误的，只能使用 book.date.year、book.date.month 和 book.date.day 依次打印出年、月、日。

```
// Chapter6/test3.c
...
int main(void)
{
        printf("书名：%s\n", book.title);
        printf("作者：%s\n", book.author);
        printf("售价：%.2f\n", book.price);
        printf("出版日期：%d-%d-%d\n", book.date.year, book.date.month,
        book.date.day);
        printf("出版社：%s\n", book.publisher);

        return 0;
}
```

程序实现如下：

```
[fishc@localhost Chapter6]$ gcc test3.c && ./a.out
书名：《零基础入门学习 Python》
作者：小甲鱼
售价：49.50
出版日期：2016-11-11
出版社：清华大学出版社
```

视频讲解

6.3　结构体数组

前面讲述了一本图书信息的结构体，如果要做成一个系列图书，可以使用结构体数组来存放。结构体数组与之前学习过的数组的概念是一致的，只不过每个数组元素不再是简单的基础类型，而是一个结构体类型的数据，所以，每个数组元素都包含该结构体的所有成员项。

定义结构体数组和定义一个结构体变量的语法类似。

第一种方法是在声明结构体的时候进行定义：

```
struct 结构体名称
{
    结构体成员 1;
    结构体成员 2;
    结构体成员 3;
} 数组名[长度];
```

第二种方法是先声明一个结构体类型（如 Book），再用此类型定义一个结构体数组：

```
struct 结构体名称
{
    结构体成员 1;
    结构体成员 2;
    结构体成员 3;
};
struct 结构体名称 数组名[长度];
```

结构体数组在定义的同时也可以初始化，例如：

```
struct Book book[3] = {
    {"《C 陷阱与缺陷》（第二版）", "Andrew Koenig", 30.0, {2008, 2, 1},
    "人民邮电出版社"},
    {"《C 和指针》（第二版）", " Kenneth A.Reek", 65.0, {2008, 4, 2},
    "人民邮电出版社"},
    {"《C 专家编程》（第二版）", " Peter Van Der Linden", 45.0, {2008, 2,
    1}, "人民邮电出版社"}
};
```

6.4 结构体指针

C 语言的指针大家都知道是很"厉害"的，什么都可以"指"，当然也可以指向结构体变量，指向结构体变量的指针称为结构体指针。

```
struct Book * pt;
```

这里声明的就是一个指向 Book 结构体类型的指针变量 pt。

大家知道数组名其实是指向这个数组第一个元素的地址，所以可以将数组名直接赋值给指针变量。但注意，结构体变量不一样，结构体的变量名并不是指向该结构体的地址，所以要使用取地址运算符（&）才能获取其地址：

```
pt = &book;
```

通过结构体指针访问结构体成员有以下两种方法。

（1）(*结构体指针).成员名。

（2）结构体指针->成员名。

第一种方法由于点号运算符（.）比指针的取值运算符（*）优先级高，所以要使用小括号先对指针进行解引用，让它先变成该结构体变量，再用点运算符去访问其成员。

相比之下，第二种方法更加方便和直观。不知道大家发现没有，第二种方法使用的成员选择运算符（->）自身的形状就是一个箭头，箭头具有指向性，所以很直观地就可以把它与指针联系起来。

需要注意的是，两种方法在实现上是完全等价的，所以无论使用哪一种方法都可以访问结构体的成员。但切记，点号（.）只能用于结构体，而箭头（->）只能用于结构体指针，这两个不能混淆。

第一种方法：

```c
// Chapter6/test4.c
...
int main(void)
{
    struct Book *pt;
    pt = &book;

    printf("书名: %s\n", (*pt).title);
    printf("作者: %s\n", (*pt).author);
    printf("售价: %.2f\n", (*pt).price);
    printf("出版日期: %d-%d-%d\n", (*pt).date.year, (*pt).date.month,
    (*pt).date.day);
    printf("出版社: %s\n", (*pt).publisher);

    return 0;
}
```

第二种方法：

```c
// Chapter6/test5.c
...
int main(void)
{
    struct Book *pt;
    pt = &book;

    printf("书名: %s\n", pt->title);
    printf("作者: %s\n", pt->author);
    printf("售价: %.2f\n", pt->price);
    printf("出版日期: %d-%d-%d\n", pt->date.year, pt->date.month,
    pt->date.day);
    printf("出版社: %s\n", pt->publisher);
```

```
        return 0;
}
```

两种方法输出的内容一样：

```
[fishc@localhost Chapter6]$ gcc test5.c && ./a.out
书名：《零基础入门学习 Python》
作者：小甲鱼
售价：49.50
出版日期：2016-11-11
出版社：清华大学出版社
```

6.5　传递结构体信息

视频讲解

6.5.1　传递结构体变量

这一节我们来讨论结构体变量作为函数的参数和返回值的情况。

我们知道函数在调用的时候，参数的传递就是值传递的过程，也就是将实参赋值给形参的过程。因此，如果结构体变量可以作为函数的参数传递的话，那么两个相同结构体类型的结构体变量应该支持直接的赋值。

不妨先写代码测试一下 C 语言是否支持将一个结构体直接赋值给另一个结构体：

```
// Chapter6/test6.c
#include <stdio.h>

int main(void)
{
        struct Test
        {
                int x;
                int y;
        }t1, t2;

        t1.x = 3;
        t1.y = 4;

        t2 = t1;

        printf("t2.x = %d, t2.y = %d\n", t2.x, t2.y);

        return 0;
}
```

程序实现如下：

```
[fishc@localhost Chapter6]$ gcc test6.c && ./a.out
t2.x = 3, t2.y = 4
```

可以看到 "t2 = t1;" 语句将 t1 这个结构体变量所有成员的值都成功地赋值给了 t2。
既然结构体可以直接赋值，那现在来尝试将结构体变量作为参数传递的做法。

```c
// Chapter6/test7.c
#include <stdio.h>

struct Date
{
        int year;
        int month;
        int day;
};

struct Book
{
        char title[128];
        char author[40];
        float price;
        struct Date date;
        char publisher[40];
};

struct Book getInput(struct Book book);
void printBook(struct Book book);

struct Book getInput(struct Book book)
{
        printf("请输入书名：");
        scanf("%s", book.title);
        printf("请输入作者：");
        scanf("%s", book.author);
        printf("请输入售价：");
        scanf("%f", &book.price);
        printf("请输入出版日期：");
        scanf("%d-%d-%d", &book.date.year, &book.date.month, &book.date.day);
        printf("请输入出版社：");
        scanf("%s", book.publisher);

        return book;
}

void printBook(struct Book book)
{
        printf("书名：%s\n", book.title);
```

```
        printf("作者: %s\n", book.author);
        printf("售价: %.2f\n", book.price);
        printf("出版日期: %d-%d-%d\n", book.date.year, book.date.month,
        book.date.day);
        printf("出版社: %s\n", book.publisher);
}

int main(void)
{
        struct Book b1, b2;

        printf("请录入第一本书的信息...\n");
        b1 = getInput(b1);
        putchar('\n');
        printf("请录入第二本书的信息...\n");
        b2 = getInput(b2);

        printf("\n录入完毕，现在开始打印验证...\n\n");
        printf("打印第一本书的信息...\n");
        printBook(b1);
        putchar('\n');
        printf("打印第二本书的信息...\n");
        printBook(b2);

        return 0;
}
```

程序实现如下：

```
[fishc@localhost Chapter6]$ gcc test7.c && ./a.out
请录入第一本书的信息...
请输入书名:《C 陷阱与缺陷》(第二版)
请输入作者: Andrew Koenig
请输入售价: 30
请输入出版日期: 2008-2-1
请输入出版社: 人民邮电出版社

请录入第二本书的信息...
请输入书名:《C 和指针》
请输入作者: Kenneth A.Reek
请输入售价: 65
请输入出版日期: 2008-4-2
请输入出版社: 人民邮电出版社

录入完毕，现在开始打印验证...

打印第一本书的信息...
```

书名：《C 陷阱与缺陷》（第二版）

作者：Andrew Koenig

售价：30.00

出版日期：2008-2-1

出版社：人民邮电出版社

打印第二本书的信息...

书名：《C 和指针》

作者：Kenneth A.Reek

售价：65.00

出版日期：2008-4-2

出版社：人民邮电出版社

6.5.2　传递指向结构体变量的指针

在最开始的时候，C 语言是不允许直接将结构体作为参数传递给函数的，当初有个限制主要是出于对程序执行效率上的考虑。因为如果结构体变量的尺寸很大，那么在函数调用的过程中将会导致空间和时间上的开销也相对巨大。现在 C 语言取消了这一限制，我们可以将结构体像普通类型一样传递给函数。但作为开发者，我们必须设身处地地为程序的执行效率做考虑。

既然传递结构体变量可能导致程序的开销变大，那么应该如何做才好呢？没错，使用万能的指针！将代码修改如下：

```c
// Chapter6/test8.c
...
void getInput(struct Book *book)
{
    printf("请输入书名：");
    scanf("%s", book->title);
    printf("请输入作者：");
    scanf("%s", book->author);
    printf("请输入售价：");
    scanf("%f", &book->price);
    printf("请输入出版日期：");
    scanf("%d-%d-%d", &book->date.year, &book->date.month, &book->date.day);
    printf("请输入出版社：");
    scanf("%s", book->publisher);
}

void printBook(struct Book *book)
{
    printf("书名：%s\n", book->title);
    printf("作者：%s\n", book->author);
    printf("售价：%.2f\n", book->price);
    printf("出版日期：%d-%d-%d\n", book->date.year, book->date.month,
```

```
            book->date.day);
        printf("出版社：%s\n", book->publisher);
}


int main(void)
{
        struct Book b1, b2;

        printf("请录入第一本书的信息...\n");
        getInput(&b1);
        putchar('\n');
        printf("请录入第二本书的信息...\n");
        getInput(&b2);

        printf("\n\n 录入完毕，现在开始打印验证...\n\n");
        printf("打印第一本书的信息...\n");
        printBook(&b1);
        putchar('\n');
        printf("打印第二本书的信息...\n");
        printBook(&b2);

        return 0;
}
```

现在传递过去的就是一个指针，而不是整个庞大的结构体。

 注意：

由于这里传进来的实参是一个指针，所以要使用箭头（->）来访问结构体变量的成员。

6.6 动态申请结构体

C 语言中还可以动态地在堆里面给结构体分配存储空间：

```
// Chapter6/test9.c
...
int main(void)
{
        struct Book *b1, *b2;

        b1 = (struct Book *)malloc(sizeof(struct Book));
        b2 = (struct Book *)malloc(sizeof(struct Book));
        if (b1 == NULL || b2 == NULL)
        {
```

```
        printf("内存分配失败！\n");
        exit(1);
    }

    printf("请录入第一本书的信息...\n");
    getInput(b1);
    putchar('\n');
    printf("请录入第二本书的信息...\n");
    getInput(b2);

    printf("\n\n录入完毕，现在开始打印验证...\n\n");
    printf("打印第一本书的信息...\n");
    printBook(b1);
    putchar('\n');
    printf("打印第二本书的信息...\n");
    printBook(b2);

    free(b1);
    free(b2);

    return 0;
}
```

学以致用：要求大家构建一个"图书馆"（library），让用户将书籍的信息都录入到里面。

 提示：

library 其实就是存放 Book 结构体变量的指针数组，每个数组元素存放的是一个指向动态申请的 Book 结构体变量的指针。

library 指针数组和 Book 结构体的关系如图 6-6 所示。

library

Book

book.title	《零基础入门学习Python》
book.author	小甲鱼
book.price	49.5
book.date	2016-11-11
book.publisher	清华大学出版社

图 6-6　图书馆程序

代码清单如下：

```
// Chapter6/test10.c
```

```
#include <stdio.h>
#include <stdlib.h>

#define MAX_SIZE 100

struct Date
{
        int year;
        int month;
        int day;
};

struct Book
{
        char title[128];
        char author[40];
        float price;
        struct Date date;
        char publisher[40];
};

void getInput(struct Book *book);
void printBook(struct Book *book);
void initLibrary(struct Book *library[]);
void printLibrary(struct Book *library[]);
void releaseLibrary(struct Book *library[]);

void getInput(struct Book *book)
{
        printf("请输入书名：");
        scanf("%s", book->title);
        printf("请输入作者：");
        scanf("%s", book->author);
        printf("请输入售价：");
        scanf("%f", &book->price);
        printf("请输入出版日期：");
        scanf("%d-%d-%d", &book->date.year, &book->date.month, &book->date.day);
        printf("请输入出版社：");
        scanf("%s", book->publisher);
}

void printBook(struct Book *book)
{
        printf("书名：%s\n", book->title);
        printf("作者：%s\n", book->author);
        printf("售价：%.2f\n", book->price);
```

```
        printf("出版日期: %d-%d-%d\n", book->date.year, book->date.month,
         book->date.day);
        printf("出版社: %s\n", book->publisher);
}

void initLibrary(struct Book *library[])
{
        int i;

        for (i = 0; i < MAX_SIZE; i++)
        {
                library[i] = NULL;
        }
}

void printLibrary(struct Book *library[])
{
        int i;

        for (i = 0; i < MAX_SIZE; i++)
        {
                if (library[i] != NULL)
                {
                        printBook(library[i]);
                        putchar('\n');
                }
        }

}

void releaseLibrary(struct Book *library[])
{
        int i;

        for (i = 0; i < MAX_SIZE; i++)
        {
                if (library[i] != NULL)
                {
                        free(library[i]);
                }
        }
}

int main(void)
{
        struct Book *library[MAX_SIZE];
```

```
        struct Book *ptr = NULL;
        int ch, index = 0;

        initLibrary(library);

        while (1)
        {
                printf("请问是否需要录入图书信息(Y/N)：");
                do
                {
                        ch = getchar();
                } while (ch != 'Y' && ch != 'N');

                if (ch == 'Y')
                {
                        if (index < MAX_SIZE)
                        {
                                ptr = (struct Book *)malloc(sizeof(struct Book));
                                getInput(ptr);
                                library[index] = ptr;
                                index++;
                                putchar('\n');
                        }
                        else
                        {
                                printf("该图书馆已满，无法录入新数据！\n");
                                break;
                        }
                }
                else
                {
                        break;
                }
        }

        printf("\n录入完毕，现在开始打印验证...\n\n");
        printLibrary(library);
        releaseLibrary(library);

        return 0;
}
```

程序实现如下：

```
[fishc@localhost Chapter6]$ gcc test10.c && ./a.out
请问是否需要录入图书信息(Y/N)：Y
请输入书名：《C陷阱与缺陷》(第二版)
```

请输入作者：Andrew Koenig
请输入售价：30
请输入出版日期：2008-2-1
请输入出版社：人民邮电出版社

请问是否需要录入图书信息(Y/N)：Y
请输入书名：《C 和指针》
请输入作者：Kenneth A.Reek
请输入售价：65
请输入出版日期：2008-4-2
请输入出版社：人民邮电出版社

请问是否需要录入图书信息(Y/N)：N

录入完毕，现在开始打印验证...

书名：《C 陷阱与缺陷》（第二版）
作者：Andrew Koenig
售价：30.00
出版日期：2008-2-1
出版社：人民邮电出版社

书名：《C 和指针》
作者：Kenneth A.Reek
售价：65.00
出版日期：2008-4-2
出版社：人民邮电出版社

视频讲解

6.7　单链表

前面说结构体是允许嵌套的，也就是说结构体的成员可以是另一个结构体，那如果把结构体的声明写为如下形式，大家猜猜看这叫什么结构体：

```
struct Test
{
        int x;
        int y;
        struct Test test;
};
```

有的读者可能会不假思索地说："我知道，这叫递归结构体，因为结构体的内部成员是结构体本身，符合递归的概念……"
错啦，这应该叫"错误的结构体"，因为这样写的话，编译器就会报错：

```
[fishc@localhost Chapter6]$ gcc test11.c && ./a.out
```

```
test11.c: In function 'main':
test11.c:3: error: two or more data types in declaration specifiers
```

为什么会这样呢？很简单，因为这样会造成无限循环，简而言之就是有"递"而无"归"。那么应该如何修改才能通过编译？代码修改如下：

```
struct Test
{
    int x;
    int y;
    struct Test *test;
};
```

这样修改后的程序既不会报错，也没有破坏代码原本的意图。

那有读者可能会好奇了："什么情况下需要声明一个指向自身的结构体呢？"

还真有，那就是链表！

链表是一种常见的基础数据结构，根据需求可以构造出单链表、双链表、循环链表和块状链表等。链表的出现很大程度上弥补了数组的先天不足。

链表中最简单的一种是单链表，它包含两个域：信息域和指针域。这个指针就是指向链表的下一个节点，而最后一个节点的指针则指向一个 NULL，如图 6-7 所示。

图 6-7　单链表

显然，它还需要一个头指针，用于存放指向链表第一个节点的地址，如图 6-8 所示。

图 6-8　单链表的头指针

可以看出链表的各个元素在内存中不是挨在一块儿存放，而是通过指针进行连接的。只要找到链表的第一个节点，就可以顺着指针访问其他节点。正是这种特殊的存储方式，使得链表和数组形成了鲜明的对比。

对于 Book 结构体来说，要把它变成链表的其中一个元素，只需要为其添加一个指向自身的成员即可：

```
struct Book
{
    char title[128];
    char author[40];
    float price;
    struct Date date;
    char publisher[40];
    struct Book *next;
};
```

6.7.1 在单链表中插入元素（头插法）

在单链表中插入元素，事实上只需要修改指针的指向即可，如图 6-9 所示。

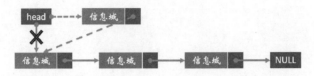

图 6-9 头插法

这种永远将数据插入单链表的头部位置的方法称为头插法。

将书籍添加到单链表的代码可以这样写：

```
// Chapter6/test12.c
...
void addBook(struct Book **library)
{
        struct Book *book, *temp;

        book = (struct Book *)malloc(sizeof(struct Book));
        if (book == NULL)
        {
                printf("内存分配失败！\n");
                exit(1);
        }

        getInput(book);

        if (*library != NULL)
        {
                temp = *library;
                *library = book;
                book->next = temp;
        }
        else
        {
                *library = book;
                book->next = NULL;
        }
}
```

注意：

由于 library 是指向第一个节点的 head 指针，在链表中插入数据需要修改 library 本身的值，所以将 library 的地址传递进去。library 是一个指向 Book 结构的指针，那么参数的类型就应该是 struct Book **，也就是一个指向 Book 结构的指针的指针。

往单链表里添加节点的流程与图 6-9 一致：首先申请一个节点，调用 getInput 函数录入数据，然后判断 library 当前是否为一个空的单链表：如果是，那么将头指针（library）指向它；如果不是，则先将新节点的 next 成员指向原来头指针指向的节点，然后将头指针指向新节点。

　　理解了如何添加节点，那么打印就更简单了：

```
// Chapter6/test12.c
...
void printLibrary(struct Book *library)
{
        struct Book *book;
        int count = 1;

        book = library;
        while (book != NULL)
        {
                printf("Book%d: \n", count);
                printf("书名: %s\n", book->title);
                printf("作者: %s\n", book->author);
                book = book->next;
                count++;
        }
}
```

　　想要读取单链表里面的数据，只需要迭代单链表中的每一个节点，直到 next 成员为NULL，即表示单链表结束。

　　最后，还需要释放 malloc 所申请的堆空间：

```
// Chapter6/test12.c
...
void releaseLibrary(struct Book **library)
{
        struct Book *temp;

        while (*library != NULL)
        {
                temp = *library;
                *library = (*library)->next;
                free(temp);
        }
}
```

　　程序实现如下：

```
[fishc@localhost Chapter6]$ gcc test12.c && ./a.out
请问是否需要录入图书信息(Y/N): Y
```

```
请输入书名:《C 陷阱与缺陷》(第二版)
请输入作者: Andrew Koenig
请问是否需要录入图书信息(Y/N): Y
请输入书名:《C 和指针》
请输入作者: Kenneth A.Reek
请问是否需要录入图书信息(Y/N): N

请问是否需要打印图书信息(Y/N): Y
Book1:
书名:《C 和指针》
作者: Kenneth A.Reek
Book2:
书名:《C 陷阱与缺陷》(第二版)
作者: Andrew Koenig
```

视频讲解

6.7.2 在单链表中插入元素（尾插法）

前面演示了单链表的头插法，就是将数据插入单链表的头部位置，那么相对应地还有另一种方法：尾插法，即将数据插入单链表的尾部位置，如图 6-10 所示。

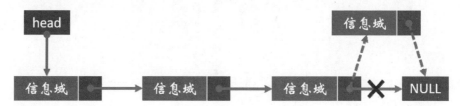

图 6-10 尾插法

修改 addBook 函数，将头插法改为尾插法：

```c
// Chapter6/test13.c
...
void addBook(struct Book **library)
{
    struct Book *book, *temp;

    book = (struct Book *)malloc(sizeof(struct Book));
    if (book == NULL)
    {
        printf("内存分配失败! \n");
        exit(1);
    }

    getInput(book);

    if (*library != NULL)
```

```
        {
                temp = *library;
                //定位单链表的尾部位置
                while (temp->next != NULL)
                {
                        temp = temp->next;
                }
                //插入数据
                temp->next = book;
                book->next = NULL;
        }
        else
        {

                *library = book;
                book->next = NULL;

        }
}
```

程序实现如下：

```
[fishc@localhost Chapter6]$ gcc test13.c && ./a.out
请问是否需要录入图书信息(Y/N)：Y
请输入书名：《C 陷阱与缺陷》（第二版）
请输入作者：Andrew Koenig
请问是否需要录入图书信息(Y/N)：Y
请输入书名：《C 和指针》
请输入作者：Kenneth A.Reek
请问是否需要录入图书信息(Y/N)：N

请问是否需要打印图书信息(Y/N)：Y
Book1:
书名：《C 陷阱与缺陷》（第二版）
作者：Andrew Koenig
Book2:
书名：《C 和指针》
作者：Kenneth A.Reek
```

但是这样的话，程序的效率难免要降低许多，因为每一次添加新的书籍，都要先遍历一轮整个单链表。为了提高尾插法的效率，可以给代码添加一个指针，该指针将永远指向单链表的尾部位置，代码修改如下：

```
// Chapter6/test14.c
…
void addBook(struct Book **library)
{
    struct Book *book;
    static struct Book *tail;
```

```
book = (struct Book *)malloc(sizeof(struct Book));
if (book == NULL)
{
        printf("内存分配失败! \n");
        exit(1);
}

getInput(book);

if (*library != NULL)
{
        tail->next = book;
        book->next = NULL;
}
else
{
        *library = book;
        book->next = NULL;
}

tail = book;
}
```

注意:

tail 变量要定义为静态（static）变量，这样它才能"记住"单链表的结尾在哪里。

6.7.3 搜索单链表

有时候可能会对单链表进行搜索操作，如输入这个书名或者作者的名字，通过搜索就可以找到相关的节点数据。

搜索代码如下：

```
// Chapter6/test15.c
…
struct Book *searchBook(struct Book *library, char *target)
{
        struct Book *book;

        book = library;
        while (book != NULL)
        {
                if (!strcmp(book->title, target) || !strcmp(book->author, target))
                {
```

```
                    break;
            }
            book = book->next;
        }

        return book;
}

void printBook(struct Book *book)
{
        printf("书名: %s\n", book->title);
        printf("作者: %s\n", book->author);
}
...
int main(void)
{
        ...
        printf("\n 请输入书名或作者: ");
        scanf("%s", input);

        book = searchBook(library, input);
        if (book == NULL)
        {
                printf("很抱歉，没能找到! \n");
        }
        else
        {
                do
                {
                        printf("已找到符合条件的书籍...\n");
                        printBook(book);
                } while ((book = searchBook(book->next, input)) != NULL);
        }

        releaseLibrary(&library);

        return 0;
}
```

6.7.4 插入节点到指定位置

视频讲解

如果现在要求将一个整数插入一个有序的数组里，如图 6-11 所示，应该怎么做？

7

| 1 | 2 | 3 | 4 | 5 | 6 | 8 | 9 | 10 |

图 6-11　插入节点到指定位置（1）

由于数组每个元素是紧挨着存放的，所以就不得不先将比该整数大的元素依次移到后面去，如图 6-12 所示。

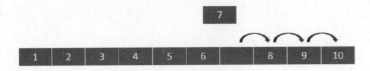

图 6-12　插入节点到指定位置（2）

　　然后空出一个位置来，才能把整数放进数组里面，如图 6-13 所示。

图 6-13　插入节点到指定位置（3）

　　之前说单链表和数组相比较，最大的优势就是插入元素到指定位置的效率。对于数组来说，插入一个元素到指定的位置，需要将其后面所有的元素都依次移动一次，效率之低可想而知。相比之下，单链表的效率就要高很多了。因为对于单链表来说，只需要轻轻地改动一下指针即可，如图 6-14 和图 6-15 所示。

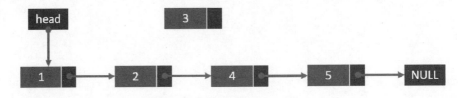

图 6-14　插入节点到指定位置（4）

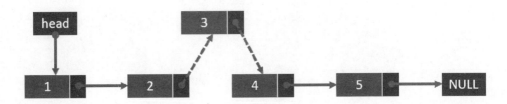

图 6-15　插入节点到指定位置（5）

　　代码清单如下：

```c
// Chapter6/test16.c
#include <stdio.h>
#include <stdlib.h>

struct Node
{
    int value;
    struct Node *next;
};
```

```
void insertNode(struct Node **head, int value)
{
        struct Node *previous;
        struct Node *current;
        struct Node *new;

        current = *head;
        previous = NULL;

        while (current != NULL && current->value < value)
        {
                previous = current;
                current = current->next;
        }

        new = (struct Node *)malloc(sizeof(struct Node));
        if (new == NULL)
        {
                printf("内存分配失败! \n");
                exit(1);
        }
        new->value = value;
        new->next = current;

        if (previous == NULL)
        {
                *head = new;
        }
        else
        {
                previous->next = new;
        }
}

void printNode(struct Node *head)
{
        struct Node *current;

        current = head;
        while (current != NULL)
        {
                printf("%d ", current->value);
                current = current->next;
        }
```

```
        putchar('\n');
}

int main(void)
{
        struct Node *head = NULL;
        int input;

        printf("开始测试插入整数...\n");
        while (1)
        {
                printf("请输入一个整数(输入-1 表示结束)：");
                scanf("%d", &input);
                if (input == -1)
                {
                        break;
                }
                insertNode(&head, input);
                printNode(head);
        }

        return 0;
}
```

程序实现如下：

```
[fishc@localhost Chapter6]$ gcc test16.c && ./a.out
开始测试插入整数...
请输入一个整数(输入-1 表示结束)：5
5
请输入一个整数(输入-1 表示结束)：3
3 5
请输入一个整数(输入-1 表示结束)：8
3 5 8
请输入一个整数(输入-1 表示结束)：9
3 5 8 9
请输入一个整数(输入-1 表示结束)：1
1 3 5 8 9
请输入一个整数(输入-1 表示结束)：0
0 1 3 5 8 9
请输入一个整数(输入-1 表示结束)：2
0 1 2 3 5 8 9
请输入一个整数(输入-1 表示结束)：4
0 1 2 3 4 5 8 9
请输入一个整数(输入-1 表示结束)：7
0 1 2 3 4 5 7 8 9
请输入一个整数(输入-1 表示结束)：-1
```

下面重点分析一下这个 insertNode 函数：

```
while (current != NULL && current->value < value)
{
```

```
        previous = current;
        current = current->next;
    }
```

　　while 函数用于找到符合条件的链表节点，也就是在有序的链表中找到比传入的 value 更大的值，然后停下来；如果没有，则在链表的尾部位置停止（current == NULL 时结束循环）。由于单链表一旦指向下一个节点，就没办法回头了，所以使用 previous 变量来记录 current 节点的上一个节点，如图 6-16 所示。

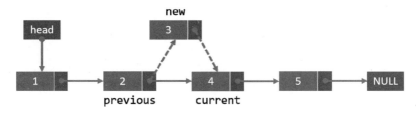

图 6-16　插入节点到指定位置

　　最后判断一下 previous 变量，如果为 NULL，说明 while 循环根本就没进去过，分为两种情况分析：要么这是一个空链表（current == NULL），要么该值比当前链表中所有的节点的 value 成员都小，无论是哪一种情况，都将该值插入为单链表的第一个节点即可。

6.7.5　在单链表中删除元素

　　单链表还应该支持删除某一个节点的数据。删除某个节点的数据，其实也是修改指针，分为以下两个步骤。

（1）修改待删除节点的上一个节点的指针，将其指向待删除节点的下一个节点。

（2）释放待删除节点的内存空间。

　　在单链表中删除元素如图 6-17 和图 6-18 所示。

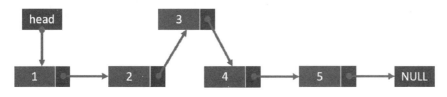

图 6-17　在单链表中删除元素（1）

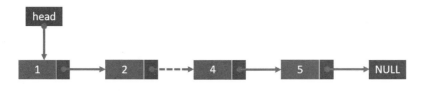

图 6-18　在单链表中删除元素（2）

代码清单如下：

```
// Chapter6/test17.c
...
void deleteNode(struct Node **head, int value)
{
    struct Node *previous;
    struct Node *current;

    current = *head;
    previous = NULL;

    while (current != NULL && current->value != value)
    {
        previous = current;
        current = current->next;
    }

    if (current == NULL)
    {
        printf("找不到匹配的节点!\n");
        return ;
    }
    else
    {
        if (previous == NULL)
        {
            *head = current->next;
        }
        else
        {
            previous->next = current->next;
        }
        free(current);
    }
}
...
```

程序实现如下：

```
[fishc@localhost Chapter6]$ gcc test17.c && ./a.out
开始测试插入整数...
请输入一个整数(输入-1表示结束)：5
5
请输入一个整数(输入-1表示结束)：3
3 5
```

```
请输入一个整数(输入-1 表示结束): 1
1 3 5
请输入一个整数(输入-1 表示结束): 9
1 3 5 9
请输入一个整数(输入-1 表示结束): 8
1 3 5 8 9
请输入一个整数(输入-1 表示结束): 7
1 3 5 7 8 9
请输入一个整数(输入-1 表示结束): 0
0 1 3 5 7 8 9
请输入一个整数(输入-1 表示结束): -1
开始测试删除整数...
请输入一个整数(输入-1 表示结束): 0
1 3 5 7 8 9
请输入一个整数(输入-1 表示结束): 9
1 3 5 7 8
请输入一个整数(输入-1 表示结束): 7
1 3 5 8
请输入一个整数(输入-1 表示结束): 8
1 3 5
请输入一个整数(输入-1 表示结束): -1
```

　　简单分析一下实现代码：current 指向 NULL 的情况有两种，要么这是一个空链表，要么在单链表的所有节点的 value 成员中找不到对应的数值，所以统一跟用户说找不到即可。如果 current 不为 NULL，还要预防 previous 是否为 NULL，有一种情况会导致这种局面的发生，那就是当要删除的节点是单链表的第一个节点的时候，需要特殊处理：要将 head 指针指向该节点。

　　这个链表的知识其实就是考核读者对结构体和指针的理解程度。在编程学习的初期阶段，不可避免地会遇到比如"自己思前想后毫无头绪，但一看到代码，思路立马就清晰了"这样的体验，总的来说，这是"看得多，练得少"导致的。学习编程其实就是一个量变引发质变的过程，不要怕出错，不要吝啬于练习，写的代码越多，功力就越深厚。

6.8　内存池

视频讲解

　　C 语言的内存管理几乎是每一位新手程序员都会感到头疼的问题，虽然可以通过 malloc 和 free 函数手动地分配和释放内存,但频繁地调用它们容易产生大量的内存碎片。

　　比如，使用 malloc 函数先申请了一块 12KB 的内存块 A，紧接着又申请了挨着存放的 16KB 的内存块 B，这时候如果使用 free 函数释放了 A，那么这块"碎片"理论上就只有在下一次恰好需要 12KB 的内存块申请时才有用了。在极端的情况下，整个堆内存就有可能变得支离破碎，如图 6-19 所示。

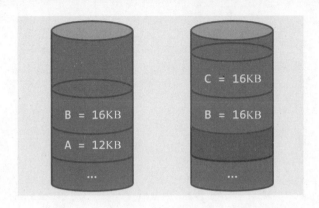

图 6-19　内存碎片

当然这里只是形象地进行描述，实际情况会更复杂一些。

【扩展阅读】有关堆内存分配原理及内存碎片产生的原因并不在本书的讨论范围之内，感兴趣的读者可访问 http://bbs.fishc.com/thread-85239-1-1.html 或扫描图 6-20 所示的二维码进行查阅。

图 6-20　堆内存分配原理及内存碎片产生的原因

不难想象，当频繁地调用 malloc 和 free 函数时，难免会造成大量的内存碎片。另一方面，调用 malloc 函数向操作系统申请堆内存，事实上应用程序是要经历从应用层切入到系统内核层的过程，因为内存资源是需要由 Windows 的内核函数来分配的，分配完成后再切回程序的应用层，这个过程其实是非常浪费时间的。

那有没有提高效率的方法呢？答案是肯定的！

解决这个问题的一种行之有效的方法就是为程序创建一个内存池。所谓内存池，其实就是让程序额外维护一个缓存区域。它的原理就是当一块内存将要释放的时候，并不直接调用 free 函数将其释放，而是将它存放到设计好的内存池中，当下次需要时直接从内存池中获取该块内存直接使用。

具体执行步骤是：当用户申请一个内存块的时候，先在内存池中查找是否有合适的内存块，如果有，直接从内存池里取出来使用，如果没有，再调用 malloc 函数申请；当用户释放一个内存块时，先检查内存池是否已满，如果内存池有多余的空间，将指向内存块的指针存放到内存池中，如果内存池已满，则调用 free 函数释放掉，如图 6-21 和图 6-22 所示。

说了那么多，如果要编程实现的话应该如何做呢？可以使用链表来维护一个简单的内存池。只需要将没有用的内存空间地址依次用一个单链表记录下来，当再次需要的时候，从这个单链表中获取即可。

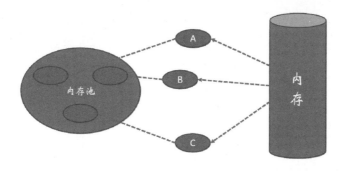

图 6-21　当不需要一个内存块时，不释放它，而是存放到内存池中

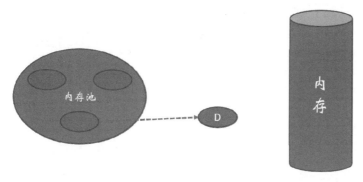

图 6-22　当再次需要该内存块的时候，可以直接从内存池里面拿

下面先来实现一个通讯录管理程序，程序执行流程如图 6-23 所示。

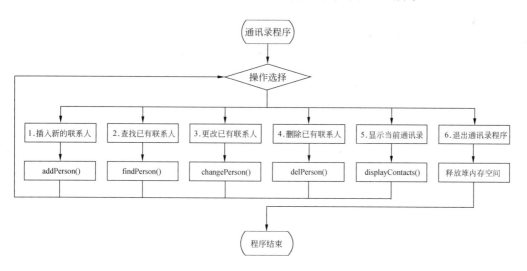

图 6-23　通讯录管理程序

代码清单如下：

```
// Chapter6/test18.c
#include <stdio.h>
#include <stdlib.h>
#include <string.h>
```

```c
struct Person
{
    char name[40];
    char phone[20];
    struct Person *next;
};

void getInput(struct Person *person);
void printPerson(struct Person *person);
void addPerson(struct Person **contacts);
void changePerson(struct Person *contacts);
void delPerson(struct Person **contacts);
struct Person *findPerson(struct Person *contacts);
void displayContacts(struct Person *contacts);
void releaseContacts(struct Person **contacts);

void getInput(struct Person *person)
{
    printf("请输入姓名：");
    scanf("%s", person->name);
    printf("请输入电话：");
    scanf("%s", person->phone);
}

void addPerson(struct Person **contacts)
{
    struct Person *person;
    struct Person *temp;

    person = (struct Person *)malloc(sizeof(struct Person));
    if (person == NULL)
    {
        printf("内存分配失败！\n");
        exit(1);
    }

    getInput(person);

    //将 person 用头插法添加到通讯录中
    if (*contacts != NULL)
    {
        temp = *contacts;
        *contacts = person;
        person->next = temp;
    }
```

```
        else
        {
                *contacts = person;
                person->next = NULL;
        }
}

void printPerson(struct Person *person)
{
        printf("联系人: %s\n", person->name);
        printf("电话: %s\n", person->phone);
}

struct Person *findPerson(struct Person *contacts)
{
        struct Person *current;
        char input[40];

        printf("请输入联系人: ");
        scanf("%s", input);

        current = contacts;
        while (current != NULL && strcmp(current->name, input))
        {
                current = current->next;
        }

        return current;
}

void changePerson(struct Person *contacts)
{
        struct Person *person;

        person = findPerson(contacts);
        if (person == NULL)
        {
                printf("找不到该联系人! \n");
        }
        else
        {
                printf("请输入新的联系电话: ");
                scanf("%s", person->phone);
        }
}
```

```c
void delPerson(struct Person **contacts)
{
        struct Person *person;
        struct Person *current;
        struct Person *previous;

        //先找到待删除的节点指针
        person = findPerson(*contacts);
        if (person == NULL)
        {
                printf("找不到该联系人! \n");
        }
        else
        {
                current = *contacts;
                previous = NULL;

                //current 定位到待删除的节点
                while (current != NULL && current != person)
                {
                        previous = current;
                        current = current->next;
                }

                if (previous == NULL)
                {
                        //待删除的节点是第一个节点
                        *contacts = current->next;
                }
                else
                {
                        //待删除的节点不是第一个节点
                        previous->next = current->next;
                }

                free(person);
        }
}

void displayContacts(struct Person *contacts)
{
        struct Person *current;

        current = contacts;
        while (current != NULL)
        {
```

```
                printPerson(current);
                current = current->next;
        }
}

void releaseContacts(struct Person **contacts)
{
        struct Person *temp;

        while (*contacts != NULL)
        {
                temp = *contacts;
                *contacts = (*contacts)->next;
                free(temp);
        }
}

int main(void)
{
        int code;
        struct Person *contacts = NULL;
        struct Person *person;

        printf("| 欢迎使用通讯录管理程序 |\n");
        printf("|--- 1:插入新的联系人 ---|\n");
        printf("|--- 2:查找已有联系人 ---|\n");
        printf("|--- 3:更改已有联系人 ---|\n");
        printf("|--- 4:删除已有联系人 ---|\n");
        printf("|--- 5:显示当前通讯录 ---|\n");
        printf("|--- 6:退出通讯录程序 ---|\n");
        printf("|- Powered by FishC.com -|\n");

        while (1)
        {
                printf("\n请输入指令代码: ");
                scanf("%d", &code);
                switch (code)
                {
                        case 1: addPerson(&contacts); break;

                        case 2: person = findPerson(contacts);
                            if (person == NULL)
                            {
                                    printf("找不到该联系人! \n");
                            }
                            else
```

```
                        {
                                printPerson(person);
                        }
                        break;

                case 3: changePerson(contacts); break;

                case 4: delPerson(&contacts); break;

                case 5: displayContacts(contacts); break;

                case 6: goto END;
            }
        }

END:
        releaseContacts(&contacts);

        return 0;
}
```

程序实现如下：

```
[fishc@localhost Chapter6]$ gcc test18.c && ./a.out
| 欢迎使用通讯录管理程序 |
|--- 1:插入新的联系人 ---|
|--- 2:查找已有联系人 ---|
|--- 3:更改已有联系人 ---|
|--- 4:删除已有联系人 ---|
|--- 5:显示当前通讯录 ---|
|--- 6:退出通讯录程序 ---|
|- Powered by FishC.com -|

请输入指令代码：1
请输入姓名：小甲鱼
请输入电话：13788855566

请输入指令代码：1
请输入姓名：不二如是
请输入电话：15922222222

请输入指令代码：3
请输入联系人：不二如是
请输入新的联系电话：15982828282

请输入指令代码：2
请输入联系人：不二如是
```

```
联系人：不二如是
电话：15982828282

请输入指令代码：4
请输入联系人：小甲鱼

请输入指令代码：5
联系人：不二如是
电话：15982828282

请输入指令代码：6
```

下面我们一起来改造这个通讯录管理程序，为它加入内存池的功能：

```c
// Chapter6/test19.c
#include <stdio.h>
#include <stdlib.h>
#include <string.h>

#define MAX 1024

struct Person
{
        char name[40];
        char phone[20];
        struct Person *next;
};

struct Person *pool = NULL;
int count;

void getInput(struct Person *person);
void printPerson(struct Person *person);
void addPerson(struct Person **contacts);
void changePerson(struct Person *contacts);
void delPerson(struct Person **contacts);
struct Person *findPerson(struct Person *contacts);
void displayContacts(struct Person *contacts);
void releaseContacts(struct Person **contacts);
void releasePool(void);

void getInput(struct Person *person)
{
        printf("请输入姓名：");
        scanf("%s", person->name);
        printf("请输入电话：");
        scanf("%s", person->phone);
```

```
        }

        void addPerson(struct Person **contacts)
        {
                struct Person *person;
                struct Person *temp;

                //如果内存池非空，直接从里面获取空间
                if (pool != NULL)
                {
                        person = pool;
                        pool = pool->next;
                        count--;
                }
                //如果内存池为空，调用malloc函数申请新的内存空间
                else
                {
                        person = (struct Person *)malloc(sizeof(struct Person));
                        printf("test:malloc\n");
                        if (person == NULL)
                        {
                                printf("内存分配失败！\n");
                                exit(1);
                        }
                }

                getInput(person);

                //将person用头插法添加到通讯录中
                if (*contacts != NULL)
                {
                        temp = *contacts;
                        *contacts = person;
                        person->next = temp;
                }
                else
                {
                        *contacts = person;
                        person->next = NULL;
                }
        }

void printPerson(struct Person *person)
{
        printf("联系人：%s\n", person->name);
        printf("电话：%s\n", person->phone);
```

```
}

struct Person *findPerson(struct Person *contacts)
{
        struct Person *current;
        char input[40];

        printf("请输入联系人: ");
        scanf("%s", input);

        current = contacts;
        while (current != NULL && strcmp(current->name, input))
        {
                current = current->next;
        }

        return current;
}

void changePerson(struct Person *contacts)
{
        struct Person *person;

        person = findPerson(contacts);
        if (person == NULL)
        {
                printf("找不到该联系人! \n");
        }
        else
        {
                printf("请输入新的联系电话: ");
                scanf("%s", person->phone);
        }
}

void delPerson(struct Person **contacts)
{
        struct Person *temp;
        struct Person *person;
        struct Person *current;
        struct Person *previous;

        //先找到待删除的节点指针
        person = findPerson(*contacts);
        if (person == NULL)
        {
```

```
                printf("找不到该联系人！\n");
        }
        else
        {

                current = *contacts;
                previous = NULL;

                //current 定位到待删除的节点
                while (current != NULL && current != person)
                {
                        previous = current;
                        current = current->next;
                }

                if (previous == NULL)
                {
                        //待删除的节点是第一个节点
                        *contacts = current->next;
                }
                else
                {
                        //待删除的节点不是第一个节点
                        previous->next = current->next;
                }

                //判断内存池中是否有空位
                if (count < MAX)
                {
                        //使用头插法将 person 指向的空间插入到内存池中
                        if (pool != NULL)
                        {
                                temp = pool;
                                pool = person;
                                person->next = temp;
                        }
                        else
                        {
                                pool = person;
                                person->next = NULL;
                        }
                        count++;
                }
                //没有空位直接释放
                else
                {
                        free(person);
```

```
            }
      }
}

void displayContacts(struct Person *contacts)
{
      struct Person *current;

      current = contacts;
      while (current != NULL)
      {
            printPerson(current);
            current = current->next;
      }
}

void releaseContacts(struct Person **contacts)
{
      struct Person *temp;

      while (*contacts != NULL)
      {
            temp = *contacts;
            *contacts = (*contacts)->next;
            free(temp);
      }
}

void releasePool(void)
{
      struct Person *temp;

      while (pool != NULL)
      {
            temp = pool;
            pool = pool->next;
            free(temp);
      }
}

int main(void)
{
      int code;
      struct Person *contacts = NULL;
      struct Person *person;
```

```
        printf("| 欢迎使用通讯录管理程序 |\n");
        printf("|--- 1:插入新的联系人 ---|\n");
        printf("|--- 2:查找已有联系人 ---|\n");
        printf("|--- 3:更改已有联系人 ---|\n");
        printf("|--- 4:删除已有联系人 ---|\n");
        printf("|--- 5:显示当前通讯录 ---|\n");
        printf("|--- 6:退出通讯录程序 ---|\n");
        printf("|- Powered by FishC.com -|\n");

        while (1)
        {
                printf("\n 请输入指令代码: ");
                scanf("%d", &code);
                switch (code)
                {
                        case 1: addPerson(&contacts); break;

                        case 2: person = findPerson(contacts);
                                if (person == NULL)
                                {
                                        printf("找不到该联系人！\n");
                                }
                                else
                                {
                                        printPerson(person);
                                }
                                break;

                        case 3: changePerson(contacts); break;

                        case 4: delPerson(&contacts); break;

                        case 5: displayContacts(contacts); break;

                        case 6: goto END;
                }
        }

END:
        releaseContacts(&contacts);
        releasePool();

        return 0;
}
```

6.9 typedef

在实际开发中会发现大部分项目都有 typedef 的身影，如果不懂它的用法，很难理解整个程序的开发逻辑。

6.9.1 给数据类型起别名

C 语言是一门"古老"的编程语言，它是于 1969 年至 1973 年间，为了移植与开发 UNIX 操作系统，由丹尼斯·里奇与肯·汤普逊，以 B 语言为基础，在贝尔实验室设计并开发出来的。所以，C 语言其实比我们多数读者的年龄都还要大一些。

尽管如此，C 语言仍然不是世界上第一门高级编程语言，甚至在当时，C 语言也不是最流行的编程语言。那么哪一门编程语言被认为是世界上第一门高级编程语言呢？

就是 FORTRAN，1957 年，第一套 FORTRAN 语言是由 IBM 公司开发出来的，并在自己公司的计算机上运行。当时 IBM 是计算机世界里是不容置疑的领袖，所以在其带领下，FORTRAN 很快就成为当时最流行的编程语言。C 语言就是在这样的环境下诞生的。

作为不同的编程语言，C 语言和 FORTRAN 语言的语法肯定是不一样的，所以 C 语言面临的第一个问题就是如何快速地让 FORTRAN 用户习惯 C 语言的语法。

比如，定义变量的语法，C 语言是：

```
int a, b, c;
float i, j, k;
```

而 FORTRAN 是：

```
integer :: a, b, c
real :: i, j, k
```

可以看到，FORTRAN 语言定义变量的关键字与 C 语言是不一样的，所以如果能让 C 语言使用与 FORTRAN 相同的关键字定义变量：

```
integer a, b, c;
real i, j, k;
```

那么 FORTRAN 语言的程序员用起来肯定倍感亲切。

typedef 关键字用于给 C 语言的数据类型起一个别名。比如，上面的例子中可以利用 typedef，让 integer 来代替 int。

```
// Chapter6/test20.c
#include <stdio.h>


typedef int integer;


int main(void)
```

```
{
        integer a;
        int b;

        a = 520;
        b = a;

        printf("a = %d\n", a);
        printf("b = %d\n", b);
        printf("sizeof a = %d\n", sizeof(a));

        return 0;
}
```

程序实现如下：

```
[fishc@localhost Chapter6]$ gcc test20.c && ./a.out
a = 520
b = 520
sizeof a = 4
```

可以看到，此时 integer 和 int 关键字是等价的，定义的都是一个整型变量。

有些读者可能会问："使用 define 是不是可以完成同样的功能？"那么将：

```
typedef int integer;
```

替换成：

```
#define integer int
```

程序实现如下：

```
[fishc@localhost Chapter6]$ gcc test21.c && ./a.out
a = 520
b = 520
sizeof a = 4
```

似乎还真的没有问题，不过不要高兴得太早，两者在本质上是不一样的，下面举两个例子来证明。

第一个例子：

```
// Chapter6/test22.c
#include <stdio.h>

#define integer int

int main(void)
{
        unsigned integer a;
```

```
        a = -1;
        printf("a = %u\n", a);

        return 0;
}
```

程序实现如下:

```
[fishc@localhost Chapter6]$ gcc test22.c && ./a.out
a = 4294967295
```

由于-1 被转换为无符号整型，所以输出为 4 294 967 295。

上面代码中，可以对宏定义后的内容进行修饰。比如，将原来的 int 变成 unsigned int，这是完全没有问题的；但如果换做是 typedef，那恐怕就不会这么顺利了。我们将:

```
#define integer int
```

替换成:

```
typedef int integer;
```

程序无法通过编译:

```
[fishc@localhost Chapter6]$ gcc test23.c && ./a.out
test23.c: In function 'main':
test23.c:8: error: expected '=', ',', ';', 'asm' or '__attribute__' before 'a'
test23.c:8: error: 'a' undeclared (first use in this function)
test23.c:8: error: (Each undeclared identifier is reported only once
test23.c:8: error: for each function it appears in.)
```

第二个例子，定义指针变量的情况:

```
// Chapter6/test24.c
#include <stdio.h>

typedef int INTEGER;
typedef int *PTRINT;

int main(void)
{
        INTEGER a = 520;
        PTRINT b, c;

        b = &a;
        c = b;

        printf("addr of a = %p\n", c);

        return 0;
}
```

241

程序实现如下：

```
[fishc@localhost Chapter6]$ gcc test24.c && ./a.out
addr of a = 0xbfa3a534
```

可以看到，PTRINT 将 b 和 c 均定义为指针变量，指向的是整型变量 a 的地址。如果换成是宏定义，结果又会如何呢？我们将：

```
typedef int *PTRINT;
```

替换成：

```
#define PTRINT int*
```

程序实现如下：

```
[fishc@localhost Chapter6]$ gcc test25.c && ./a.out
test25.c: In function 'main':
test25.c:13: warning: assignment makes integer from pointer without a cast
addr of a = 0xbfa126e4
```

编译器提醒第 10 行代码（b = a;）可能有问题，原因是"直接将指针变量赋值给整型变量"。宏定义就是机械替换，所以：

```
PTRINT b, c;
```

事实上会被直接替换为：

```
int* b, c;
```

结果是只有 b 被定义为指针变量，而 c 则还是整型变量。

综合上述两个例子可以得出结论：相比起宏定义的直接替换，typedef 是对类型的封装。或者说得更直白一点，typedef 是给原有的数据类型起别名。typedef 还可以一次性取多个别名。比如，上面例子中可以把：

```
typedef int INTEGER;
typedef int *PTRINT;
```

写成：

```
typedef int INTEGER, *PTRINT;
```

6.9.2   结构体的好搭档

除了给数据类型取别名之外，typedef 还经常与结构体一起使用。
以前的结构体代码如下：

```
// Chapter6/test26.c
#include <stdio.h>
#include <stdlib.h>
```

```
struct Date
{
      int year;
      int month;
      int day;
};

int main(void)
{
      struct Date *date;

      date = (struct Date *)malloc(sizeof(struct Date));
      if (date == NULL)
      {
            printf("内存分配失败！\n");
            exit(1);
      }

      date->year = 2017;
      date->month = 5;
      date->day = 14;

      printf("%d-%d-%d\n", date->year, date->month, date->day);

      return 0;
}
```

这样写没什么问题，就是一旦要用到一个结构体，就必须使用 struct ***的方式这样去写……很明显 struct 关键字看起来就是多余的，但不写又会报错。这时候，typedef 就有发挥的余地了：

```
// Chapter6/test27.c
#include <stdio.h>
#include <stdlib.h>

typedef struct Date
{
      int year;
      int month;
      int day;
} DATE;

int main(void)
{
      DATE *date;
```

```
        date = (DATE *)malloc(sizeof(DATE));
        if (date == NULL)
        {
                printf("内存分配失败! \n");
                exit(1);
        }

        date->year = 2017;
        date->month = 5;
        date->day = 14;

        printf("%d-%d-%d\n", date->year, date->month, date->day);

        return 0;
}
```

怎么样，是不是清爽了很多呢？其实，在给结构体取别名的时候，还可以同时为其定义一个指针别名：

```
typedef struct Date
{
        int year;
        int month;
        int day;
} DATE, *PDATE;
```

这样以后需要使用到指向该结构体指针的定义时，直接使用 PDATE 即可：

```
date = (PDATE)malloc(sizeof(DATE));
```

6.9.3 进阶 typedef

视频讲解

在编程中使用 typedef 的目的一般有两个：一是给变量起一个容易记住并且意义明确的别名；二是简化一些比较复杂的类型声明。

C 语言的声明语句有时会很复杂，这一节就来分析一下这类声明语句，以及如何用 typedef 为它们起别名。比如：

```
int (*ptr)[3];
```

我们知道 ptr 在这里是一个数组指针，指向的是一个拥有三个整型元素的数组。如果想要给它起一个别名，那么只要在它前面加上一个 typedef 即可，像这样：

```
typedef int (*PTR_TO_ARRAY)[3];
```

那么以后就可以直接用 PTR_TO_ARRAY 来定义指向拥有三个整型元素的数组：

```
// Chapter6/test28.c
#include <stdio.h>
```

```
typedef int (*PTR_TO_ARRAY)[3];

int main(void)
{
        int array[3] = {1, 2, 3};
        PTR_TO_ARRAY ptr_to_array = &array;

        int i;
        for (i = 0; i < 3; i++)
        {
                printf("%d\n", (*ptr_to_array)[i]);
        }

        return 0;
}
```

程序实现如下：

```
[fishc@localhost Chapter6]$ gcc test28.c && ./a.out
1
2
3
```

这里有个小细节，就是在取别名的时候，尽量取一个让人可以一目了然的名字。

```
int (*fun)(void);
```

fun 定义的是一个函数指针，它指向一个参数为 void，返回值为 int 的函数。同样只要在前面加上 typedef，就可以给它起别名：

```
typedef int (*PTR_TO_FUN)(void);
```

请看下面例子：

```
// Chapter6/test29.c
#include <stdio.h>

typedef int (*PTR_TO_FUN)(void);

int fun(void)
{
        return 520;
}

int main(void)
{
        PTR_TO_FUN ptr_to_fun = &fun;
```

```
        printf("%d\n", (*ptr_to_fun)());

        return 0;
}
```

程序实现如下：

```
[fishc@localhost Chapter6]$ gcc test29.c && ./a.out
520
int *(*array[3])(int);
```

现在增加一点难度，首先从左到右找到一个名字（array），它的左边是一个星号（*）表示指针，右边是一个方括号（[ ]）表示数组。由于方括号的优先级比星号要高一个级别，所以 array 首先是一个数组，然后再是一个指针，合起来(*array[3])就是一个指针数组。下一步就是要推敲出这个指针数组里面每个元素的指针指向什么。

现在把已经确定的(*array[3])看为一个个体，这样比较好理解，姑且先叫它 A 吧，那么声明语句就变成了这样：

```
int *A(int);
```

这不就是一个指针函数嘛！因为 A 左边星号（*）优先级比右边的小括号要低，所以 A 是一个指针函数，它的返回值是一个指向整型变量的指针，它有一个整型的参数。

这次不要直接在前面加上 typedef 起别名了，因为这样的话就固定了数组的元素个数必须是 3 个。我们可以这么做：

```
typedef int *(*PTR_TO_FUN)(int);
PTR_TO_FUN array[3];
```

请看下面例子：

```
// Chapter6/test30.c
#include <stdio.h>

typedef int *(*PTR_TO_FUN)(int);

int *funA(int num)
{
        printf("%d\t", num);
        return &num;
}

int *funB(int num)
{
        printf("%d\t", num);
        return &num;
}

int *funC(int num)
```

```
{
        printf("%d\t", num);
        return &num;
}

int main(void)
{
        PTR_TO_FUN array[3] = {&funA, &funB, &funC};
        int i;

        for (i = 0; i < 3; i++)
        {
                printf("addr of num: %p\n", (*array[i])(i));
        }

        return 0;
}
```

程序实现如下：

```
[fishc@localhost Chapter6]$ gcc test30.c && ./a.out
test30.c: In function 'funA':
test30.c:9: warning: function returns address of local variable
test30.c: In function 'funB':
test30.c:15: warning: function returns address of local variable
test30.c: In function 'funC':
test30.c:21: warning: function returns address of local variable
0    addr of num: 0xbfc8d700
1    addr of num: 0xbfc8d700
2    addr of num: 0xbfc8d700
```

　　虽然编译器做出了警告，但是不予以理会的话还是可以执行的。编译器其实是想告诉我们试图返回局部变量的地址很危险！因为当函数调用完毕，存放在栈中的局部变量将会失去意义，在下一次调用函数时，它就会被覆盖掉，因此我们看到上面打印的都是同一个地址。

```
void (*funA(int, void (*funB)(int)))(int);
```

　　首先，从左到右找到第一个名字 funA，因为左边星号（*）的优先级比右边小括号要低，所以 funA 是一个指针函数，右边小括号指定 funA 有两个参数。整理如下：

```
void (*funA(参数))(int);
```

　　接下来说说它的两个参数：第一个很简单，是一个整型参数；第二个参数如下：

```
void (*funB)(int)
```

　　不同于 funA，funB 是一个函数指针（因为有个小括号将星号和 funB 捆绑在一起），它指向一个接收整型参数并且返回值为 void 的函数。

好了，参数分析完了，那么 funA 的返回值是什么？

肯定返回的不是一个普通的数据类型，没错，它的返回值仍然是一个函数指针。指向的函数与刚才第二个参数一样——指向一个接收整型参数并且返回值为 void 的函数。

那现在到取别名的时候了，我们发现这个声明的第二个参数和返回值都是一样的。所以，可以把共同的部分通过 typedef 指定为一个新的类型别名：

```
typedef void (*PTR_TO_FUN)(void)
```

这样就可以把声明简化为：

```
PTR_TO_FUN funA(int, PTR_TO_FUN);
```

有的读者可能会问："这么复杂的写法，在现实开发中真的存在吗？"

来看一下标准库函数里面关于信号处理的 signal 函数的定义：

```
#include <signal.h>
...
typedef void (*sighandler_t)(int);
...
sighandler_t signal(int signum, sighandler_t handler);
```

有了 typedef，就可以将原本相当复杂的声明变得很好理解。比如这个 signal 函数，只需要知道它应该传入一个整型参数和一个函数的指针即可。

之前在讲解指针函数和函数指针的时候，最后演示了函数指针作为函数返回值的一个例子，可以使用 typedef 可以进一步简化程序：

```
// Chapter6/test31.c
#include <stdio.h>

typedef int (*PTR_TO_FUN)(int, int);

int add(int, int);
int sub(int, int);
int calc(PTR_TO_FUN, int, int);
PTR_TO_FUN select(char op);

int add(int num1, int num2)
{
        return num1 + num2;
}

int sub(int num1, int num2)
{
        return num1 - num2;
}

int calc(int (*fp)(int, int), int num1, int num2)
```

```
{
        return (*fp)(num1, num2);
}

int (*select(char op))(int, int)
{
        switch(op)
        {
                case '+': return add;
                case '-': return sub;
        }
}

int main()
{
        int num1, num2;
        char op;
        int (*fp)(int, int);

        printf("请输入一个式子(如：1+2)：");
        scanf("%d%c%d", &num1, &op, &num2);

        fp = select(op);
        printf("%d %c %d = %d\n", num1, op, num2, calc(fp, num1, num2));

        return 0;
}
```

6.10 共用体

视频讲解

在 C 语言中，还有另外一种和结构体非常类似的语法——共用体，也称为联合类型或联合体。

6.10.1 共用体的声明

声明共用体的语法格式与结构体是一样的：

```
union 共用体名称
{
    共用体成员 1；
    共用体成员 2；
    共用体成员 3；
};
```

只需要将 struct 关键字换成 union，结构体就变成了共用体。虽然结构十分相似，但是行为方式却完全不同。对比结构体，共用体的所有成员拥有同一个内存地址。

有读者可能会问："多个成员可以放在同一个内存地址里吗？"

是的，如果把结构体想象成一个小团体，里面有小明、小红、小芳等成员，那么共用体就是一位"人格分裂症患者"，他有时候是小明，有时候是小红，有时候是小芳……但小明、小红、小芳不会同时出现，只是不断地切换……

请看下面例子：

```c
// Chapter6/test32.c
#include <stdio.h>
#include <string.h>

union Test
{
    int i;
    double pi;
    char str[6];
};

int main(void)
{
    union Test test;

    test.i = 520;
    test.pi = 3.14;
    strcpy(test.str, "FishC");

    printf("addr of test.i: %p\n", &test.i);
    printf("addr of test.pi: %p\n", &test.pi);
    printf("addr of test.str: %p\n", &test.str);

    return 0;
}
```

程序实现如下：

```
[fishc@localhost Chapter6]$ gcc test32.c && ./a.out
addr of test.i: 0xbf8c4f38
addr of test.pi: 0xbf8c4f38
addr of test.str: 0xbf8c4f38
```

可以看到，整型变量 i、浮点型变量 pi 和字符串 str 引用同一个内存地址。访问共用体成员和访问结构体成员是一样的，都是使用点号运算符（.），对于指向共用体的指针，则使用长得像箭头的成员选择运算符（->）。

如果试图同时打印出三者的值，那么就会出问题了：

```
...
        printf("test.i: %d\n", test.i);
        printf("test.pi: %.2f\n", test.pi);
        printf("test.str: %s\n", test.str);
...
```

程序实现如下：

```
[fishc@localhost Chapter6]$ gcc test32.c && ./a.out
test.i: 1752394054
test.pi: 3.13
test.str: FishC
```

分析：只有最后一个成员的值是完全正确的，因为三个成员都引用同一个内存地址，对它们进行赋值会导致互相覆盖，所以只有最后被赋值的 test.str 才能正确打印。但是得到的 test.pi 的值和我们的预期差不多，其实这只是巧合，因为 double 在当前环境中占 8 字节空间，而字符只有 5 字节，也就是说在给 test.str 赋值的时候，并没有完全覆盖掉 test.pi 的值。

将字符串变长一点，就没有"巧合"了：

```
...
union Test
{
        int i;
        double pi;
        char str[10];
};
...
        strcpy(test.str, "FishC.com");
...
```

程序实现如下：

```
[fishc@localhost Chapter6]$ gcc test32.c && ./a.out
test.i: 1752394054
test.pi:
363505965742282153338863449407440253782701658821050005450545999674767
273720014728227128704610763752074751872494382726166614510496360033161
980359706121014903428566783051597838088937164147264086816445976343631
4457308781007379365888.00
test.str: FishC.com
```

那么共用体会占用多大的空间呢？有一项研究表明，共用体占用的内存应足够存储共用体中最大的成员。但并不一定就等于最大的成员尺寸，如上面程序用 sizeof(test)求出来的不是 10，而是 12，这主要还是与内存对齐有关系。

6.10.2 共用体的定义

与结构体的定义类似，可以先声明一个共用体类型，再定义共用体变量：

```
union data
{
    int i;
    char ch;
    float f;
};
union data a, b, c;
```

也可以在声明的同时定义共用体变量：

```
union data
{
    int i;
    char ch;
    float f;
} a, b, c;
```

当然，共用体的名字并不是必需的：

```
union
{
    int i;
    char ch;
    float f;
} a, b, c;
```

6.10.3 初始化共用体

共用体在同一时间只能存放一个成员值，所以不能同时对所有成员进行初始化。

```
union data
{
    int i;
    char ch;
    float f;
};

union data a = {520};          //初始化第一个成员
union data b = a;              //直接用一个共用体初始化另一个共用体
union data c = {.ch = 'C'};   //C99 新增特性，指定初始化成员
```

6.11 枚举

视频讲解

在编程开发中，有时候希望一些特定的数值可以使用具体的名称代替，因为这样会使程序更易于阅读和理解。这时候宏定义可以实现我们的愿望，如#define PI 3.14。

举个例子，可以通过调用 localtime 函数来获得今天是星期几，不过 localtime 函数的返回值使用 0~6 代表星期一到星期日，为了提高程序的可读性，我们使用了宏定义：

```c
// Chapter6/test33.c
#include <stdio.h>
#include <time.h>

#define SUN 0
#define MON 1
#define TUE 2
#define WED 3
#define THU 4
#define FRI 5
#define SAT 6

int main(void)
{
    struct tm *p;
    time_t t;

    time(&t);
    p = localtime(&t);

    switch(p->tm_wday)
    {
        case MON:
        case TUE:
        case WED:
        case THU:
        case FRI:
            printf("干活! T_T\n");
            break;
        case SAT:
        case SUN:
            printf("放假! ^_^\n");
            break;
        default:
            printf("Error! \n");
    }
```

```
        return 0;
}
```

程序实现如下：

```
[fishc@localhost Chapter6]$ gcc test1.c && ./a.out
干活! T_T
```

在上面的例子中，星期一到星期日被替换成对应的单词缩写，这样别人阅读程序就一目了然了。使用具体的名称代替特定的数值，也可以避免一些低级别的错误。比如，localtime 函数返回的结构体中，tm_wday 成员将星期日作为第一天来表示，以此类推。这就很容易产生误会，因为有些读者会认为星期一才是第一天。对于这种情况，将数值用名字来代替便可避免意外的发生。

这一节要学习的枚举类型，目的也是提高程序的可读性。枚举，顾名思义，就是一一列举的意思。如果一个变量只有几种可能的值，那么就可以将其定义为枚举（enumeration）类型。

声明枚举类型的语法如下：

```
enum 枚举类型名称 {枚举值名称, 枚举值名称, 枚举值名称...};
```

随后可以使用它来定义枚举变量：

```
enum 枚举类型名称 枚举变量1,枚举变量2,枚举变量3；
```

比如刚才的例子中，就可以使用枚举变量来代替宏定义：

```
// Chapter6/test34.c
#include <stdio.h>
#include <time.h>

int main(void)
{
        enum Week {sun, mon, tue, wed, thu, fri, sat};
        enum Week today;
        struct tm *p;
        time_t t;

        time(&t);
        p = localtime(&t);

        today = p->tm_wday;

        switch(today)
        {
                case mon:
                case tue:
                case wed:
```

254

```
            case thu:
            case fri:
                    printf("干活! T_T\n");
                    break;
            case sat:
            case sun:
                    printf("放假! ^_^\n");
                    break;
            default:
                    printf("Error! \n");
        }

        return 0;
}
```

程序实现如下：

```
[fishc@localhost Chapter6]$ gcc test34.c && ./a.out
干活! T_T
```

上面例子中，today 是枚举变量，它们的取值范围就是大括号里面所列举的枚举值名称，而大括号中的 sun、mon、tue、wed 等这些指定的名字称为枚举常量。

枚举常量与宏定义类似，不同于宏定义的是枚举常量的值是整型的，默认情况下是按照顺序从 0 开始定义。比如，上面的 sun、mon、tue、wed、thu、fri、sat 分别对应 0、1、2、3、4、5、6。

如果不希望总是以 0 为起点，可以在声明的时候给它们任意赋值：

```
// Chapter6/test35.c
#include <stdio.h>

int main(void)
{
        enum Color {red = 10, green, blue};
        enum Color rgb;

        for (rgb = red; rgb <= blue; rgb++)
        {
                printf("rgb is %d\n", rgb);
        }

        return 0;
}
```

程序实现如下：

```
[fishc@localhost Chapter6]$ gcc test35.c && ./a.out
rgb is 10
rgb is 11
```

```
rgb is 12
```

rgb 在这里被定义为枚举变量，所以它可以被赋值为任意 Color 枚举常量的值，并且还可以对枚举变量进行自增（++）运算（注意：C++则不允许这么做）。

枚举常量的值和名称是在编译的时候指定的，一旦确定下来，就无法进行修改。下面我们试图修改枚举常量的值：

```
red = 100;
```

如果这样修改，那么编译器只能报错：

```
[fishc@localhost Chapter6]$ gcc test36.c && ./a.out
test3.c: In function 'main':
test3.c:13: error: lvalue required as left operand of assignment
```

如果指定的是中间那个枚举常量的值，那么这个枚举类型会呈现出"两面派"的风格：

```c
// Chapter6/test37.c
#include <stdio.h>

int main(void)
{
        enum Color {red, green, blue = 10, yellow};

        printf("red = %d\n", red);
        printf("green = %d\n", green);
        printf("blue = %d\n", blue);
        printf("yellow = %d\n", yellow);

        return 0;
}
```

程序实现如下：

```
[fishc@localhost Chapter6]$ gcc test37.c && ./a.out
red = 0
green = 1
blue = 10
yellow = 11
```

上面例子中，指定的是 blue 这个枚举常量的值，所以在它后面的 yellow 自动加 1 变成 11，而前面的值则是按照默认的规则，从 0 开始定义。

6.12 位域

视频讲解

使用 C 语言编程，经常会陷入一种窘境，那就是如何更好地利用寸土寸金的内存空间。其实除了我们现在学习的计算机程序编程，还有一个特别重要的领域也是使用 C 语言作为主要的开发语言进行编程的，没错，那就是单片机开发领域。

单片机（Microcontroller）是一种集成电路芯片，是采用超大规模集成电路技术把具有数据处理能力的中央处理器（CPU）、随机存储器（RAM）、只读存储器（ROM）、多种 I/O 口、中断系统、定时器/计数器等功能（可能还包括显示驱动电路、脉宽调制电路、模拟多路转换器、A/D 转换器等电路）集成到一块硅片上构成的一个小而完善的微型计算机系统，在工业控制领域应用广泛。

图 6-24 是一个典型的单片机，通常它的 RAM（也就是所谓的内存）只有 256B，注意是 B（字节）。在这样的条件下，如果程序恰好需要设置很多个标志位变量（只是用来存放 0 或 1，表示 false 或 true 而已），那么对于存储空间非常宝贵的单片机来说，一个标志位用 1 字节来存放，那都是非常奢侈的事情。因为 0 和 1 严格来说只需要用 1 个二进制位来存放就足够了，而 1 字节通常可以存放 8 个这样的二进制位。

对于这种情况，C 语言提供了一种数据结构，称为"位域""位段"或"位字段"。就是把 1 字节中的二进制位划分为几个不同的区域，并指定每个区域的位数。每个域有一个域名，并允许在程序中按域名进行单独的操作，如图 6-25 所示。

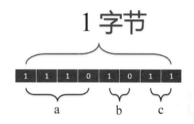

图 6-24 单片机　　　　　　　　　图 6-25 位域

使用位域的做法是在结构体定义时，在结构体成员后面使用冒号（:）和数字来表示该成员所占的位数。请看下面例子：

```
// Chapter6/test38.c
#include <stdio.h>

int main(void)
{
    struct Test
    {
        unsigned int a:1;
        unsigned int b:1;
        unsigned int c:2;
    };

    struct Test test;
    test.a = 0;
```

```
        test.b = 1;
        test.c = 2;

        printf("a = %d, b = %d, c = %d\n", test.a, test.b, test.c);
        printf("size of test = %d\n", sizeof(test));

        return 0;
}
```

程序实现如下：

```
[fishc@localhost Chapter6]$ gcc test38.c && ./a.out
a = 0, b = 1, c = 2
size of test = 4
```

可以看出，整个 test 结构体一共只占用了 4 字节的空间（一个整型变量所占的空间），但它可以同时存放 0、1 和 2 三个数据。需要注意的是：十进制数 2 的二进制形式是 10，需要用 2 个二进制位来存放。

另外，位域限制了结构体成员可以存放的数据大小，假如把上面例子中的 c 限制为 1 字节，那么它就无法存放 2 这个十进制数了：

```
…
unsigned int c:1;
…
```

程序实现如下：

```
[fishc@localhost Chapter6]$ gcc test39.c && ./a.out
test39.c: In function 'main':
test39.c:16: warning: large integer implicitly truncated to unsigned type
a = 0, b = 1, c = 0
size of test = 1
```

编译器已经发现了问题，并且发出一个警告。结果也印证了这一点，c 的值只存放了二进制数 10 的 0，而 1 则溢出了。

C 语言标准还规定：位域的宽度不能超过它所依附的数据类型的长度。通俗地讲，成员变量都是有类型的，这个类型限制了成员变量位域的最大长度，冒号（:）后面的数字不能超过这个长度。

```
…
unsigned int c:33;
…
```

上面这样写将导致程序出错：

```
[fishc@localhost Chapter6]$ gcc test40.c && ./a.out
test40.c: In function 'main':
test40.c:10: error: width of 'c' exceeds its type
```

整型变量在我们的环境中是占 4 字节的空间，也就是 32 位，这里给 c 指定了 33 位的空间，编译器自然直接就报错了。

　　位域成员可以没有名称，只要给出数据类型和位宽即可：

```
struct Test
{
        unsigned int x:100;
        unsigned int y:200;
        unsigned int z:300;
        unsigned int  :424;
};
```

　　无名位域一般用来作为填充或者调整成员的位置，因为没有名称，所以无名位域并不能够拿来使用。

 注意：

　　C 语言的标准只说明 unsigned int 和 signed int 支持位域，然后 C99 增加了 _Bool 类型也支持位域，其他数据类型理论上是不支持的。不过大多数编译器在具体实现时都进行了扩展，额外支持了 signed char、unsigned char 以及枚举类型，所以如果对 char 类型的结构体成员使用位域，基本上也没什么问题。但如果考虑到程序的可移植性，就需要谨慎对待了。另外，由于内存的基本单位是字节，而位域只是字节的一部分，所以并不能对位域进行取地址运算。

　　好了，我知道虽然讲了这么多，有些读者还是会嗤之以鼻：现在技术发展这么快，就算是单片机，以字节为单位的时代也很快成为过去，没必要在空间上斤斤计较！

　　话是这样说，但还有一个放之四海而皆准的原则——节约成本。设想一下，如果能够通过这一节学到的知识，将原先需要占用 1MB 内存空间的程序，优化成 200KB，那么原先每块 3.98 元的芯片，优化后就可以缩减为用内存小一点的每块 3.48 元的芯片来代替。别小看这区区 0.5 元，对于年出货量百万级的公司来说，这就是几十万元的额外收入。

第7章

位操作

上一章，小甲鱼把大家带到了 C 语言的"微观"小世界中——精确到位进行存储和访问。如果有人问你："C 语言中，1 字节是多少位？"

这时候就要当心了，如果不假思索地回答"8 位"，那么可能就中了对方的陷阱，因为 C 语言的标准可没有规定 1 字节必须是 8 位。

没错，从严格意义上来说，C 语言并没有规定 1 字节的尺寸，C 语言对字节的定义是"可寻址的数据存储单位，其尺寸必须可以容纳运行环境的基本字符集的任何成员"。

C 语言类似这样模棱两可的标准还是非常多的，如 C 语言只明文规定了 char 类型的变量占用 1 字节的空间，但其他类型就只给出了相对的大小关系，具体的尺寸要根据相关的环境来约束。另外，还有很多未定义的行为都是由编译器来进一步规范的，所以在不同的环境下，相同的 C 语言代码完全有可能产生不同的结果。

在本书的学习环境中 1 字节指的是 8 位。C 语言虽然没有规定 1 字节到底是多少位，但它把这个任务转交给了编译器来实现，编译器将这个规定写在了 limits.h 这个头文件中：

```
// Chapter7/test1.c
#include <stdio.h>
#include <limits.h>

int main(void)
{
        printf("一个字节是%d 位! \n", CHAR_BIT);

        printf("signed char 的最小值是: %d\n", SCHAR_MIN);
        printf("signed char 的最大值是: %d\n", SCHAR_MAX);
        printf("unsigned char 的最大值是: %u\n", UCHAR_MAX);

        printf("signed short 的最小值是: %d\n", SHRT_MIN);
        printf("signed short 的最大值是: %d\n", SHRT_MAX);
        printf("unsigned short 的最大值是: %u\n", USHRT_MAX);

        printf("signed int 的最小值是: %d\n", INT_MIN);
        printf("signed int 的最大值是: %d\n", INT_MAX);
```

```
        printf("unsigned int 的最大值是: %u\n", UINT_MAX);

        printf("singed long 的最小值是: %ld\n", LONG_MIN);
        printf("singed long 的最大值是: %ld\n", LONG_MAX);
        printf("unsinged long 的最大值是: %lu\n", ULONG_MAX);

        printf("singed long long 的最小值是: %lld\n", LLONG_MIN);
        printf("singed long long 的最大值是: %lld\n", LLONG_MAX);
        printf("unsinged long long 的最大值是: %llu\n", ULLONG_MAX);

        return 0;
}
```

程序实现如下:

```
[fishc@localhost Chapter7]$ gcc test1.c && ./a.out
一个字节是 8 位!
signed char 的最小值是: -128
signed char 的最大值是: 127
unsigned char 的最大值是: 255
signed short 的最小值是: -32768
signed short 的最大值是: 32767
unsigned short 的最大值是: 65535
signed int 的最小值是: -2147483648
signed int 的最大值是: 2147483647
unsigned int 的最大值是: 4294967295
singed long 的最小值是: -2147483648
singed long 的最大值是: 2147483647
unsinged long 的最大值是: 4294967295
singed long long 的最小值是: -9223372036854775808
singed long long 的最大值是: 9223372036854775807
unsinged long long 的最大值是: 18446744073709551615
```

现在可以确定 1 字节在本书的学习环境中确实是 8 位,那么下一步就要探究 C 语言
对精确到位的把控能力了。C 语言不仅允许通过位域的形式来按位存取,还允许进行精
确到位的运算。对于位运算,C 语言提供了专用的位运算符,包括逻辑位运算符和移位
运算符。

7.1 逻辑位运算符

视频讲解

先前学习过逻辑运算符:在 C 语言中,如果需要同时对两个或两个以上的关系表达
式进行判断,那么就需要用到逻辑运算符。逻辑运算符的两边只能是逻辑值,逻辑值只
能是"真"或"假"。如果表达式的值为 0,则表示"假";如果表达式的值为非 0 的任
何数值,则表示"真"。

与逻辑运算符不同的是,逻辑位运算符只作用于整型数据,并且是对数据中的每一
个单独的二进制位进行运算。

C 语言共提供了四种逻辑位运算符,见表 7-1。

表 7-1　逻辑位运算符

运　算　符	含　　义	优　先　级	举　　例	说　　明
～	按位取反	高	～a	如果 a 为 1，～a 为 0； 如果 a 为 0，～a 为 1
&	按位与	中	a & b	只有 a 和 b 同时为 1，结果才为 1； 只要 a 和 b 其中一个为 0，结果为 0
^	按位异或	低	a ^ b	如果 a 和 b 不同，其结果为 1； 如果 a 和 b 相同，其结果为 0
|	按位或	最低	a | b	只要 a 和 b 其中一个为 1，结果为 1； 只有 a 和 b 同时为 0，结果才为 0

总的来说与逻辑运算符还是很相似的，符号也相似，不过逻辑运算符的操作数是逻辑值（整个操作数），而逻辑位运算符是对其操作数的每一个二进制位起作用。

 注意：

为了方便大家阅读和理解，本章大多数例子使用二进制形式来表示一个整数，并且每四位隔开一个空格。

7.1.1　按位取反

逻辑位运算符中优先级最高的是按位取反运算符（～），作用是将 1 变成 0，将 0 变成 1：

```
～ 1111 1111      ～ 0000 0000      ～ 1010 1111
-----------------    ------------------    -------------------
  0000 0000           1111 1111             0101 0000
```

7.1.2　按位与

优先级排第二的逻辑位运算符是按位与运算符（&）（而逻辑与是两个&符号，大家注意区分）：

```
   1111 1111          1111 1111           1010 1111
&  1111 1111       &  0000 0000        &  1010 0101
-----------------     -----------------       -----------------
   1111 1111          0000 0000           1010 0101
```

7.1.3　按位异或

优先级排第三的逻辑位运算符是按位异或运算符（^），只有当两个操作数对应的二进制位不同时，它的结果才为 1，否则为 0：

```
         1111 1111              1111 1111               1010 1111
    ^    1111 1111         ^    0000 0000          ^    1010 0101
    ------------------     ------------------      ------------------
         0000 0000              1111 1111               0000 1010
```

7.1.4 按位或

逻辑位运算符中优先级最低的是按位或运算符（|）（而逻辑或是两个 | 符号，大家注意区分）：

```
         1111 1111              1111 1111               1010 1111
    |    1111 1111         |    0000 0000          |    1010 0101
    ------------------     ------------------      ------------------
         1111 1111              1111 1111               1010 1111
```

7.1.5 和赋值号结合

这四个运算符，除了第一个运算符只有一个操作数之外，其他三个运算符都可以与赋值号（=）结合使用，使得代码更加简洁：

```c
// Chapter7/test2.c
#include <stdio.h>

int main(void)
{
    int mask = 0xFF;
    int v1 = 0xABCDEF;
    int v2 = 0xABCDEF;
    int v3 = 0xABCDEF;

    v1 &= mask;
    v2 |= mask;
    v3 ^= mask;

    printf("v1 = 0x%X\n", v1);
    printf("v2 = 0x%X\n", v2);
    printf("v3 = 0x%X\n", v3);

    return 0;
}
```

程序实现如下：

```
[fishc@localhost Chapter7]$ gcc test2.c && ./a.out
v1 = 0xEF
```

```
v2 = 0xABCDFF
v3 = 0xABCD10
```

sizeof(int)在我们的操作系统中是占 4 字节，所以，v1、v2 和 v3 的初始值的二进制形式表示是（程序中是十六进制形式表示）：

0000 0000 1010 1011 1100 1101 1110 1111

而 mask（0xFF）的二进制形式是：

0000 0000 0000 0000 0000 0000 1111 1111

v1 &= mask 相当于 v1 = v1 & mask，即：

```
      0000 0000 1010 1011 1100 1101 1110 1111
&     0000 0000 0000 0000 0000 0000 1111 1111
---------------------------------------------
      0000 0000 0000 0000 0000 0000 1110 1111
```

结果 1110 1111 表示为十六制形式就是 0xEF。

v2 |= mask 相当于 v2 = v2 | mask，即：

```
      0000 0000 1010 1011 1100 1101 1110 1111
|     0000 0000 0000 0000 0000 0000 1111 1111
---------------------------------------------
      0000 0000 1010 1011 1100 1101 1111 1111
```

结果 1010 1011 1100 1101 1111 1111 表示为十六制形式就是 0xABCDFF。

v3 ^= mask 相当于 v3 = v3 ^ mask，即：

```
      0000 0000 1010 1011 1100 1101 1110 1111
^     0000 0000 0000 0000 0000 0000 1111 1111
---------------------------------------------
      0000 0000 1010 1011 1100 1101 0001 0000
```

结果 1010 1011 1100 1101 0001 0000 表示为十六制形式就是 0xABCD10。

7.2 移位运算符

视频讲解

C 语言除提供了四种逻辑位运算符之外，还提供了可以将某个变量中所有的二进制位进行左移或右移的运算符——移位运算符。

7.2.1 左移运算符

左移运算符（<<）拥有两个操作数，但两者的意义是不一样的：左边的操作数是即将被移位的数据；右边的操作数指定移动的位数。将左边移出的位数全部舍弃，右边用 0 填充空位。

比如，有一个二进制数是 11001010，要将其左移 2 位，就这样写：

```
11001010 << 2
```

结果就是 00101000，如图 7-1 所示。

图 7-1　左移运算符

7.2.2　右移运算符

右移运算符（>>）同样拥有两个操作数：左边的操作数是即将被移位的数据；右边的操作数指定移动的位数。将右边移出的位数全部舍弃，左边用 0 填充空位。

比如，有一个二进制数是 11001010，要将其右移 2 位，就这样写：

```
11001010 >> 2
```

结果就是 00110010，如图 7-2 所示。

图 7-2　右移运算符

7.2.3　和赋值号结合

左移、右移运算符也可以和赋值号结合，使得代码更加简洁：

```
// Chapter7/test3.c
#include <stdio.h>

int main(void)
{
    int value = 1;

    while (value < 1024)
    {
        value <<= 1;
        printf("value = %d\n", value);
    }

    printf("\n--------woshiyitiaomirendefengexian--------\n\n");

    value = 1024;
```

```
        while (value > 0)
        {
                value >>= 2;
                printf("value = %d\n", value);
        }


        return 0;
}
```

程序实现如下：

```
[fishc@localhost Chapter7]$ gcc test3.c && ./a.out
value = 2
value = 4
value = 8
value = 16
value = 32
value = 64
value = 128
value = 256
value = 512
value = 1024

--------woshiyitiaomirendefengexian--------

value = 256
value = 64
value = 16
value = 4
value = 1
value = 0
```

通过上面例子可以看出：将一个整数按位左移 N 位表示乘以 2 的 N 次幂，右移 N
位表示除以 2 的 N 次幂。因为是直接移位进行的操作，所以比直接乘以 2 或者除以 2 的
N 次幂运算速度要快得多。

7.2.4 一些未定义行为

之前我们讲过 C 语言是很"圆滑"的，对于一些不知道该怎么办的操作，C 语言给
出的解释是"未定义行为"，也就是需要让编译器自己来做决定。比如，左移、右移运算
符右边的操作数如果是负数，或者右边的操作数大于左边操作数的最大宽度，那么表达
式导致的结果均属于"未定义行为"。

另外，左边的操作数是有符号还是无符号数其实也对移位运算符有着不同的影响。
无符号数肯定没问题，因为这时候变量里边所有的位都用于表示该数值的大小。但如果
是有符号数，那就要区别对待了，因为有符号数的左边第一位是符号位，所以如果恰好

这个操作数是个负数，那么移动之后是否覆盖符号位的决定权还是落到了编译器上。

7.3 应用

一些标志可以用位来进行存储，不同位代表不同的功能是否被启用，打个比方，就像家里配电箱的开关一样——使用不同的位控制家里各个区域是否通电，如图 7-3 所示。

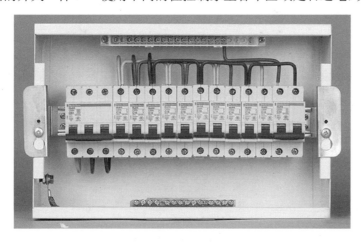

图 7-3   配电箱

7.3.1   掩码

掩码（mask）在计算机学科及数字逻辑中指的是一串二进制数字，通过与目标数字的按位操作，达到屏蔽指定位来实现需求。依旧拿配电箱举例，如图 7-4 所示。

总	客厅	餐厅	厨房	主卧	次卧	次卧	书房
1	1	0	0	1	0	0	0

图 7-4   掩码

如果要判断主卧是否开启，可以设置一个 10001000 的掩码，然后将两者进行按位与操作，如图 7-5 所示。

总	客厅	餐厅	厨房	主卧	次卧	次卧	书房
1	1	0	0	1	0	0	0

&

掩码							
1	0	0	0	1	0	0	0

==

结果							
1	0	0	0	1	0	0	0

图 7-5   掩码

只要判断计算结果是否为 136（二进制 10001000 相当于十进制的 136），即可知道主卧是否为开启状态。其实只要判断计算结果与 mask 的值是否一样即可：

```
if ((value & mask) == mask)
{
        printf("Open!\n");
}
```

7.3.2　打开位

有时候可能要确保某个特定的位必须是 1，其他位保持不变，可以利用按位或运算符来实现打开某个位。还是以配电箱为例，如果要确保主卧的电源必须是开启状态，需要同时确保总开关和主卧的位为 1，如图 7-6 所示。

图 7-6　打开位

7.3.3　关闭位

既然可以打开某个二进制位，那么当然也可以关闭某个二进制位。做法就是将掩码取反并与目标进行按位与操作，如图 7-7 所示。

图 7-7　关闭位

假如想要关闭客厅的电源，可以将掩码指定为 01000000，取反后的值是 10111111，由于任何位与 1 进行按位与操作的结果是其本身，与 0 进行按位与操作的结果是 0，所以该操作只会使得客厅的电源被关闭，而不会影响其他任何位的值。

有些读者可能会有疑惑，为什么不直接将掩码设置为 10111111 呢？这是因为掩码通常用于表示将要对哪一个位下手，所以使用 01000000 可以明确表示是要对客厅的电源进行操作。

另外，按位取反运算符的优先级比按位与的优先级高，因此可以把表达式写得更精简一些：

```
value &= ~mask
```

7.3.4　转置位

转置一个位就是将该二进制位取反——如果该位为 1，转置后为 0；如果该位为 0，转置后则为 1。注意，因为是单独作用于一个二进制位，所以不可以使用按位取反运算符将整个数取反。要转置一个或若干二进制位，可以使用按位异或运算符，如图 7-8 所示。

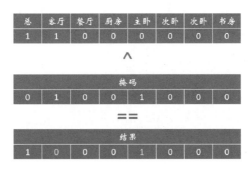

图 7-8　转置位

按图 7-8 操作，就可以将客厅和主卧两个位置的电源进行转置。

第8章

文件操作

大多数程序都遵循"输入→处理→输出"模型，首先接收输入数据，然后根据指定的算法进行处理，最后输出计算结果，如图 8-1 所示。

截至目前所讲的内容，我们开发的应用程序只能从键盘上接收用户的输入，并且将处理结果"打印"到屏幕上。但有时候可能需要从指定的文件中导入数据，经过程序分析处理之后将结果导出到指定的文件中，那么就需要涉及 C 语言的文件操作了。

图 8-1 "输入→处理→输出"模型

8.1 文件是什么

在讲解 C 语言的文件操作之前，先来谈谈什么是文件。

一些文件的扩展名如图 8-2 所示。由于 Windows 是以扩展名来指出文件类型的，所以相信很多习惯使用 Windows 的读者很快就会反应过来：.exe 是可执行文件格式，.txt 是文本文件，.ppt 是 PowerPoint 的专用格式，.jpg 是图片，.mp4 和.avi 是视频文件。

图 8-2 文件扩展名

上面这些是通常所理解的文件概念，可以将它们称为普通文件。但是在 Linux 和 UNIX 操作系统的编程中，有一个说法叫"万物皆文件"，意思是在这类系统上，几乎所有的东西都可以被当作文件来进行处理。比如，键盘、鼠标、光驱和显示器这类与文件无关的设备，在这类系统上都是被作为文件来进行处理的。

比如，要查看 CPU 的当前信息，并不需要使用特殊的工具，使用文本编辑器打开 /proc/cpuinfo 文件即可查看，如图 8-3 所示。

如果使用程序来访问它们，那么所使用的函数与访问普通文件使用的函数是一样的。设计了这样一套逻辑，主要还是秉承着 UNIX 一贯主张的 kiss 原则（keep it simple, stupid），将所有的设备都隐藏起来，给用户统一的外在接口，操作起来就会很方便。

C 语言的文件主要有两种，一种是你看得懂的，一种是你看不懂的。看得懂的是文本文件，由一些字符的序列组成；另一种看不懂的是二进制文件，通常是指除了文本文件以外的文件。举个例子：通常编写程序的源代码以及包含的头文件，属于文本文件；而经过编译器加工之后的目标文件、可执行文件和库文件，则属于二进制文件。但从本质上来说，文本文件也属于二进制文件，只不过它存放的是相应的字符编码值。

图 8-3　查看 CPU 信息

8.2　打开和关闭文件

只有在一个文件被打开的时候，才能够对其进行读写操作。"读"就是从文件里获取数据；"写"则相反，是将数据写入文件里面。在完成对一个文件的读写操作之后，必须将其关闭。

打开文件使用 fopen 函数。该函数有两个参数：第一个参数指定的是将要打开的文件的文件路径以及文件名，第二个参数指定文件的打开模式，见表 8-1。如果文件打开成功，则返回一个指向 FILE 结构的文件指针，通过这个 FILE 指针，就可以对该文件进行操作；如果文件打开失败，则返回 NULL。

表 8-1　文件的打开模式

模　　式	描　　述
"r"	以只读的模式打开一个文本文件，从文件头开始读取； 该文本文件必须存在
"w"	以只写的模式打开一个文本文件，从文件头开始写入； 如果文件不存在，则创建一个新的文件； 如果文件已存在，则将文件的长度截断为 0（重新写入的内容将覆盖原有的所有内容）
"a"	以追加的模式打开一个文本文件，从文件末尾追加内容； 如果文件不存在，则创建一个新的文件
"r+"	以读和写的模式打开一个文本文件，从文件头开始读取和写入； 该文件必须存在； 该模式不会将文件的长度截断为 0（只覆盖重新写入的内容，原有的内容保留）

271

模　式	描　　述
"w+"	以读和写的模式打开一个文本文件，从文件头开始读取和写入； 如果文件不存在，则创建一个新的文件； 如果文件已存在，则将文件的长度截断为 0（重新写入的内容将覆盖原有的所有内容）
"a+"	以读和追加的模式打开一个文本文件； 如果文件不存在，则创建一个新的文件； 读取是从文件头开始，而写入则是在文件末尾追加
b	与上面 6 种模式均可结合（"rb", "wb", "ab", "r+b", "w+b", "a+b"）； 其描述的含义一样，只不过操作的对象是二进制文件

打开模式要区分文本模式和二进制模式，主要是因为换行符的问题。换行符在 C 语言中用\n，UNIX 系统用\n，Windows 系统用\r\n，Mac 系统则用\r。如果在 Windows 系统上以文本模式打开一个文件，从文件读到的\r\n 将会自动转换成\n，而写入文件则将\n 替换为\r\n；但如果以二进制模式打开，则不会做这样的转换。UNIX 系统的换行符与 C 语言是一致的，所以不管以文本模式还是二进制模式打开，结果都是一样的。

当对一个文件完成读写操作之后，请务必调用 fclose 函数关闭它，其参数就是 fopen 返回的文件指针。因为只有调用了 fclose 函数，系统才会将缓冲区内的数据写入文件中，并释放该文件的相关资源。如果文件关闭成功，返回值是 0；如果文件关闭失败，返回值是 EOF。成功关闭一个文件后相关的文件指针就无效了。

请看下面例子：

```c
// Chapter8/test1.c
#include <stdio.h>
#include <stdlib.h>

int main(void)
{
    FILE *fp;
    int ch;

    if ((fp = fopen("hello.txt", "r")) == NULL)
    {
        printf("打开文件失败！\n");
        exit(EXIT_FAILURE);
    }

    while ((ch = getc(fp)) != EOF)
    {
        putchar(ch);
    }

    fclose(fp);

    return 0;
}
```

程序实现如下（注意：如果当前目录下并不存在 hello.txt 的文件，将提示"打开文件失败！"）：

```
[fishc@localhost Chapter8]$ gcc test1.c && ./a.out
I love FishC.com!
```

8.3　顺序读写文件

视频讲解

一个文件被打开之后，就可以对其进行读写操作了（打开时需要指定相应的打开模式）。读写操作分为顺序读写操作和随机读写操作。顺序读写操作是指打开文件之后，从文件头开始读写，即读写数据的顺序和数据在文件中的存储顺序是一致的。

8.3.1　读写单个字符

从文件读取单个字符可以使用 fgetc 和 getc 函数。这两个函数的作用都是从文件流中读取下一个字符并推进文件的位置指示器（用来指示要读写的下一个字符的位置）。

```
#include <stdio.h>
…
int fgetc(FILE *stream);
int getc(FILE *stream);
```

参数是一个 FILE 结构的指针，指定一个待读取的文件流。如果读取成功，该函数将读取到的 unsigned char 类型转换为 int 类型并返回；如果文件结束或者遇到错误则返回 EOF。

fgetc 和 getc 的功能和描述基本上是一样的，它们的区别主要在于实现：fgetc 是一个函数；而 getc 实际上是一个宏的实现。一般来说，宏虽产生较大的代码量，但是避免了函数调用的堆栈操作，所以速度会比较快。由于 getc 是由宏实现的，对其参数可能有不止一次的调用，所以不能使用带有副作用（side effects）的参数（所谓副作用，其实就是参数中不能存在自增、自减运算符，因为宏在展开后可能参数会被多次引用，这一点在 5.11 节内联函数中有举例讲解）。

向文件写入单个字符可以使用 fputc 和 putc 函数。

```
#include <stdio.h>
…
int fputc(int c, FILE *stream);
int putc(int c, FILE *stream);
```

与上面一样，它们的区别是：fputc 是一个函数，而 putc 则是一个宏的实现。它们都有两个参数：第一个参数指定待写入的字符；第二个参数是一个 FILE 结构的指针，指定一个待写入的文件流。

下面举一个例子，让程序打开一个名为 hello.txt 的文件，然后创建一个 fishc.txt 文件，读取前一个文件的内容并写入后一个文件中：

```c
// Chapter8/test2.c
#include <stdio.h>
#include <stdlib.h>

int main(void)
{
    FILE *fp1;
    FILE *fp2;
    int ch;

    if ((fp1 = fopen("hello.txt", "r")) == NULL)
    {
        printf("打开文件失败！\n");
        exit(EXIT_FAILURE);
    }

    if ((fp2 = fopen("fishc.txt", "w")) == NULL)
    {
        printf("打开文件失败！\n");
        exit(EXIT_FAILURE);
    }

    while ((ch = fgetc(fp1)) != EOF)
    {
        fputc(ch, fp2);
    }

    fclose(fp1);
    fclose(fp2);

    return 0;
}
```

程序实现如下：

```
[fishc@localhost Chapter8]$ gcc test2.c && ./a.out
[fishc@localhost Chapter8]$ cat fishc.txt
Hello FishC!
```

8.3.2　读写整个字符串

从文件读整个字符串和向文件写整个字符串可以使用 fgets 和 fputs 函数。

```
#include <stdio.h>
...
```

```
char *fgets(char *s, int size, FILE *stream);
int fputs(const char *s, FILE *stream);
```

其中，fgets 函数用于从指定文件中读取字符串。fgets 函数最多可以读取 size-1 个字符，因为结尾处会自动添加一个字符串结束符（'\0'）。当读取到换行符（'\n'）或文件结束符（EOF）时，表示结束读取（'\n'会被作为一个合法的字符读取）。

fgets 函数有三个参数：第一个参数是一个字符型指针，指向用于存放读取到的字符串的位置；第二个参数指定读取的字符数（包括最后自动添加的'\0'）；最后一个参数是一个 FILE 结构的指针，指定一个待读取的文件流。

如果函数调用成功，返回第一个参数指向的地址。如果在读取字符的过程中遇到 EOF，则 eof 指示器被设置；如果还没读入任何字符就遇到 EOF，则第一个参数指向的位置保持原来的内容，函数返回 NULL；如果在读取的过程中发生错误，则 error 指示器被设置，函数返回 NULL，但第一个参数指向的内容可能被改变。

将一个字符串写入文件中使用 fputs 函数。注意，字符串结束符（'\0'）不会被一并写入。

fputs 函数有两个参数：第一个参数是一个字符型指针，指向用于存放待写入字符串的位置；第二个参数是一个 FILE 结构的指针，指定一个待操作的数据流。如果函数调用成功，返回一个非 0 值；如果函数调用失败，返回 EOF。

下面例子调用多次 fputs 函数将几个字符串写入文件中，然后调用 fgets 函数读取并打印到屏幕上：

```
// Chapter8/test3.c
#include <stdio.h>
#include <stdlib.h>

#define MAX 1024

int main(void)
{
        FILE *fp;
        char buffer[MAX];

        if ((fp = fopen("lines.txt", "w")) == NULL)
        {
                printf("打开文件失败! \n");
                exit(EXIT_FAILURE);
        }

        fputs("Line one: Hello World!\n", fp);
        fputs("Line two: Hello FishC!\n", fp);
        fputs("Line three: I love FishC.com!\n", fp);

        fclose(fp);
```

```
        //重新打开文件
        if ((fp = fopen("lines.txt", "r")) == NULL)
        {
                printf("打开文件失败！\n");
                exit(EXIT_FAILURE);
        }

        while (!feof(fp))
        {
                fgets(buffer, MAX, fp);
                printf("%s", buffer);
        }

        fclose(fp);

        return 0;
}
```

分析：feof 函数用于检测 eof 指示器是否被设置，如果检测到文件末尾指示器被设置，返回一个非 0 值；否则返回 0。

 注意：

在 test3.c 这个程序中先关闭再重新打开 lines.txt 文件，这样做是为了确保内容都写入了文件中，并从文件头开始读取字符串。

程序实现如下：

```
[fishc@localhost Chapter8]$ gcc test3.c && ./a.out
Line one: Hello World!
Line two: Hello FishC!
Line three: I love FishC.com!
Line three: I love FishC.com!
```

程序出了一点小意外，第三行字符串打印了两次，但是查看 lines.txt 文件的内容却是正确的：

```
[fishc@localhost Chapter8]$ cat lines.txt
Line one: Hello World!
Line two: Hello FishC!
Line three: I love FishC.com!
```

分析：这是因为 fgets 函数一旦遇到换行符（'\n'）就会停止本次字符串的读取，而在最后一行字符串读取完成之后，并没有遇到 EOF（是换行符导致了本次读取结束），所以它还要多读取一次，但是这一次除了读取到 EOF 就没有其他内容了，因此 buffer 字符串的内容并没有被新的内容所覆盖。

视频讲解

8.3.3 格式化读写文件

相信大家已经对 scanf 和 printf 函数的用法熟记于心了,使用它们可以对终端进行格式化字符串输入和输出。同样,对于文件的读写,也有两个类似的函数——fscanf 和 fprintf 函数。

```c
#include <stdio.h>
…
int fscanf(FILE *stream, const char *format, ...);
int fprintf(FILE *stream, const char *format, ...);
```

从名字上看,它们只是在 scanf 和 printf 前面加上一个表示文件的 f(file);从用法上看,fscanf 和 fprintf 函数的读写对象是文件而不是终端,其中的 format 参数和附加参数用法与 scanf 和 printf 函数是一致的。

请看下面例子:

```c
// Chapter8/test4.c
#include <stdio.h>
#include <stdlib.h>
#include <time.h>

int main(void)
{
    FILE *fp;
    struct tm *p;
    time_t t;

    time(&t);
    p = localtime(&t);

    //写入当前日期到文件中
    if ((fp = fopen("date.txt", "w")) == NULL)
    {
        printf("打开文件失败! \n");
        exit(EXIT_FAILURE);
    }

    fprintf(fp, "%d-%d-%d", 1900 + p->tm_year, 1 + p->tm_mon,
    p->tm_mday);
    fclose(fp);

    //读取文件中的日期数据并打印到屏幕上
    int year, month, day;

    if ((fp = fopen("date.txt", "r")) == NULL)
```

```
        {
            printf("打开文件失败！\n");
            exit(EXIT_FAILURE);
        }

        fscanf(fp, "%d-%d-%d", &year, &month, &day);
        printf("%d-%d-%d\n", year, month, day);

        fclose(fp);

        return 0;
}
```

程序实现如下：

```
[fishc@localhost Chapter8]$ gcc test4.c && ./a.out
2017-8-17
```

8.3.4 二进制读写文件

虽然 fopen 函数可以指定以何种模式（文本模式或二进制模式）打开一个文件，但这并不意味着后续对该文件的操作就一定是对应的形式。

请看下面例子：

```
// Chapter8/test5.c
#include <stdio.h>
#include <stdlib.h>

int main(void)
{
        FILE *fp;

        if ((fp = fopen("text.txt", "wb")) == NULL)
        {
                printf("打开文件失败！\n");
                exit(EXIT_FAILURE);
        }

        fputc('5', fp);
        fputc('2', fp);
        fputc('0', fp);
        fputc('\n', fp);

        fclose(fp);

        return 0;
}
```

程序实现如下:

```
[fishc@localhost Chapter8]$ gcc test5.c && ./a.out
[fishc@localhost Chapter8]$ cat text.txt
520
[fishc@localhost Chapter8]$ xxd text.txt
0000000: 3532 300a                         520.
```

分析:上面代码中,虽然使用"wb"二进制模式打开了一个 text.txt 文件,但仍然调用 fputc 函数成功地将四个字符('5'、'2'、'0'和'\n')写入了文件中。使用 xxd 命令以十六进制的形式查看该文件内容,35、32、30 和 0a 分别对应的是'5'、'2'、'0'和'\n'的 ASCII 编码。

那么如何使用二进制的形式读写文件呢? C 语言为直接读写文件提供了 fread 和 fwrite 函数。

```
#include <stdio.h>
...
size_t fread(void *ptr, size_t size, size_t nmemb, FILE *stream);
size_t fwrite(const void *ptr, size_t size, size_t nmemb, FILE *stream);
```

其中,fread 函数用于从指定文件中读取指定尺寸的数据。该函数一共有四个参数:第一个参数指向存放数据的内存块地址;第二个参数指定待读取的每个元素的尺寸;第三个参数指定待读取的元素个数;最后一个参数是一个 FILE 结构的指针,指向一个待读取的文件流。

如果函数调用成功,返回值是实际读取到的元素个数(即 nmemb 参数的值);如果返回值比 nmemb 参数的值小,表示可能读取到文件末尾或者有错误发生,如果是这样,可以使用 foef 函数或 ferror 函数进一步判断。

fwrite 函数用于将指定尺寸的数据写入指定的文件中。该函数也有四个参数:第一个参数指向存放数据的内存块地址;第二个参数指定待写入的每个元素的尺寸;第三个参数指定待写入的元素个数;最后一个参数是一个 FILE 结构的指针,指向一个待写入的文件流。

请看下面例子:

```
// Chapter8/test6.c
#include <stdio.h>
#include <string.h>
#include <stdlib.h>

struct Date
{
    int year;
    int month;
    int day;
};
```

```c
struct Book
{
        char name[40];
        char author[40];
        char publisher[40];
        struct Date date;
};

int main(void)
{
        FILE *fp;
        struct Book *book_for_write, *book_for_read;

        //为结构体分配堆内存空间
        book_for_write = (struct Book *)malloc(sizeof (struct Book));
        book_for_read = (struct Book *)malloc(sizeof (struct Book));

        if (book_for_write == NULL || book_for_read == NULL)
        {
                printf("内存分配失败！\n");
                exit(EXIT_FAILURE);
        }

        //填充结构体数据
        strcpy(book_for_write->name, "《零基础入门学习 Python》");
        strcpy(book_for_write->author, "小甲鱼");
        strcpy(book_for_write->publisher, "清华大学出版社");
        book_for_write->date.year = 2016;
        book_for_write->date.month = 11;
        book_for_write->date.day = 11;

        if ((fp = fopen("file.txt", "w")) == NULL)
        {
                printf("打开文件失败！\n");
                exit(EXIT_SUCCESS);
        }

        //将整个结构体写入文件中
        fwrite(book_for_write, sizeof(struct Book), 1, fp);

        //写入完成，关闭保存文件
        fclose(fp);

        //重新打开文件，检测是否成功写入数据
        if ((fp = fopen("file.txt", "r")) == NULL)
        {
```

```
        printf("打开文件失败！\n");
        exit(EXIT_SUCCESS);
    }

    //在文件中读取结构体并打印到屏幕上
    fread(book_for_read, sizeof(struct Book), 1, fp);

    printf("书名：%s\n", book_for_read->name);
    printf("作者：%s\n", book_for_read->author);
    printf("出版社：%s\n", book_for_read->publisher);
    printf("出版日期：%d-%d-%d\n", book_for_read->date.year, book_for_
    read->date.month, book_for_read->date.day);

    fclose(fp);

    return 0;
}
```

程序实现如下：

```
[fishc@localhost Chapter8]$ gcc test6.c && ./a.out
书名：《零基础入门学习 Python》
作者：小甲鱼
出版社：清华大学出版社
出版日期：2016-11-11
```

有些读者可能会觉得，既然是使用文本模式打开的文件，又能够正常地将内容打印到屏幕上，那么 file.txt 文件中的内容一定应该是文本。使用 vi 命令打开 file.txt 文件来看看，如图 8-4 所示。

图 8-4　file.txt 文件内容

这是典型的二进制数据，因此使用文本编辑器并不能读取其内容。

不难得出结论：不管是用文本模式还是用二进制模式打开文件，都不能决定写入数据的形式，它们只是影响换行符的表现形式而已。真正决定数据是以字符的形式写入还是以二进制的形式写入，则是相关的文件读写函数。

8.4　随机读写文件

视频讲解

前面介绍的文件读写函数都是顺序读写，也就是说只能从文件头开始读写。根据不同的函数，可以一次性读写一个字符，或者一个字符串，甚至是一整块二进制数据。但在实际开发中经常需要读写文件的中间部分，这种情况下使用顺序读写函数效率并不理想。要解决这个问题，就得先移动文件内部的位置指针，再进行读写。这种读写方式称为随机读写，也就是允许从文件的任意位置开始读写。

为了方便对文件的读写进行控制，系统为每个打开的文件设置了一个位置指示器，用于表示当前的读写位置。使用 ftell 函数可以返回当前的读写位置。

```
#include <stdio.h>
...
long ftell(FILE *stream);
```

ftell 函数返回一个 long 类型的值表示指定文件的当前读写位置，从某种意义上来看，可以将文件看作一个数组，ftell 的返回值就是这个"数组"的下标。

请看下面例子：

```
// Chapter8/test7.c
#include <stdio.h>
#include <stdlib.h>

int main(void)
{
        FILE *fp;

        if ((fp = fopen("hello.txt", "w")) == NULL)
        {
                printf("文件打开失败! \n");
                exit(EXIT_FAILURE);
        }

        printf("%ld\n", ftell(fp));
        fputc('F', fp);
        printf("%ld\n", ftell(fp));
        fputs("ishC\n", fp);
        printf("%ld\n", ftell(fp));

        fclose(fp);

        return 0;
}
```

程序实现如下：

```
[fishc@localhost Chapter8]$ gcc test7.c && ./a.out
0
1
6
[fishc@localhost Chapter8]$ cat hello.txt
```

```
FishC
```

使用 rewind 函数可以将位置指示器移动到文件的开头位置：

```
...
        rewind(fp);
        fputs("Hello", fp);

        fclose(fp);
...
```

程序实现如下：

```
[fishc@localhost Chapter8]$ gcc test8.c && ./a.out
0
1
6
[fishc@localhost Chapter8]$ cat hello.txt
Hello
```

注意：

rewind 函数只是将位置指示器初始化到文件头的位置，此时插入数据会直接覆盖原始数据，所以上面例子中 FishC 被 Hello 所覆盖。

有时候可能希望直接读取文件中第 100 个字节的数据，这时可以使用 fseek 函数来移动位置指示器到指定的位置。

```
#include <stdio.h>
...
int fseek(FILE *stream, long int offset, int whence);
```

fseek 函数有三个参数：第一个参数是一个 FILE 结构的指针，指向一个待操作的文件流；第二个参数（offset）和第三个参数（whence）共同决定了目标位置，其中 offset 参数表示从 whence 参数表示的位置起偏移多少个字节；whence 参数则指定开始偏移的位置，见表 8-2。

表 8-2　whence 参数

值	描　　述
SEEK_SET	文件开头
SEEK_CUR	当前位置
SEEK_END	文件末尾

比如，若希望将位置指示器定位到文件第 100 个字节的位置，可以这样写：

```
fseek(fp, 100, SEEK_SET);
```

如果希望定位到距离文件末尾倒数第 5 个字节的位置，可以这样写：

```
fseek(fp, -5, SEEK_END);
```

下面程序要求录入学生的姓名、学号和成绩到指定的文件中，然后读取其中的第二条数据并打印到屏幕上：

```c
// Chapter8/test9.c
#include <stdio.h>
#include <stdlib.h>

#define N 4

struct Stu
{
        char name[24];
        int num;
        float score;
}stu[N], sb; // sb means somebody

int main(void)
{
        FILE *fp;
        int i;

        if ((fp = fopen("score.txt", "wb")) == NULL)
        {
                printf("打开文件失败! \n");
                exit(EXIT_FAILURE);
        }

        printf("请开始录入成绩(格式: 姓名 学号 成绩)\n");
        for (i = 0; i < N; i++)
        {
                scanf("%s %d %f", stu[i].name, &stu[i].num, &stu[i].score);
        }

        //写入结构体数据到文件
        fwrite(stu, sizeof(struct Stu), N, fp);
        fclose(fp);

        //重新打开文件
        if ((fp = fopen("score.txt", "rb")) == NULL)
        {
                printf("打开文件失败! \n");
                exit(EXIT_FAILURE);
        }

        //定位到第二条信息
        fseek(fp, sizeof(struct Stu), SEEK_SET);
```

```
                //读取第二条信息
                fread(&sb, sizeof(struct Stu), 1, fp);
                printf("%s(%d)的成绩是：%.2f\n", sb.name, sb.num, sb.score);
                fclose(fp);

                return 0;
        }
```

程序实现如下：

```
[fishc@localhost Chapter8]$ gcc test9.c && ./a.out
请开始录入成绩(格式：姓名 学号 成绩)
小甲鱼 1 90
不二如是 2 96.5
风介 3 66.6
康小泡 4 100
不二如是(2)的成绩是：96.50
```

使用 fseek 函数需要考虑程序的可移植性问题，之前我们讨论过 fopen 函数使用文本模式和二进制模式打开文件的主要区别在于对换行符('\n')的处理上。比如，在 Windows 系统中，换行符是以'\r'和'\n'两个字符的形式存放，这就导致了在定位上将出现一些误差。因此，如果想要编写可移植的代码，就需要考虑以下问题。

（1）对于以二进制模式打开的文件，fseek 函数在某些操作系统中可能不支持 SEEK_END 位置。

（2）对于以文本模式打开的文件，fseek 函数的 whence 参数只有取 SEEK_SET 才是有意义的，并且传递给 offset 参数的值要么是 0，要么是上一次对同一个文件调用 ftell 函数获得的返回值。

8.5 标准流

视频讲解

8.5.1 标准输入、标准输出和标准错误输出

当一个程序被执行的时候，C 语言自动为其打开三个面向终端的文件流，它们分别是标准输入（standard input）、标准输出（standard output）和标准错误输出（standard error output），将它们称为标准流。当使用 printf 函数在显示器上打印字符串的时候，其实就是向标准输出流写入字符串；而使用 scanf 函数接收键盘输入的时候，其实就是从标准输入流读取字符串；GCC 编译程序的时候会有警告或错误发生，事实上就是将对应的信息写入标准错误输出流的过程。

C 语言分别为三个标准流提供了对应的文件指针：stdin、stdout 和 stderr。所以，当文件打开失败的时候，可以像下面这样打印错误信息：

```
// Chapter8/test10.c
```

```c
#include <stdio.h>
#include <stdlib.h>
int main(void)
{
    FILE *fp;
    if ((fp = fopen("nonexistent.txt", "r")) == NULL)
    {
        fputs("打开文件失败！\n", stderr);
        exit(EXIT_FAILURE);
    }
    // do something...
    fclose(fp);
    return 0;
}
```

程序实现如下：

```
[fishc@localhost Chapter8]$ gcc test10.c && ./a.out
打开文件失败！
```

8.5.2　重定向

这里补充一个课外知识点，由于标准输出和标准错误输出通常都是直接打印到屏幕上，为了区分它们，可以使用 Linux Shell 的重定向功能：

- 重定向标准输入使用"<"；
- 重定向标准输出使用">"；
- 重定向标准错误输出使用"2>"。

将代码修改如下：

```c
// Chapter8/test11.c
#include <stdio.h>
#include <stdlib.h>
int main(void)
{
    FILE *fp;
    if ((fp = fopen("nonexistent.txt", "r")) == NULL)
    {
        printf("标准输出！\n");
        fputs("错误：打开文件失败！\n", stderr);
        exit(EXIT_FAILURE);
    }
    // do something...
    fclose(fp);
    return 0;
}
```

默认情况下，很难分辨哪个是标准输出，哪个是标准错误输出：

```
[fishc@localhost Chapter8]$ gcc test11.c && ./a.out
标准输出！
错误：打开文件失败！
```

这时候可以使用 ">" 将标准输出重定向到 output.txt 文件，那么显示器上就只打印标准错误输出的内容：

```
[fishc@localhost Chapter8]$ ./a.out > output.txt
错误：打开文件失败！
[fishc@localhost Chapter8]$ cat output.txt
标准输出！
```

还可以同时将标准错误输出也重定向到 error.txt 文件：

```
[fishc@localhost Chapter8]$ ./a.out > output.txt 2> error.txt
[fishc@localhost Chapter8]$ cat output.txt
标准输出！
[fishc@localhost][Chapter8]$ cat error.txt
错误：打开文件失败！
```

【扩展阅读】更多有关 Linux Shell 重定向的知识，感兴趣的读者可以访问 http://bbs.fishc.com/thread-95145-1-1.html 或扫描图 8-5 所示二维码进行查阅。

图 8-5 重定向

8.5.3 错误处理

每一个流对象内部都有两个指示器：一个是文件结束指示器，当遇到文件末尾时该指示器被设置；另一个是错误指示器，当读写文件出错时该指示器被设置。feof 和 ferror 函数分别用于检查这两个指示器是否被设置：

```
// Chapter8/test12.c
#include <stdio.h>
#include <stdlib.h>

int main(void)
{
    FILE *fp;
    int ch;
```

```
        if ((fp = fopen("output.txt", "r")) == NULL)
        {
                fputs("打开文件失败！\n", stderr);
                exit(EXIT_FAILURE);
        }
        while (1)
        {
                ch = fgetc(fp);
                if (feof(fp))
                {
                        break;
                }
                putchar(ch);
        }

        fputc('C', fp);
        if (ferror(fp))
        {
                fputs("出错了！\n", stderr);
        }
        fclose(fp);

        return 0;
}
```

程序实现如下：

```
[fishc@localhost Chapter8]$ gcc test12.c && ./a.out
输出到标准输出！
出错了！
```

分析：这里打开的是 test11.c 程序的输出文件（output.txt），使用 fgetc 函数依次读取里面的字符并打印到屏幕上，当 feof 函数检测到文件末尾指示器被设置时跳出 while 循环。紧接着 fputc 是一个明显错误的操作，因为文件的打开模式是只读（"r"），所以并没有权限对其进行写入，因此错误指示器也就被设置了。

使用 clearerr 函数可以人为地清除文件末尾指示器和错误指示器的状态：

```
...
        // 同时清除文件末尾指示器和错误指示器
        clearerr(fp);
        if (feof(fp))
        {
                printf("还是末尾！\n"); //不会被执行
        }

        if (ferror(fp))
```

```
        {
                printf("还是错误！\n"); //不会被执行
        }
        fclose(fp);
...
```

程序实现如下：

```
[fishc@localhost Chapter8]$ gcc test13.c && ./a.out
输出到标准输出！
出错了！
```

分析：在调用 clearerr 函数之后，无论是使用 feof 函数还是 ferror 函数，检测到的指示器状态都是未被设置。

ferror 函数只能检测是否出错，如果希望知道是什么原因导致的错误，ferror 函数就无能为力了。导致错误的原因有很多种，不过大多数系统函数在出现错误的时候会将错误原因记录在 errno 中：

```
// Chapter8/test14.c
#include <stdio.h>
#include <stdlib.h>
#include <errno.h> //errno 在头文件 errno.h 中声明

int main(void)
{
        FILE *fp;

        if ((fp = fopen("nonexistent.txt", "r")) == NULL)
        {
                printf("打开文件失败：%d\n", errno);
                exit(EXIT_FAILURE);
        }
        fclose(fp);

        return 0;
}
```

程序实现如下：

```
[fishc@localhost Chapter8]$ gcc test14.c && ./a.out
打开文件失败：2
```

各种错误原因都有一个对应的错误码记录在 errno 中，但是一旦出错直接打印 errno 的值，并不能很直观地让用户或程序员看出是什么错误。为了解决这个问题，C 语言将各种错误码对应的信息都打包进了 perror 函数中：

```
#include <stdio.h>
...
```

```
void perror(const char *s);
```

perror 被声明在 stdio.h 头文件中，因此直接使用 perror 函数不需要包含 errno.h 头文件。该函数拥有一个字符串参数，它允许在错误信息前面输入自定义的内容：

```
// Chapter8/test15.c
#include <stdio.h>
#include <stdlib.h>
int main(void)
{
        FILE *fp;
        if ((fp = fopen("nonexistent.txt", "r")) == NULL)
        {
                perror("打开文件失败，原因是");
                exit(EXIT_FAILURE);
        }
        fclose(fp);
        return 0;
}
```

程序实现如下：

```
[fishc@localhost Chapter8]$ gcc test15.c && ./a.out
打开文件失败，原因是: No such file or directory
```

注意：

自定义内容和错误信息之间的冒号（:）是 perror 函数自动加上去的。

有时候可能想自己控制错误的输出形式，也就是让系统最好只返回错误信息的本体即可，不需要其他东西，可以使用 strerror 函数来实现：

```
#include <string.h>
...
char *strerror(int errnum);
```

strerror 函数的参数是指定的一个 errno 值，返回值就是错误码对应的错误信息：

```
#include <stdio.h>
#include <stdlib.h>
#include <errno.h>

int main(void)
{
        FILE *fp;

        if ((fp = fopen("nonexistent.txt", "r")) == NULL)
        {
                fprintf(stderr, "出错啦，原因是 -> %s <- 这个哦^_^
```

```
                \n", strerror(errno));
            exit(EXIT_FAILURE);
    }

    fclose(fp);

    return 0;
}
```

程序实现如下：

```
[fishc@localhost chapter8]$ gcc test16.c && ./a.out
出错啦，原因是 -> No such file or directory <- 这个哦^_^
```

8.6 I/O 缓冲区

视频讲解

常见的显示器、硬盘、键盘和鼠标都被称为 I/O 设备，这里面的"I"就是 Input，"O"就是 Output，合起来就是输入输出设备的意思。想必大家都知道 I/O 设备的访问速度与CPU 的速度相差好几个数量级，为了协调 I/O 设备与 CPU 速度，设计出了 I/O 缓冲区。

当应用程序将要读取某块数据的时候，如果这块数据已经存放在缓冲区中，那么就可以立即返回给程序，而不需要经过实际的读取设备操作。当然，如果数据在读取之前并未被存入缓冲区，那么系统会将一大块数据从设备先读取到缓冲区中。对于写入操作来说也是同样的道理，通常应用程序也会先将数据陆续写入缓冲区中，直到缓冲区被写满或者文件关闭时才一次性地写入设备中，如图 8-6 所示。

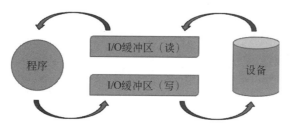

图 8-6　I/O 缓冲区

下面做一个小实验：

```c
// Chapter8/test17.c
#include <stdio.h>
#include <stdlib.h>
int main(void)
{
    FILE *fp;
    if ((fp = fopen("output.txt", "w")) == NULL)
    {
        perror("打开文件失败，原因是");
```

```
        exit(EXIT_FAILURE);
    }
    fputs("I love FishC.com\n", fp);
    getchar();
    fclose(fp);
    return 0;
}
```

编译并执行程序：

```
[fishc@localhost Chapter8]$ gcc test17.c && ./a.out
```

由于 getchar 函数是阻塞函数，也就是说只要该函数没有完成调用，程序就会卡在那里不动，直到函数返回。这时候不要输入任何数据（阻止程序结束），而是打开另一个终端，使用 cat 命令查看 output.txt 文件是否有数据写入：

```
[fishc@localhost Chapter8]$ cat output.txt
[fishc@localhost Chapter8]$
```

可以看到，此时 output.txt 文件已经被创建了（fopen 函数调用时创建的），但是里面却没有任何数据，因为此时的数据在缓冲区里。在第一个终端里输入任意字符，调用 fclose 函数关闭文件后，缓冲区里的数据才被写入文件中：

```
[fishc@localhost Chapter8]$ gcc test17.c && ./a.out
X
[fishc@localhost Chapter8]$ cat output.txt
I love FishC.com
```

如果希望立即将数据写入设备中，可以使用 fflush 函数：

```
#include <stdio.h>
...
int fflush(FILE *stream);
```

标准 I/O 提供了三种类型的缓冲模式：按块缓存、按行缓存和不缓存。

按块缓存也称为全缓存，即在填满缓冲区后才进行实际的设备读写操作；按行缓存是指在接收到换行符（'\n'）之前，数据都是先缓存在缓冲区的；最后一个是不缓存，也就是允许直接读写设备上的数据。

C 语言允许通过 setvbuf 函数自定义缓存的模式：

```
#include <stdio.h>
...
int setvbuf(FILE *stream, char *buf, int mode, size_t size);
```

setvbuf 函数有四个参数：第一个参数是一个 FILE 结构的指针，指向一个待操作的文件流；第二个参数指定一个用户分配的缓冲区，如果该参数设置为 NULL，那么函数会自动分配一个指定尺寸的缓冲区；第三个参数指定了缓存模式，见表 8-3；第四个参数指定缓冲区的实际尺寸。

表 8-3　缓存模式

模　　式	描　　述
_IOFBF	按块缓存
_IOLBF	按行缓存
_IONBF	不缓存

请看下面例子：

```
// Chapter8/test18.c
#include <stdio.h>
#include <string.h>

int main(void)
{
        char buff[1024];
        memset(buff, '\0', sizeof(buff));
        //指定 buff 为缓冲区，_IOFBF 表示当缓冲区已满时才写入 stdout
        setvbuf(stdout, buff, _IOFBF, 1024);
        fprintf(stdout, "Welcome to bbs.fishc.com\n");
        //fflush 强制将上面缓存中的内容写入 stdout
        fflush(stdout);
        fprintf(stdout, "输入任意字符后才会显示该行字符串！\n");
        getchar();
        return 0;
}
```

程序实现如下：

```
[fishc@localhost Chapter8]$ gcc test18.c && ./a.out
Welcome to bbs.fishc.com
```

程序戛然而止，并没有将所有的字符串都打印出来，这是因为前面调用 setvbuf 函数设置了按块缓存的缘故。由于 fflush 函数"截胡"，本来应该存放在缓冲区的"Welcome to bbs.fishc.com"字符串被强制写入设备中；而后面继续写入的字符串则继续被塞进了缓冲区里，直到用户输入任意字符结束程序，缓冲区里面的数据才写入设备：

```
[fishc@localhost Chapter8]$ gcc test18.c && ./a.out
Welcome to bbs.fishc.com
X
```

输入任意字符后才会显示该行字符串！

附录A

环境搭建教程

A.1 安装 VirtualBox 虚拟机

使用虚拟机来学习好处很多，首先不必放弃已经习惯了的操作系统，其次可以在虚拟机里使用一些可能威胁到系统安全的命令以及测试一些陌生的例子，但对主机系统不会有任何影响。最后，虚拟机的快照功能允许在犯错之后一步重来。

虚拟机主机这里选择 VirtualBox，这是一款开源虚拟机软件，是由德国 Innotek 公司开发，Sun Microsystems 公司出品的软件，使用 Qt 编写，在 Sun 公司被 Oracle 公司收购后正式更名成 Oracle VM VirtualBox，其官网是 https://www.virtualbox.org。

打开官网，单击 Download VirtualBox 5.1 的字样（5.1 是版本号，通常下载最新版即可），如图 A-1 所示。

图 A-1　VirtualBox 官网

根据自己的操作系统选择相应的下载链接（单击即可自动下载），如图 A-2 所示。

VirtualBox

Download VirtualBox

Here, you will find links to VirtualBox binaries and its source code.

VirtualBox binaries

By downloading, you agree to the terms and conditions of the respective license.

- **VirtualBox 5.1.24 platform packages**. The binaries are released under the terms of the GPL version 2.
  - ⇨Windows hosts
  - ⇨OS X hosts
  - Linux distributions
  - ⇨Solaris hosts
- **VirtualBox 5.1.24 Oracle VM VirtualBox Extension Pack** ⇨All supported platforms
  Support for USB 2.0 and USB 3.0 devices, VirtualBox RDP, disk encryption, NVMe and PXE boot for Intel cards. Pack.
  The Extension Pack binaries are released under the VirtualBox Personal Use and Evaluation License (PUEL).
  Please install the extension pack with the same version as your installed version of VirtualBox:
  *If you are using **VirtualBox 5.0.40**, please download the extension pack* ⇨*here.*
- **VirtualBox 5.1.24 Software Developer Kit (SDK)** ⇨All platforms

See the changelog for what has changed.

You might want to compare the SHA256 checksums or the MD5 checksums to verify the integrity of downloaded pack *be treated as insecure!*

Note: After upgrading VirtualBox it is recommended to upgrade the guest additions as well.

图 A-2　下载 VirtualBox

建议采用默认设置，一直单击 Next 按钮即可，如图 A-3～图 A-8 所示。

图 A-3　安装 VirtualBox（1）

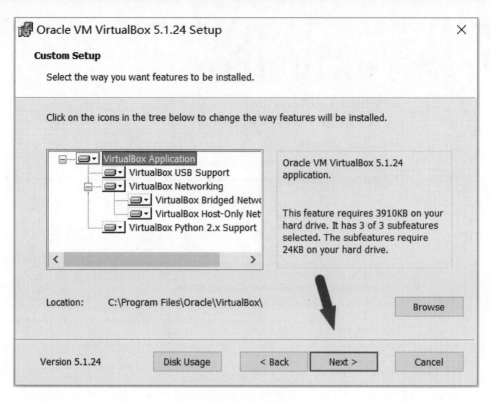

图 A-4　安装 VirtualBox（2）

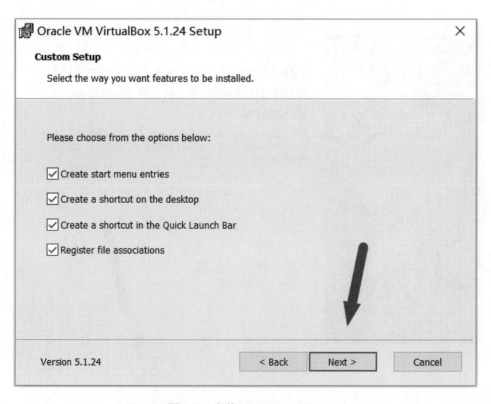

图 A-5　安装 VirtualBox（3）

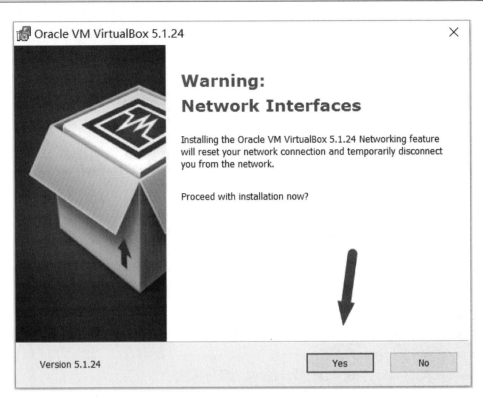

图 A-6　安装 VirtualBox（4）

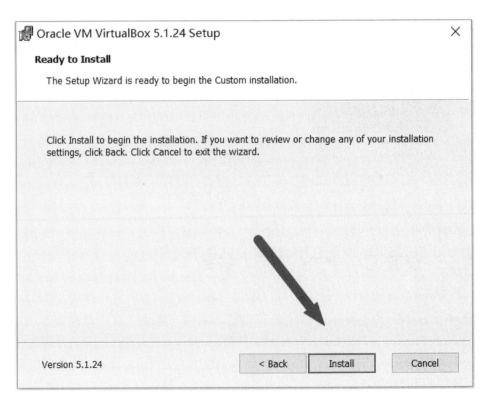

图 A-7　安装 VirtualBox（5）

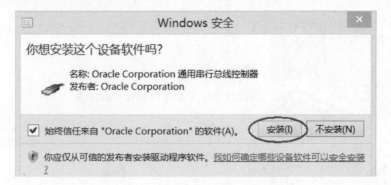

图 A-8　安装 VirtualBox（6）

最后单击 Finish 按钮即可完成安装，如图 A-9 所示。

图 A-9　安装 VirtualBox（9）

A.2　获取 CentOS 及版本选择

　　选择 CentOS 的主要原因是因为其稳定、强大、免费（这个最重要）。CentOS（Community Enterprise Operating System，社区企业操作系统）是 Linux 发行版之一，它是 Red Hat Enterprise Linux 依照开放源代码规定释出的源代码编译而成。由于出自同样的源代码，所以有些要求高度稳定性的服务器以 CentOS 替代商业版的 Red Hat Enterprise Linux。CentOS 的官网是 https://www.centos.org。

　　注意，这里不要下载最新的 CentOS7 来学习，因为它太占用资源了。建议选择

CentOS6 的最新版本，打开链接 http://mirror.centos.org/centos/6/isos/，如图 A-10 所示。

图 A-10　下载 CentOS6（1）

其中，i386 代表 32 位的 CentOS6，x86_64 代表 64 位。注意，这里的位数是即将要安装的 CentOS6 系统的位数，而不是对应用户的主机系统。通常来说 32 位要比 64 位更节省资源，单击 i386，如图 A-11 所示。

CentOS on the Web: CentOS.org | Mailing Lists |

In order to conserve the limited bandwidth available .iso ima

The following mirrors should have the ISO images available:

Actual Country -

http://mirrors.cqu.edu.cn/CentOS/6.9/isos/i386/
http://mirror.bit.edu.cn/centos/6.9/isos/i386/
http://mirrors.tuna.tsinghua.edu.cn/centos/6.9/isos/i386/
http://ftp.sjtu.edu.cn/centos/6.9/isos/i386/
http://mirrors.btte.net/centos/6.9/isos/i386/
http://mirrors.163.com/centos/6.9/isos/i386/
http://mirrors.cn99.com/centos/6.9/isos/i386/
http://mirror.lzu.edu.cn/centos/6.9/isos/i386/
http://mirrors.zju.edu.cn/centos/6.9/isos/i386/
http://centos.ustc.edu.cn/centos/6.9/isos/i386/
http://mirrors.nwsuaf.edu.cn/centos/6.9/isos/i386/
http://mirrors.nju.edu.cn/centos/6.9/isos/i386/
http://mirrors.sohu.com/centos/6.9/isos/i386/
http://mirrors.neusoft.edu.cn/centos/6.9/isos/i386/
http://mirrors.njupt.edu.cn/centos/6.9/isos/i386/
http://mirrors.hust.edu.cn/centos/6.9/isos/i386/

Nearby Countries -

http://ftp.stu.edu.tw/Linux/CentOS/6.9/isos/i386/
http://centos.cs.nctu.edu.tw/6.9/isos/i386/
http://ftp.yzu.edu.tw/Linux/CentOS/6.9/isos/i386/
http://ftp.twaren.net/Linux/CentOS/6.9/isos/i386/

图 A-11　下载 CentOS6（2）

Actual Country 表示国内下载镜像，Nearby Countries 表示邻国的下载镜像。当然是国内的下载速度比较快，在 Actual Country 中随便单击一个进入，如图 A-12 所示。

Index of /CentOS/6.9/isos/i386/

```
../
0 README.txt                            03-Apr-2017 18:23      1696
CentOS-6.9-i386-LiveDVD.iso             01-Apr-2017 04:40        2G
CentOS-6.9-i386-LiveDVD.torrent         05-Apr-2017 04:04       75K
CentOS-6.9-i386-bin-DVD1.iso            29-Mar-2017 01:14        4G
CentOS-6.9-i386-bin-DVD1to2.torrent     05-Apr-2017 04:04      196K
CentOS-6.9-i386-bin-DVD2.iso            29-Mar-2017 01:14        1G
CentOS-6.9-i386-minimal.iso             29-Mar-2017 01:22      358M
CentOS-6.9-i386-minimal.torrent         05-Apr-2017 04:04       15K
CentOS-6.9-i386-netinstall.iso          29-Mar-2017 01:05      183M
CentOS-6.9-i386-netinstall.torrent      05-Apr-2017 04:04      8071
README.txt                              03-Apr-2017 18:23      1696
md5sum.txt                              05-Apr-2017 03:41       315
md5sum.txt.asc                          05-Apr-2017 03:55      1198
sha1sum.txt                             05-Apr-2017 03:40       355
sha1sum.txt.asc                         05-Apr-2017 03:55      1238
sha256sum.txt                           01-Apr-2017 00:01       475
sha256sum.txt.asc                       05-Apr-2017 03:55      1358
```

图 A-12　下载 CentOS6（3）

页面上显示的是各个版本的下载地址，这里介绍一下不同版本之间的区别。

- CentOS-6.9-i386-LiveDVD.iso：DVD 光盘版（包含大量软件，可用于光盘启动和安装）。
- CentOS-6.9-i386-bin-DVD1.iso：完整版 1（系统安装盘及大量软件）。
- CentOS-6.9-i386-bin-DVD2.iso：完整版 2（对 DVD1 的软件进行补充）。
- CentOS-6.9-i386-minimal.iso：最小安装版（我们选这个）。
- CentOS-6.9-i386-netinstall.iso：网络安装版。

这里选择最小安装版，如图 A-13 所示。

Index of /CentOS/6.9/isos/i386/

```
../
0 README.txt                            03-Apr-2017 18:23      1696
CentOS-6.9-i386-LiveDVD.iso             01-Apr-2017 04:40        2G
CentOS-6.9-i386-LiveDVD.torrent         05-Apr-2017 04:04       75K
CentOS-6.9-i386-bin-DVD1.iso            29-Mar-2017 01:14        4G
CentOS-6.9-i386-bin-DVD1to2.torrent     05-Apr-2017 04:04      196K
CentOS-6.9-i386-bin-DVD2.iso            29-Mar-2017 01:14        1G
CentOS-6.9-i386-minimal.iso             29-Mar-2017 01:22      358M
CentOS-6.9-i386-minimal.torrent         05-Apr-2017 04:04       15K
CentOS-6.9-i386-netinstall.iso          29-Mar-2017 01:05      183M
CentOS-6.9-i386-netinstall.torrent      05-Apr-2017 04:04      8071
README.txt                              03-Apr-2017 18:23      1696
md5sum.txt                              05-Apr-2017 03:41       315
md5sum.txt.asc                          05-Apr-2017 03:55      1198
sha1sum.txt                             05-Apr-2017 03:40       355
sha1sum.txt.asc                         05-Apr-2017 03:55      1238
sha256sum.txt                           01-Apr-2017 00:01       475
sha256sum.txt.asc                       05-Apr-2017 03:55      1358
```

图 A-13　下载 CentOS6（4）

A.3　在虚拟机上安装 CentOS

打开刚刚安装的 VirtualBox 虚拟机，单击左上角的"新建"按钮，如图 A-14 所示。

图 A-14　在虚拟机上安装 CentOS（1）

在弹出的对话框中输入新创建的虚拟机的名称，这里输入"带你学 C 带你飞"，类型选择 Linux，版本选择 Ret Hat（32-bit），如图 A-15 所示。

单击"下一步"按钮，内存建议为 1GB（1024MB），太大造成浪费，太小容易崩溃，如图 A-16 所示。

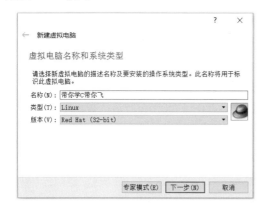 

图 A-15　在虚拟机上安装 CentOS（2）　　　　图 A-16　在虚拟机上安装 CentOS（3）

单击"下一步"按钮，然后选择"现在创建虚拟硬盘"，如图 A-17 所示。

单击"创建"按钮，然后选择 VDI（Virtual Box 磁盘映像），如图 A-18 所示。

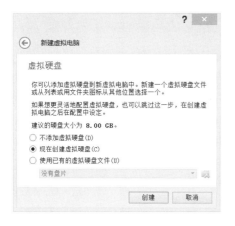 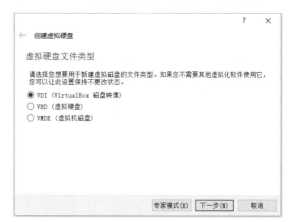

图 A-17　在虚拟机上安装 CentOS（4）　　　　图 A-18　在虚拟机上安装 CentOS（5）

单击"下一步"按钮，选择"动态分配"，如图 A-19 所示。

单击"下一步"按钮，然后指定虚拟硬盘的尺寸，即指定存放虚拟机的位置和大小。单击文件夹图标可以选择将虚拟机文件存放到其他盘中（默认是系统盘），然后指定 5GB 就足够了，如图 A-20 所示。

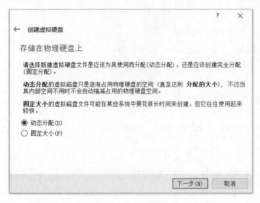

图 A-19　在虚拟机上安装 CentOS（6）

图 A-20　在虚拟机上安装 CentOS（7）

单击"创建"按钮即可，现在就可以在 VirtualBox 的控制面板看到新创建的虚拟机——带你学 C 带你飞，但它目前是一个空白的机器，要让它运作起来，还需要为它安装操作系统。选中新创建的虚拟机并单击"启动"按钮，如图 A-21 所示。

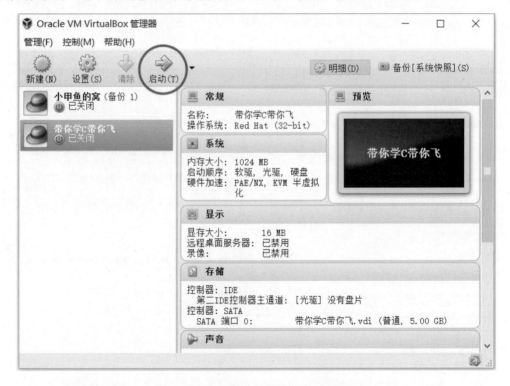

图 A-21　在虚拟机上安装 CentOS（8）

第一次打开会有一个引导选择启动盘的界面，单击文件夹图标，然后在弹出的对话框中选中刚刚下载的 CentOS6 的 ISO 文件，如图 A-22 所示。

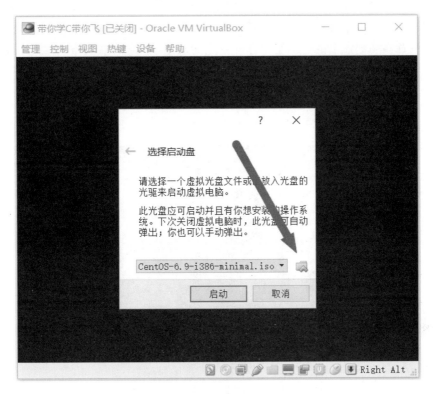

图 A-22　在虚拟机上安装 CentOS（9）

单击"启动"按钮，然后系统会重启并进入安装界面，如图 A-23 所示。

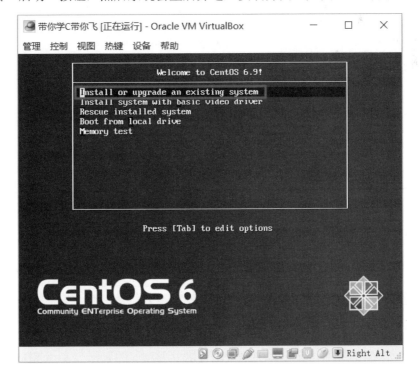

图 A-23　在虚拟机上安装 CentOS（10）

注意，如果发现鼠标不受控制，按键盘右下角的 Alt 按键即可恢复。此时可以使用 Tab 按键或者移动键盘上的方向键来选择指定的安装项，按下回车键即表示确认。这里直接在图 A-23 所示第一项 Install or upgrade an existing system 处按下回车键，就开始自动安装了，如图 A-24 所示。

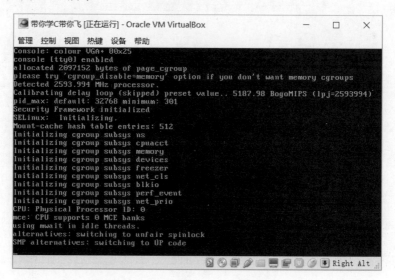

图 A-24　在虚拟机上安装 CentOS（11）

然后进入一个亮蓝色背景的安装界面，这里的提醒是询问是否进行光盘完整性检查，为了节省时间，选择跳过。先按下键盘上的 Tab 键，光标跳转到 Skip，然后按下回车键，如图 A-25 所示。

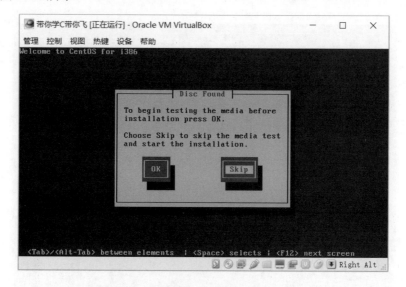

图 A-25　在虚拟机上安装 CentOS（12）

进入了一个新的界面，在窗口中单击，可以发现当前的鼠标被 VirtualBox 成功捕获（变成一个黑色的古老的小箭头），移动鼠标并单击 Next 按钮，如果看不到右下角有文字，可以先按键盘右下角的 Alt 键释放虚拟机的鼠标控制权，然后通过鼠标拖动 VirtualBox

的边框来调整窗口的尺寸，如图 A-26 所示。

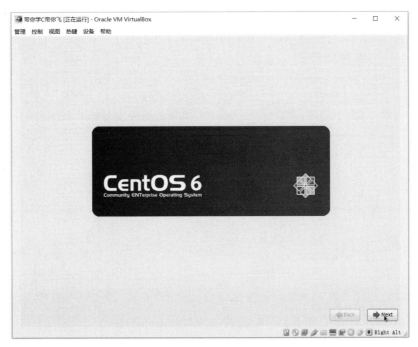

图 A-26　在虚拟机上安装 CentOS（13）

无论是否熟悉英语，都请在语言那里选择 English，这样可以避免很多不必要的麻烦，如图 A-27 所示。

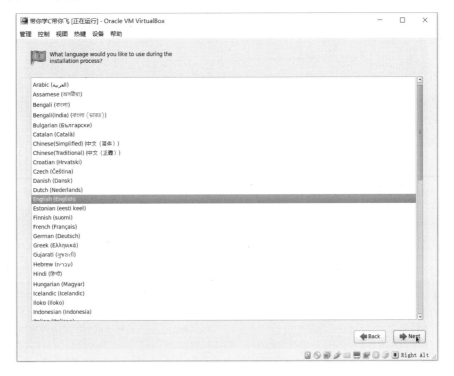

图 A-27　在虚拟机上安装 CentOS（14）

接下来一直单击 Next 按钮即可，直到出现弹窗界面，如图 A-28 所示。

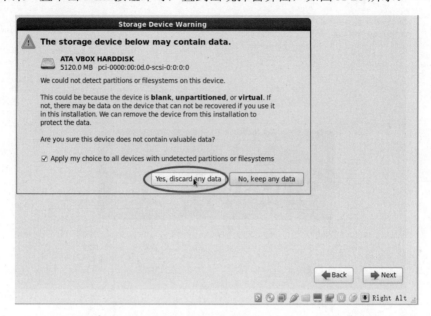

图 A-28　在虚拟机上安装 CentOS（15）

单击"Yes，discard any data"后如图 A-29 所示。

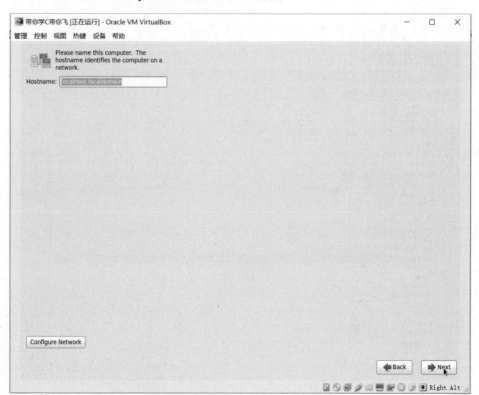

图 A-29　在虚拟机上安装 CentOS（16）

继续单击 Next 按钮，如图 A-30 所示。

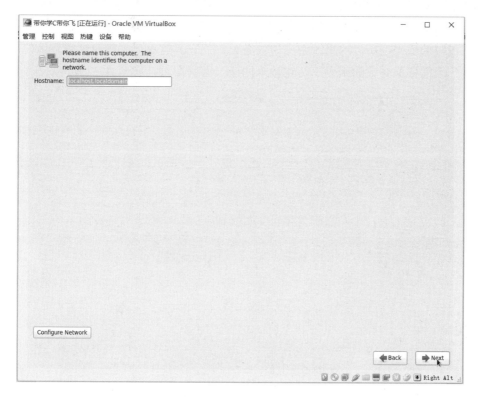

图 A-30　在虚拟机上安装 CentOS（17）

下面进入了时区的选择，选择上海即可，如图 A-31 所示。

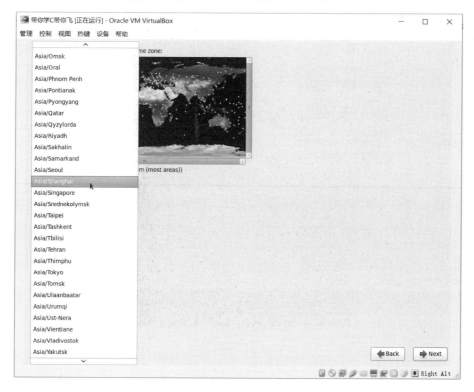

图 A-31　在虚拟机上安装 CentOS（18）

单击 Next 按钮，现在需要集中注意力了。要求设置 root 的密码，root 是 Linux 中拥有至高权限的账号，所以这里的密码请务必要记住它。这里只是搭建学习环境，所以可以设置一个简单又好记的密码，两行输入同一个密码即可，如图 A-32 所示。

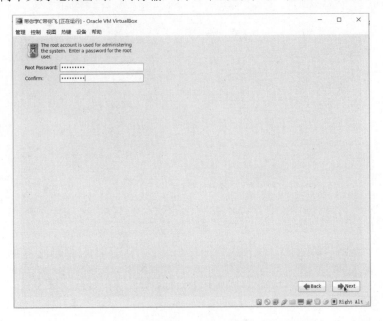

图 A-32　在虚拟机上安装 CentOS（19）

现在进入的界面是选择安装模式，选择第一个，然后单击 Next 按钮，如图 A-33 所示。

图 A-33　在虚拟机上安装 CentOS（20）

然后确认是否擦除所有的数据，不用担心，因为我们是使用虚拟机，所以它擦除的只是虚拟机创建出来的空间，不会影响到主机硬盘上的数据。单击 Write changes to disk，如图 A-34 所示。

图 A-34　在虚拟机上安装 CentOS（21）

　　单击 Next 按钮之后系统就会自动开始安装，可能需要等待比较长的时间，如果中途出现任何对话框，只需选择"我愿意"即可。安装完后单击 Reboot 按钮即可重启，如图 A-35 所示。

图 A-35　在虚拟机上安装 CentOS（22）

　　然后要求输入登录的账号和密码，这里账号输入 root，密码就是刚刚初始化的 root 密码。注意，此时输入密码是不显示的（Linux 默认没有回显的原因是怕被人或摄像头看到密码的长度，会提高破解密码的可能性），如图 A-36 所示。

图 A-36　在虚拟机上安装 CentOS（23）

至此，精简版的 CentOS 安装完毕。接下来我们来学习如何配置 CentOS 并安装 GCC 编译器。

A.4　配置 CentOS 并安装 GCC 编译器

由于我们安装的 CentOS 是最小安装版（minimal），所以什么都要自己安装。

目前已经安装的 CentOS 除了基本的命令和编辑工具外，什么都没有（包括网络）。CentOS 自身有一个强大的工具可以用来安装和升级软件——yum，熟练使用 yum 来维护软件之后，你会发现非常方便，所以当务之急就是让我们的虚拟机联网。使用 root 登录后，在命令端输入：vi /etc/sysconfig/network-scripts/ifcfg-eth0，如图 A-37 所示。

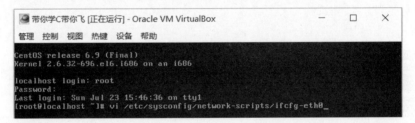

图 A-37　配置 CentOS 并安装 GCC 编译器（1）

打开网络配置文件，如图 A-38 所示。

图 A-38　配置 CentOS 并安装 GCC 编译器（2）

在键盘上按一下 i 键，进入 VIM 编辑器的"插入模式"，在"插入模式"下，左下角会显示"-- INSERT --"，如图 A-39 所示。

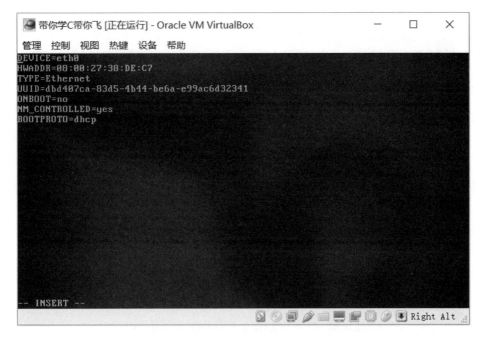

图 A-39　配置 CentOS 并安装 GCC 编译器（3）

通过键盘上的方向键可以移动光标的位置，如图 A-40 所示。

图 A-40　配置 CentOS 并安装 GCC 编译器（4）

修改完成之后，在键盘上按一下左上角的 Esc 键，退出 Vim 的"插入模式"，返回"命令模式"，此时可以发现左下角的"-- INSERT --"不见了。接下来用一个手指按住键盘左侧的 Shift 键不松开，另一个手指快速地按两下 Z 键，表示保存并关闭修改的文件。我们又回到了 Linux 的命令行窗口，如图 A-41 所示。

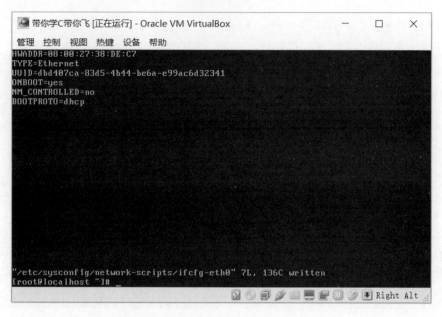

图 A-41　配置 CentOS 并安装 GCC 编译器（5）

配置修改完后，就启动了 Linux 的网络功能，不过得重启才能使用。输入 reboot 命令重启系统，如图 A-42 所示。

图 A-42　配置 CentOS 并安装 GCC 编译器（6）

重启完成后，仍然需要使用 root 账号登录，然后输入 ping bbs.fishc.com 命令，检测网络是否好用，如果有响应就说明网络已经通了，如图 A-43 所示。

图 A-43　配置 CentOS 并安装 GCC 编译器（7）

如果没有主动终止它，程序会一直 ping 下去（ping 命令是常用的网络命令，通常用来测试与目标主机的连通性），使用 Ctrl+C 快捷键可以中止该命令的执行。

接着开始安装 GCC 编译器，执行 yum -y install gcc gcc-c++ kernel-devel，系统就会自动下载并安装 GCC、C++编译器以及一些依赖的内核文件，如图 A-44 所示。

图 A-44　配置 CentOS 并安装 GCC 编译器（8）

直到左下角出现"Complete!"字样，说明安装已经顺利完成，如图 A-45 所示。

图 A-45　配置 CentOS 并安装 GCC 编译器（9）

A.5　安装图形界面

我们安装了 GCC 编译器，理论上可以开始学习编程了，但在 Linux 的纯命令行环境下，没法使用中文输入法，也就意味着我们可以开发一个大型程序，却无法为其写上中文注释（注释对于一个处于开发阶段的程序来说，是非常重要的）。

为了安装中文输入法，需要给 CentOS 配置一个"高大上"的图形界面。

CentOS 当前最流行的图形界面是 GNOME 和 KDE，就个人使用感受而言，前者比较高效，后者比较炫酷（相对更耗资源），这里选择安装 GNOME 图形界面。

首先安装 X Window System，X 窗口系统是运行在 Linux 上的一个图形界面程序，而 GNOME 和 KDE 都是以 X 窗口系统为基础构建的。执行 yum -y groupinstall "X Window System"命令，yum 会自动进行安装，如图 A-46 所示。

图 A-46　安装图形界面（1）

接下来安装 GNOME，执行 yum -y groupinstall "Desktop"命令（希望体验 KDE 的读者可以执行 yum -y groupinstall "KDE Desktop"命令），如图 A-47 所示。

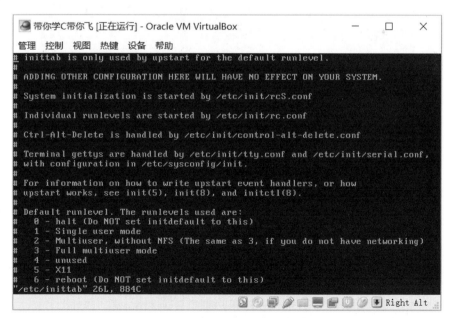

图 A-47　安装图形界面（2）

接下来设置 GNOME 为默认启动，执行 vi /etc/inittab 命令，打开界面如图 A-48 所示。

图 A-48　安装图形界面（3）

通过操作键盘上的方向键，将光标移动到最下方"id:3:initdefault:"中 3 的位置（3 表示命令行启动），如图 A-49 所示。

图 A-49　安装图形界面（4）

在键盘上按一下 R 键，再按下数字键 5，即可将当前光标位置的数字 3 替换成数字 5，如图 A-50 所示。

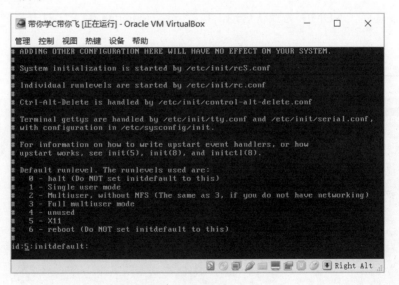

图 A-50　安装图形界面（5）

最后记得使用 Shift+ZZ 组合键关闭并保存文件。

为了安全起见，GNOME 不允许 root 用户直接登录（root 是"上帝"权限，在 Linux 系统中可以"为所欲为"），因此需要创建一个权限相对较小的账号。

创建账号使用 useradd 命令，格式如下：

```
useradd -d 用户主目录 -m（创建主目录）用户名
```

然后用 passwd 命令（passwd 用户名）初始化该用户的密码，如图 A-51 所示。

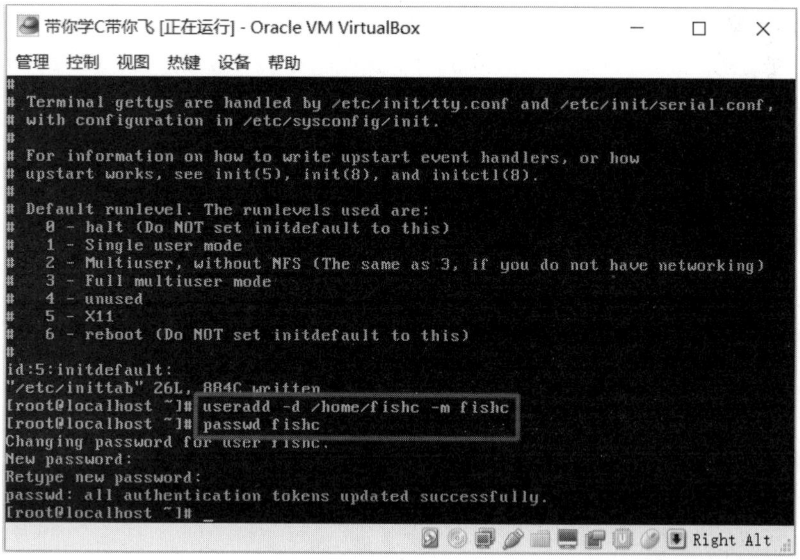

图 A-51　安装图形界面（6）

执行 reboot 命令重启操作系统，进入新的向导界面，单击 Forward 按钮，如图 A-52 所示。

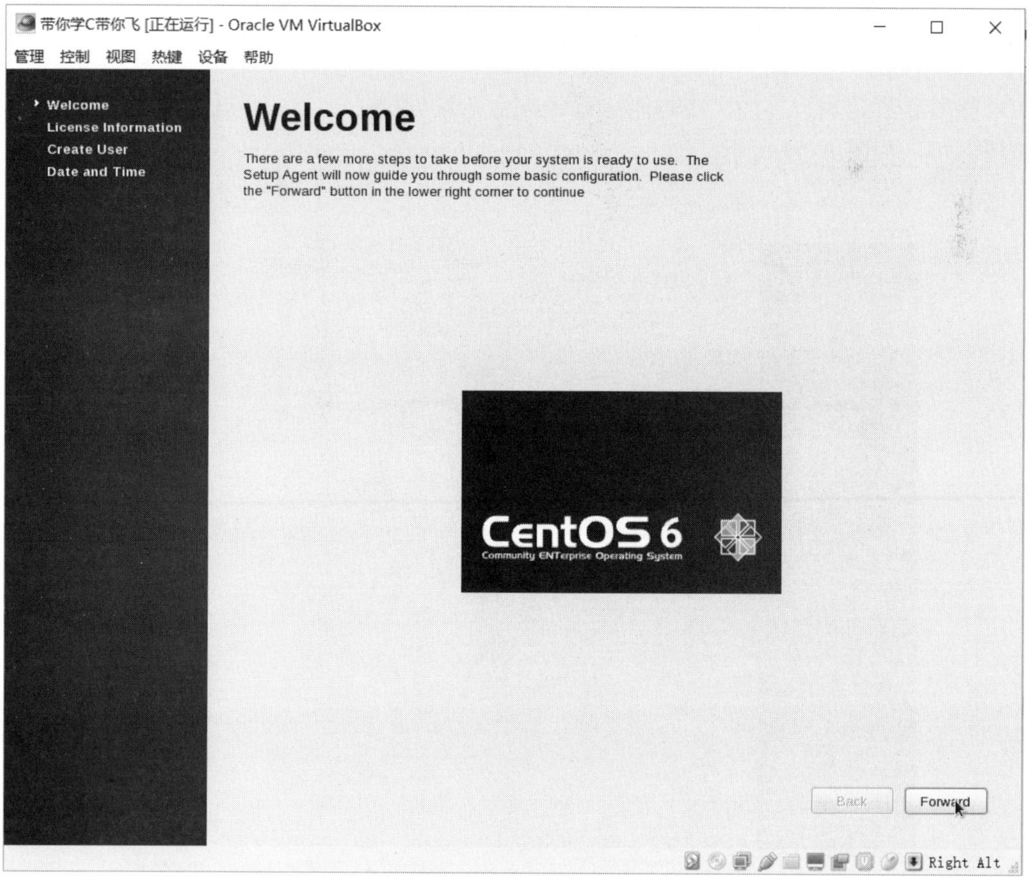

图 A-52　安装图形界面（7）

在许可证信息界面中，单击 Forward 按钮，如图 A-53 所示。

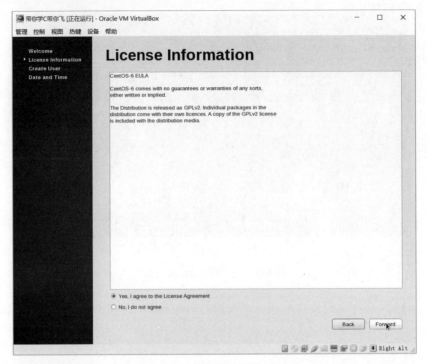

图 A-53　安装图形界面（8）

接着是创建用户界面，不过刚刚已经在命令行创建了一个，这里直接单击 Forward 按钮即可，如图 A-54 所示。

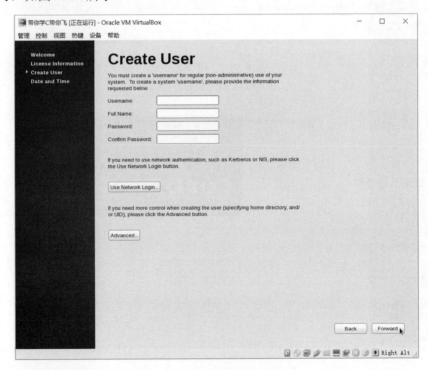

图 A-54　安装图形界面（9）

最后是设置日期和时间，现在的虚拟机已经能够连接网络了，所以单击 Synchronize date and time over the network，让系统自动联网校对时间即可，如图 A-55 所示。

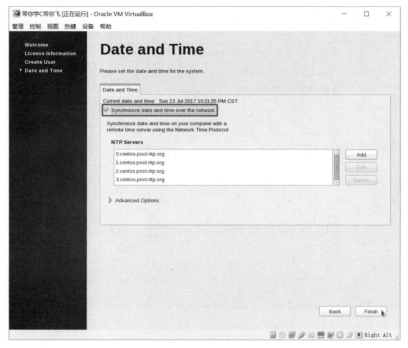

图 A-55 安装图形界面（10）

单击 Finish 按钮完成向导后会进入登录界面，系统已经自动识别出刚刚创建的新账号（fishC），输入密码并单击 Log In 按钮即可登录，如图 A-56 和图 A-57 所示。

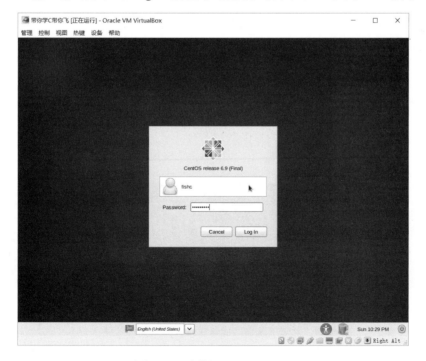

图 A-56 安装图形界面（11）

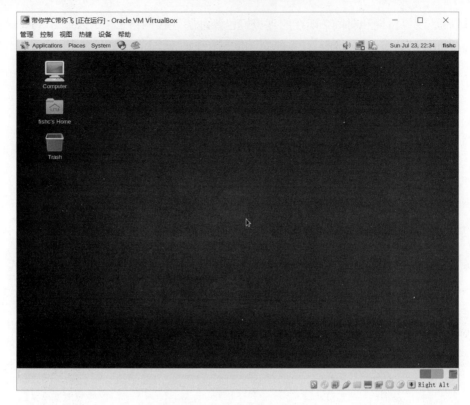

图 A-57　安装图形界面（12）

A.6　安装中文输入法及设置合适的编程字体

"小清新"的 GNOME 界面肯定会给早已习惯了 Windows 系统的读者带来不少惊喜，不过不要忘了，我们安装 GNOME 的最主要目的是安装中文输入法。

在 GNOME 中，依然有办法进入命令行模式，选择 Applications→System Tools→Terminal，如图 A-58 所示。

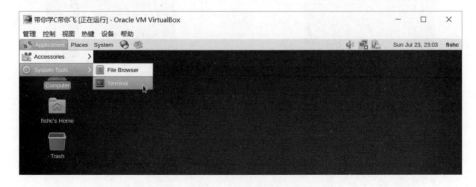

图 A-58　安装中文输入法及设置合适的编程字体（1）

字体有点难看，不过请放心，待会儿就把它换掉，如图 A-59 所示。

图 A-59　安装中文输入法及设置合适的编程字体（2）

执行 su root 命令并输入 root 账号、密码，切换到 root 权限，如图 A-60 所示。

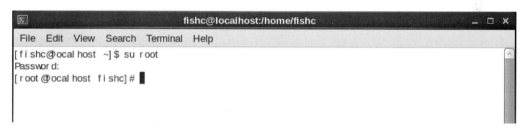

图 A-60　安装中文输入法及设置合适的编程字体（3）

执行 yum -y groupinstall "Input Methods"命令安装输入法，如图 A-61 所示。

图 A-61　安装中文输入法及设置合适的编程字体（4）

执行 yum -y groupinstall "Chinese support"命令让 Linux 支持中文，如图 A-62 所示。

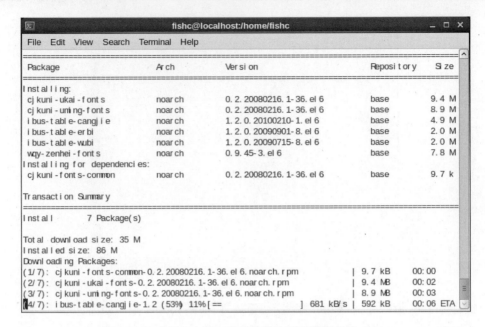

图 A-62　安装中文输入法及设置合适的编程字体（5）

关闭命令行终端，然后选择 System→Preferences→Input Method，如图 A-63 所示。

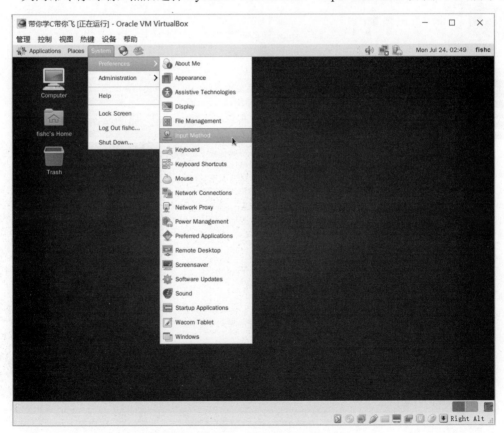

图 A-63　安装中文输入法及设置合适的编程字体（6）

勾选 Enable input method feature，选中 User IBus(recommended)，单击 Input Method Preferences 按钮，如图 A-64 所示。

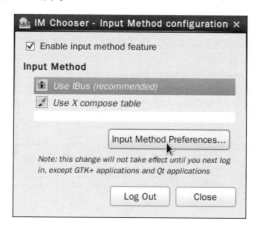

图 A-64 安装中文输入法及设置合适的编程字体（7）

接着选择 Input Method→Chinese→Pinyin，如图 A-65 所示。

然后单击 Add 按钮将拼音输入法添加到输入法列表中，如图 A-66 所示。

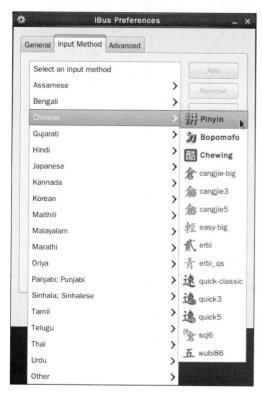

图 A-65 设置安装中文输入法及设置
合适的编程字体（8）

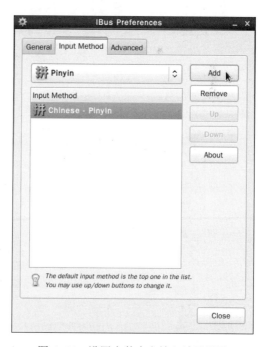

图 A-66 设置安装中文输入法及设置
合适的编程字体（9）

最后单击 Close 按钮关闭。现在重新打开 Terminal 命令行终端，使用快捷键 Ctrl+"空格"切换到拼音输入法，如图 A-67 所示。

图 A-67　安装中文输入法及设置合适的编程字体（10）

对编程而言，比较合适的字体需要满足以下几个条件。

（1）易于识辨，如数字 1、0 和字母 l、O 可以很好地区分，两个单引号（''）和双引号（"）可以区分。

（2）符号（如#、%、$、*、\）与字母混杂在一起不太难看。

（3）必须是等宽字体。

综合上面几点，小甲鱼推荐使用 dejavu sans mono 字体。

选择 System→Administration→Add/Remove Software，如图 A-68 所示。

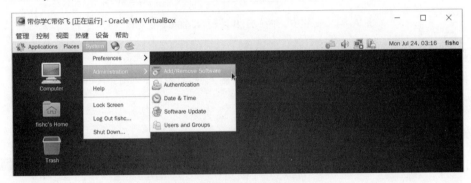

图 A-68　安装中文输入法及设置合适的编程字体（11）

如图 A-69 所示，在左侧搜索框输入 dejavu，单击 Find 按钮，在结果中找到 Monospace sans-serif font faces，最后单击 Apply 按钮，便会自动安装。

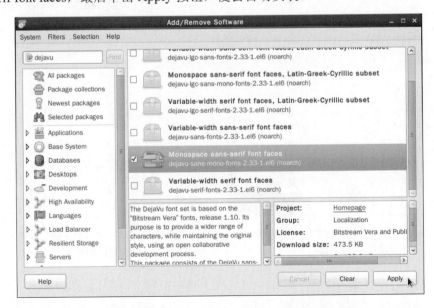

图 A-69　安装中文输入法及设置合适的编程字体（12）

单击 Install 按钮确认进行安装，如图 A-70 所示。

安装的过程中需要有 root 的授权，直接输入 root 的密码再单击 Authenticate 按钮即可，如图 A-71 所示。

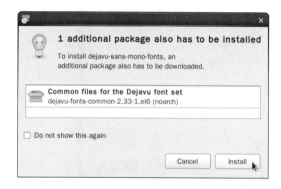

图 A-70　设置安装中文输入法及设置
合适的编程字体（13）

图 A-71　设置安装中文输入法及设置
合适的编程字体（14）

回到 Terminal 命令行终端，选择 Edit→Profile Preferences，按图 A-72 所示进行设置，即可看到很帅的字体，如图 A-72 和图 A-73 所示。

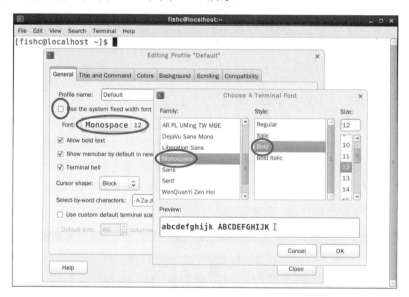

图 A-72　安装中文输入法及设置合适的编程字体（15）

图 A-73　安装中文输入法及设置合适的编程字体（16）

如果想让命令行终端看起来更有极客范，可以设置 Terminal 命令行的颜色风格，非常简单，选择 Edit→Profile Preferences，然后设置 Colors，如图 A-74 所示。

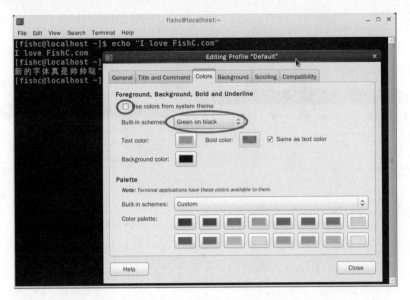

图 A-74　安装中文输入法及设置合适的编程字体（17）

A.7　安装 VirtualBox 增强工具及共享文件夹设置

相信大家都觉得每次从 VirtualBox 释放鼠标都要按键盘右下角 Alt 键会很麻烦，有没有好办法可以解决这个麻烦事呢？答案是有的，那就是安装 VirtualBox 的"增强功能"。

另外，细心的读者可能发现了虚拟机上面的"设备"选项栏处有"共享文件夹涉及共享粘贴板"和"拖放"这些看上去好像很"炫酷"的功能，但设置打勾之后却一个都不能实现。其实这些功能也是需要先安装 VirutalBox 的"增强功能"才能实现。

这一节就教大家如何开启 VirtualBox 的"增强功能"。先打开 Terminal 命令行控制台，切换到 root 权限，如图 A-75 所示。

图 A-75　安装 VirtualBox 增强工具及共享文件夹设置（1）

执行 ln -s /usr/src/kernels/2.6.32-696.6.3.el6.i686/ /usr/src/linux 命令（由于读者的 CentOS 与本书使用的可能不是一个版本，所以可以输入 ln -s /usr/src/kenrels/2，然后按下 Tab 键自动补全内核版本号），如图 A-76 所示。

图 A-76　安装 VirtualBox 增强工具及共享文件夹设置（2）

做好准备工作之后，选择 VirutalBox 控制面板的"设置"→"安装增强功能"，虚拟机中就会弹出一个对话框，单击 OK 按钮即可，如图 A-77 所示。

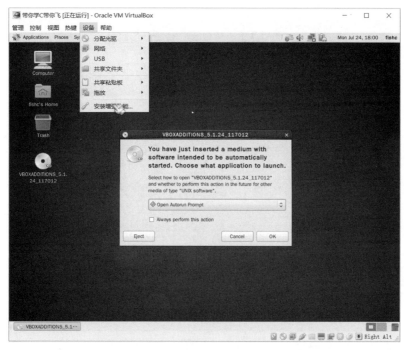

图 A-77　安装 VirtualBox 增强工具及共享文件夹设置（3）

单击 Run 按钮之后一般就会自动安装了（如果遇到特殊情况，请单击桌面上的光盘图标，然后单击里边的 autorun.sh 文件即可自动安装），如图 A-78 所示。

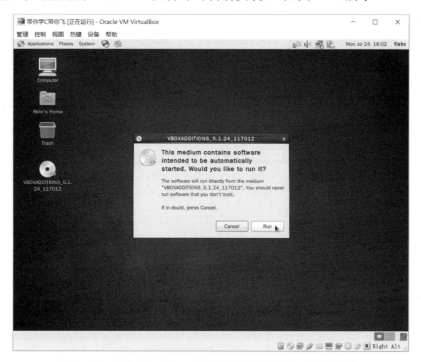

图 A-78　安装 VirtualBox 增强工具及共享文件夹设置（4）

安装期间需要 root 账号的授权，输入密码后安装自动开始，如图 A-79 所示。

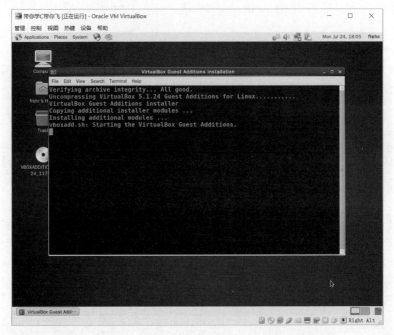

图 A-79　安装 VirtualBox 增强工具及共享文件夹设置（5）

安装好后会发现鼠标已经可以自由地在虚拟机与主机之间移动了，接下来不妨测试一下打开"共享粘贴板"或者"拖放"的新技能，这些都能用了。

不过经常有朋友反馈说 VirtualBox 的"拖放"功能不大好用（可能是版本问题，小甲鱼自己尝试也并非每次"拖放"都能成功），所以下面介绍一种更稳定的方案——共享文件夹。

在主机创建一个准备与虚拟机共享的文件夹，注意这就是今后主机与虚拟机之间的"虫洞"，在这里面存放的数据两边都可以使用（作为演示，在主机桌面创建了一个名为 Share 的文件夹）。

选择 VirtualBox 的"设备"→"共享文件夹"打开设置窗口，然后单击右侧的"添加共享文件夹"图标，如图 A-80 所示。

图 A-80　安装 VirtualBox 增强工具及共享文件夹设置（6）

在"共享文件夹路径"处选择"其他",然后选择刚刚创建的共享文件夹,并勾选下方的"自动挂载"和"固定分配",如图 A-81 所示。

图 A-81　安装 VirtualBox 增强工具及共享文件夹设置（7）

单击 OK 按钮确认并保存设置,然后再次打开 Terminal 命令行终端,切换到 root 权限,执行 mkdir /mnt/shareV 和 mount -t vboxsf share /mnt/shareV 命令（注意:如果提示 /sbin/mount.vboxsf: mounting failed with the error: No such device,可能是没有载入内核模块 vboxfs,可以先执行 modprobe vboxsf 命令再尝试）,如图 A-82 所示。

图 A-82　安装 VirtualBox 增强工具及共享文件夹设置（8）

现在往主机的共享文件夹（Share）里面放一些数据,在虚拟机中就可以立即查看到了,如图 A-83 所示。

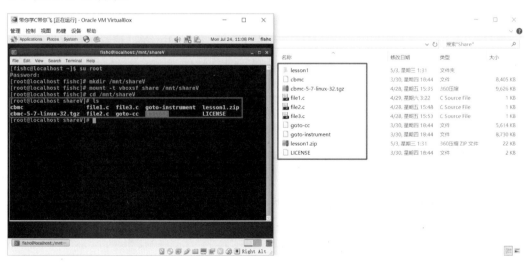

图 A-83　安装 VirtualBox 增强工具及共享文件夹设置（9）

虽然可以查看了,但是下次重启虚拟机还是得切换到 root 权限,然后执行 mount -t

vboxsf share /mnt/shareV 命令挂载才能使用共享文件夹，甚是不便。为了解决这个问题，执行 vi /etc/rc.d/rc.local 命令，在 re.local 文件最后一行添加挂载命令 mount -t vboxsf share /mnt/shareV，如图 A-84 所示。

图 A-84　安装 VirtualBox 增强工具及共享文件夹设置（10）

这样每次重启共享文件夹就会自动进行挂载了。当完成这一切之后，桌面上的光盘图标还是会在每次重启后自动挂载进来，要把它移除，可以选择 VirtualBox 控制画板的"设备"→"分配光驱"→"移除虚拟盘"即可。

A.8　设置 VIM 编辑器

本节目标是开启 VIM 编辑器的语法高亮、显示光标所在的位置以及自动缩进选项。

虽然网上已经有很多 VIM 配置方案和插件可以使用，但这里不建议大家一开始学编程就用它们。因为一上手就使用别人的配置，很容易被别人的风格所影响，不能领会到自己配置 VIM 时这种从无到有的感觉。另外由于 VIM 本来就很强大，原生态的东西只要稍作修改调整就可以满足本书的练习需求了。

完整的 VIM 编辑器需要安装四个包：vim-filesystem、vim-common、vim-enhanced 和 vim-minimal。

可惜在安装完 CentOS 之后，系统默认自带的是 vim-minimal，也就是最小安装版，而最小安装版是不支持语法高亮和自动缩进等选项的。

可以通过 rpm -qa|grep vim 命令查看本机已经存在的包，确认一下 VIM 是否已经安装，如图 A-85 所示。

图 A-85　设置 VIM 编辑器（1）

如果显示了上面四个包的名称，那么说明 VIM 是完整版的，不过可以看到图 A-85 只显示了 vim-minimal 的包。所以需要补充安装 vim-filesystem、vim-common 和 vim-enhanced，执行 yum -y install vim-enhanced 命令（记得切换到 root 权限），系统会自动安装其他组件，如图 A-86 所示。

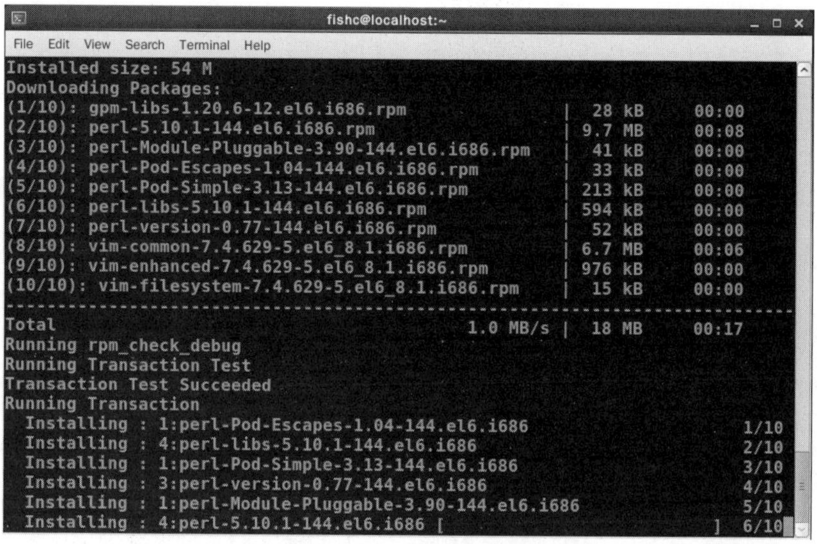

图 A-86 设置 VIM 编辑器（2）

安装完成后再执行 rpm -qa|grep vim 命令，可以看到四个包全部齐了，如图 A-87 所示。

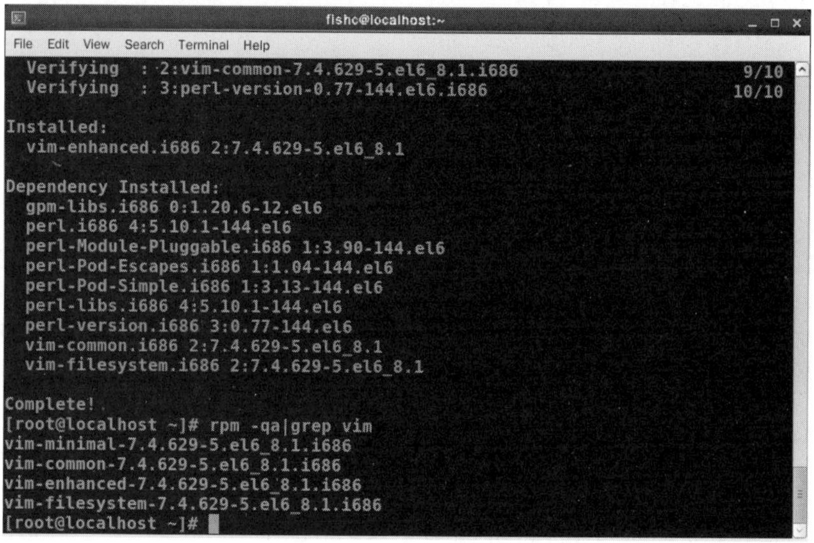

图 A-87 设置 VIM 编辑器（3）

设置 VIM 编辑环境有两种形式：一种直接修改/etc/vimrc 文件，这种设置方法会作用于所有登录到 Linux 环境下的用户；另一种是在用户登录的"～"目录下创建一个.vimrc 文件，在其中进行自己习惯的编程环境的设置，这样使用时用户之间并不相互影响。一般情况下不提倡第一种方式，因为 Linux 是多用户的，每个人都有自己的编程习惯与环境，不能强迫别人按你的风格和习惯来做事，因此在工作环境中提倡第二种设置方式。

不过虚拟机就自己学习使用而已，所以这里还是"任性"地采用第一种方案——修改/etc/vimrc 文件。

其实语法高亮以及光标所在位置显示已经默认打开了，只需要再多加一个自动缩进就可以了。执行 vim /etc/vimrc 命令，在里面增加 set cindent（vim 的插入方法与前面介绍的 vi 是一样的），如图 A-88 所示。

图 A-88　设置 VIM 编辑器（4）

最后，使用 su 用户名命令切换到普通账号，输入 alias 命令确认一下是否为 vim 取了"别名"vi，如图 A-89 所示。

图 A-89　设置 VIM 编辑器（5）

如果没有图 A-89 方框中的别名，请输入命令 alias vi = vim。

VIM 可以说是世界上最强大的编辑器之一，你肯定很渴望学习如何操作它吧，请翻到附录 B 开始学习。

A.9　Mac OS 搭建 C 语言学习环境

Mac OS 操作系统自带 VIM，在命令行终端也可以直接使用 GCC，不过需要先安装 Xcode 开发套件。首先，在 App Store 上搜索并安装 Xcode 开发套件，如图 A-90 所示。

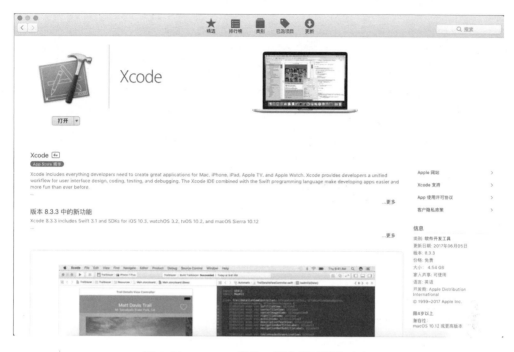

图 A-90　Mac OS 搭建 C 语言学习环境（1）

然后打开命令行终端，输入 sudo xcode-select --install 命令，在线安装 Command Line Tools，如图 A-91 所示。

图 A-91　Mac OS 搭建 C 语言学习环境（2）

最后单击"安装"按钮，然后单击"同意"安装协议即可，如图 A-92 所示。

图 A-92　Mac OS 搭建 C 语言学习环境（3）

附录B

VIM 快速入门

B.1 使用 h、j、k、l 来移动光标

VIM 被称为编辑器之神，但它陡峭的学习曲线，也一直让很多初学者望而却步。小甲鱼希望通过这本书的学习，除了能让大家领悟 C 语言的真谛外，还能顺便把 VIM 学好。

既然选择用 VIM 编辑器来写代码，那么应该有一定的极客精神，首先要做的就是忘掉鼠标。因为让手离开键盘去抓鼠标是一件浪费时间的事情，为了尽可能让工作高效，就应该舍弃多余的动作。

在键盘上移动光标，通常使用方向键，但是为此需要将手向右下角移动 20cm。在 VIM 中，有更好的方法来移动光标，那就是使用 h、j、k、l 四个按键（普通模式）来代替四个方向键，这时我们的手指设置不需要离开字符区便可控制光标的移动。

问：在输入代码时（插入模式），按下这四个按键会输入相应的字母，那如何利用它们移动光标？

答：对真正的 VIM 用户来说，插入模式根本不存在，因此这个问题不存在（以后会体会到的）。

问：什么是普通模式？什么是插入模式？模式能干什么？

答：对于初学者而言，现在可能对很多名词都很陌生，但真的没关系，在适当的时候我会告诉你的。

好了，现在请记住 h、j、k、l 四个按键分别代表左、下、上、右四个方向键，它们真的很重要，以后就要习惯使用它们来移动光标。

刚开始可能会很难，不过没关系，小甲鱼这里给大家开发了一个小游戏（下载地址 http://bbs.fishc.com/thread-65456-1-1.html），花一点时间来玩它，很快就会发现培养新的习惯也并不是一件很困难的事。

B.2　插入模式和退出 VIM 的方法

1. 插入模式

VIM 最具特色的功能就是支持多种模式，并允许在这些模式之间自由切换，以实现它的强大功能。VIM 具有 6 种基本模式和 5 种派生模式。基本模式为普通模式、插入模式、可视模式、选择模式、命令行模式和 Ex 模式；派生模式为操作符等待模式、插入普通模式、插入可视模式、插入选择模式和替换模式。

不过在刚开始使用时并不需要掌握这么多模式，只需要学会使用普通模式和插入模式，就可以用 VIM 来编写代码了。

在 Linux 的命令行通过 vi 或 vim 文件名命令即可用 VIM 编辑器打开文件，打开文件后默认进入的是普通模式。在 VIM 的普通模式下，可以用 B.1 节介绍的 h、j、k、l 四个按键分别向左、下、上、右移动光标。当光标抵达目标位置之后，按一下键盘上的 i 键使得 VIM 切换到插入模式，此时界面左下角对应显示"-- INSERT --"，如图 B-1 所示。在 VIM 的插入模式下，可以自由地编辑文档，所有输入的可见字符都会显示在屏幕上。

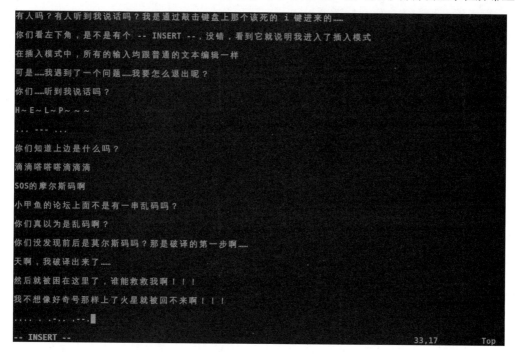

图 B-1　插入模式

想要从插入模式回到普通模式，只需要按一下键盘左上角的 Esc 按键即可（此时界面左下角的"--INSERT--"标志消失）。

并不是只有单击按键 i 才能进入插入模式，其实方法很多，下面给大家介绍几种常用的方法，见表 B-1。

表 B-1　VIM 进入插入模式的方法

按　　键	含　　义
i	在光标的前边进入插入模式
I	在光标所在行的行首进入插入模式
a	在光标的后边进入插入模式
A	在光标所在行的行尾进入插入模式
o	在光标所在行的下方插入空行并进入插入模式
O	在光标所在行的上方插入空行并进入插入模式
s	删除光标指定的字符并进入插入模式
S	将光标所在行清除并进入插入模式

注：（1）大小写具有不同的含义；如果想要通过按键 I 进入插入模式，在普通模式下同时按下 Shift+i 即可。

（2）S（大写）是清除所在行，而不是删除。清除的意思就是保留行，把内容清空，然后在行首进入插入模式。

2. 退出 VIM 的方法

一般退出 VIM 的方式有两种：一种是保存修改并退出；另一种是不保存直接退出。无论选择哪一种退出方式，都请先按一下 Esc 按键回到普通模式。

对于第一种方式（保存修改并退出）有两种命令。

- ZZ（两个大写字母 Z，也就是 Shift+z+z）。
- :wq（先输入冒号表示进入命令行模式，w 是保存命令，q 是退出命令）。

对于第二种方式（直接退出）则要区分以下两种情况。

- 如果打开文件只是看看，并不做任何改动，那么直接输入 ":q" 即可。
- 如果对文件进行修改，但不希望保存（放弃修改）而直接退出，则需要在后边加上一个感叹号 ":q!"。

B.3　删除命令、数字的魔力、撤销和恢复命令

1. 删除命令

可以选择在插入模式中使用退格键（Backspace）或删除键（Delete）来删除光标前边或当前的字符，不过这样做挺麻烦的，因为需要先通过方向键将光标调整到目标位置才行（h、j、k、l 需要在普通模式才能使用）。

还记得前面小甲鱼曾经说过：对于真正的 VIM 用户，插入模式根本不存在，是的，需要回到普通模式中来操作。

在普通模式下，删除单一字符可以用 x 命令。该命令的执行效果与在插入模式中按下 Delete 键一样，x 命令是删除光标指定的字符。

如果想要删除更多字符可以使用 d 命令，使用 d 命令的格式是 d motion。d 是 Delete（删除）的意思，motion 即指定要删除的对象，表示的是操作的范围，见表 B-2。

表 B-2 motion 表示的按键和含义

按　键	含　义
0	将光标定位到行首的位置
^	将光标定位到行首的位置
$	将光标定位到行尾的位置
b	将光标定位到光标所在单词的起始处
e	将光标定位到光标所在单词的结尾处
w	将光标定位到光标所在位置的下一个单词的起始处
gg	将光标定位到文件的开头
G	将光标定位到文件的末尾

单独使用上面这几个按键可以快速地移动光标到相应的位置，比多次按 h、j、k、l 按键更省时省力。将 d 命令与它们结合，即可快速删除某个指定位置的数据，见表 B-3。

表 B-3 d motion 按键和含义

按　键	含　义
d0	删除光标从当前位置（不包含）到该行行首的所有字符
d^	删除光标从当前位置（不包含）到该行行首的所有字符
d$	删除从光标当前位置（包含）到该行行尾的所有字符
db	删除从光标当前位置（不包含）到单词起始处的所有字符
de	删除从光标当前位置（包含）到单词结尾处的所有字符
dw	删除从光标当前位置（包含）到下个单词起始处的所有字符
dh	删除光标前面一个字符
dl	删除光标指定的字符
dj	删除光标所在行以及下一行的所有字符
dk	删除光标所在行以及上一行的所有字符
dd	删除光标所在行的所有字符
dgg	删除光标所在行（包含）到文件开头的所有字符
dG	删除光标所在行（包含）到文件末尾的所有字符

看着好像要记住很多命令，其实只需要练习几个表示操作范围的命令就可以了，其他还是有规律可循的。

比如 0 和^两个是一样的，随意记住一个即可；d0、db、dh 这类往前删除字符的命令，它们不会删除光标所指定的字符；而删除方向是往后的则相反（d$、dw、dl），会将当前字符也一并删除。

另外，dh 和 dl 两个都只是删除一个字符，而 dj 和 dk 则是一次性删除两行，这是为什么呢？大家看命令 dd（这个命令其实是最常用的，最常用的命令一般会设置为重复输入某个字符，这样输入速度会更快），它表示删除当前行的所有字符，也就是说若想删除下一行，只需要一次输入 jdd 即可（j 是方向，代表下一行），dj 命令就显得有些多余了，因此 dj 就设计成删除当前行以及下一行的所有字符（即 dj 相当于 dddd）；dk 同理。

2. 数字的魔力

VIM 利用数字还可以做很多事情。比如在普通模式下按一下 h 按键是将光标向左移动一格，如果在其前边先按下数字 3，即输入 3h，则是将光标向前移动 3 格，以此类推，

3j 则是将光标向下移动 3 行，3w 则是将光标跳到 3 个单词后的开始位置……

同样的道理，d3h 表示删除光标前的 3 个字符，d3j 表示删除光标所在行以及下面 3 行的所有字符，d3w 则表示向后删除当前光标到后边第三个单词前的所有字符。

3. 撤销和恢复命令

人难免会做错事，尤其是在进行删除操作的时候。如果一不小心删错了重要的数据，怎么办呢？

没关系，VIM 有"后悔药"提供——u 和 U。其中，小写的 u 表示撤销最后一次修改；而大写的 U 表示撤销对整行的修改。

可是，我又后悔了怎么办呢？

VIM 还是有办法的，按下 Ctrl+r 快捷键就可以恢复撤销的内容。

最后，这上面所有的"删除"操作并不是真的删除，它们事实上是存放在 VIM 的一个缓冲区（VIM 把它称为寄存器）中，所以这些删除操作实现起来相当于 Windows 操作系统的"剪切"功能。

B.4 粘贴/复制命令、替换命令、替换模式和修改命令

1. 粘贴命令

使用 p 命令可以将最后一次删除的内容粘贴到光标之后（大写的 P 则是粘贴到光标之前）。如果需要粘贴的是以整行为单位，那么 p 命令将在光标的下一行开始粘贴；如果复制的是非整行的局部字符串，那么 p 命令将在光标后开始粘贴。

2. 复制命令

VIM 用 y 命令实现复制，语法与表示删除的 d 命令一样，为 y motion。

其中，motion 同样是用来表示操作范围的指令，即 yy 表示复制当前行，3yy 则表示复制 3 行；y$表示复制从光标所在的位置到行尾的所有字符；yG 则表示复制从光标所在行到文件末尾行的所有字符。复制完成之后同样使用 p 命令进行粘贴。

3. 替换命令

VIM 还提供了一个简单的替换命令——r。

r 命令用于替换光标所在的字符，做法是先将光标移动到需要替换的字符处，按一下 r 键，然后输入新的字符。注意，全程无须进入插入模式，也不会进入插入模式。

先输入[数字]再输入 r，最后输入新字符，说明从当前光标的位置开始，替换[数字]个新字符。

4. 替换模式

若需要替换多个字符，更好的方案是直接进入替换模式。按下大写的 R 键，屏幕左

下角出现 "-- REPLACE --"，说明已经处于替换模式。此时输入字符可以连续替换光标及其后边的内容。

需要注意的是，退格键（Backspace）在替换模式中被解释为 "如果左边内容被替换过，则恢复到原来的样子；如果没有被替换过，则向左移动"。修改完毕，按下 Esc 键回到普通模式。

5. 修改命令

修改命令与替换命令是不一样的，修改命令会进入插入模式，替换命令则不会。

修改命令的格式是 c [数字] motion。

没错，motion 依然表示范围（见表 B-4），[数字]依然拥有魔力，同样是可选的，加上数字表示重复执行多次 motion 范围。

比如，cw 是修改光标指定单词的内容（VIM 的做法就是删除当前光标位置到下个单词前的所有字符，并进入插入模式）；而 c2w 则是修改当前光标指定的单词以及下一个单词共计两个单词的内容。

表 B-4　c motion 按键和含义

按　键	含　义
c0	删除光标从当前位置（不包含）到该行行首的所有字符，并进入插入模式
c^	删除光标从当前位置（不包含）到该行行首的所有字符，并进入插入模式
c$	删除从光标当前位置（包含）到该行行尾的所有字符，并进入插入模式
cb	删除从光标当前位置（不包含）到单词起始处的所有字符，并进入插入模式
ce	删除从光标当前位置（包含）到单词结尾处的所有字符，并进入插入模式
cw	删除从光标当前位置（包含）到下个单词起始处的所有字符，并进入插入模式
ch	删除光标前边一个字符，并进入插入模式
cl	删除光标指定的字符，并进入插入模式
cj	删除光标所在行以及下一行的所有字符，并在光标下一行进入插入模式
ck	删除光标所在行以及上一行的所有字符，并在光标下一行进入插入模式
cc	删除光标所在行的字符，并进入插入模式

事实上，执行修改命令相当于执行删除命令并进入插入模式，但是两个命令在执行后光标位置并不一样。

B.5　文件信息、跳转、定位括号和缩进

1. 文件信息

有时候，可能需要知道当前的文件信息，如文件名、文件状态、文件的总行数以及光标所在的相对位置，使用快捷键 Ctrl+G 来获取，如图 B-2 所示。

　注意：

光标在文件中的相对位置是用百分数来显示的，如果想知道光标具体的位置应该怎

么办呢？看到图 B-2 中还有个 5,1 了吗？这就表示光标当前的位置（行，列）。

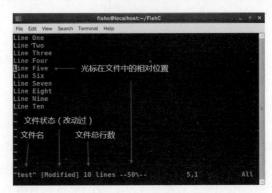

图 B-2　文件信息

2. 跳转

假设当前光标位于文件第 1333 行，若目标就在第 333 行的位置，你的做法是在普通模式下按 1000 次 k 键，还是将光标先定位到文件的起始处（gg 命令），然后按 332 次 j 键呢？

其实无论使用哪种做法，都很费时间。

当然你可能想到了"数字的魔力"，先输入数字 332 再输入 j，那么就可以直接跳转到第 333 行了。不错，但还得先将光标移动到文件的起始处或者直接输入数字 1000，再输入 k，但是这就需要计算了。如果是从第 1387 行跳转到第 678 行就可能需要借助计算器才行了。我们需要的是一步到位的跳转。

VIM 有以下两种方式可以将光标跳转到指定的位置。

- 行号+G。
- :行号。

比如，将光标跳转到第 333 行的位置，就输入数字 333，再输入大写字母 G 即可；或者输入冒号（:）进入命令行模式，再输入数字 333，最后按回车键，也可以跳转到目标位置。

3. 定位括号

我们知道括号是一对的，不成对的括号则毫无逻辑可言。当代码量到一定程度的时候，或许就只能在屏幕中看到一半的括号，那么这时候寻找它的另一半也成了难题。

VIM 有个按键可以帮助快速定位到另一半括号，就是%键。将光标移动到()，[]，{} 中的任何一半括号上，按下%键，便可看到此时光标已经跳转到另外一半的括号上了。

在程序调试时，这个功能用来查找不配对的括号是很有用的。因为有时候在删除代码时，括号删了一半，剩下一半落在那里，编译自然就会报错。此时在落单的那一半括号上使用%键，会发现 VIM 根本不反应，因为它找不到另一半了。

4. 缩进

在编写代码的时候经常需要对代码进行缩进，如果按照附录 A 介绍的环境搭建过程开启了 VIM 的 cindent 功能之后，代码默认会按照 C 语言的方式进行缩进。

比如，输入左大括号（{}），然后按回车键，VIM 将自动为下边的语句插入一个缩进，直到输入右大括号（}），代表程序块结束。

```
int strcmp(char *s, char *t)
{
    int i;
    for (i=0; s[i] == t[i]; i++)
            ;
    return s[i] - t[i];
}
```

假如需要在 for 循环中添加一个条件判断：

```
int strcmp(char *s, char *t)
{
    int i;
    for (i=0; s[i] == t[i]; i++)
    if (s[i] == '\0')
            return 0;
    return s[i] - t[i];
}
```

现在需要将第 6 行和第 7 行均添加一个缩进，可能会选择进入插入模式，然后将光标移动到 if 语句的开头，按下 Tab 键插入一个缩进，接着再将光标移动到 "return 0;" 的前边，同样按下 Tab 键插入一个缩进。现在只是两行代码操作还比较容易，要是很多行代码，那就不现实了。

VIM 可以使用尖括号（<或>）来控制缩进，常用的就是两个同方向的尖括号表示将光标所在的语句进行缩进和反缩进操作。很明显>>表示缩进，而<<表示反向缩进。

但是这样一次只能缩进一行，一行一行也很麻烦，因此你想到了"数字的魔力"：先输入数字 2 再输入>>，表示将光标所在行以及下一行共两行同时插入一个缩进。不过行数多的话，到底要缩进多少行就成了一个问题。

这时，可以按一下 v 键进入可视模式（左下角出现"-- VISUAL -"），然后通过 h、j、k、l 或其他 motion 来移动光标，此时光标所到之处必会高亮（表示被选中），选择好需要缩进的目标后，只需按一下>键即可完成任务。

B.6　搜索命令和替换命令

1. 搜索命令

若知道文件中必定有我们想要的东西，知道它的名字，但却不知道它在哪里，怎么办？

可以用查找命令，VIM 的查找是从按下斜杠（/）那一刻开始的。在普通模式下按下斜杠（/）也可以进入命令行模式，此时该字符和光标均出现在屏幕的底部，这与冒号（:）命令行模式是一样的。

紧挨着斜杠（/）的是搜索目标，如/love，说明查找的是 love 这个字符串在光标后边第一次出现的位置，当然也可以输入中文，如"/你瞅啥"。

那如果要找下一个目标怎么办？这时只需按 n 键即可定位到下一个符合的目标（向下查找），而按 N 键则返回上一个（向上查找）。

 注意：

第一个搜索到的目标不是文件中的第一个目标，而是从光标所在处开始找到的那个目标。所以如果想要搜索文件中第一个匹配的目标，应该先在普通模式下按下 gg 将光标移动到文件头，然后再使用搜索命令。

在普通模式下按下问号（?）也可以进入命令行模式，实现的也是搜索功能。不过这回它是反过来的，可以认为它是斜杠（/）功能的"反面派"。

前边说过/FishC 是从光标位置向后开始搜索 FishC 这个字符串，而?FishC 则相反，是从光标位置向前开始搜索，见表 B-5。

表 B-5 搜索命令

项目	/目标	?目标
搜索方向	从光标位置向后	从光标位置向前
n	向后搜索下一个	向前搜索下一个
N	向前搜索下一个	向后搜索下一个

当搜索到了文件的末尾（/目标）或开头（?目标），页面下方会显示"Search hit BOTTOM, continuing at TOP"或"Search hit TOP, continuing at BOTTOM"的字样，表示一轮搜索到文件尾/头了，搜索下一个就是从文件头/尾开始，如图 B-3 所示。

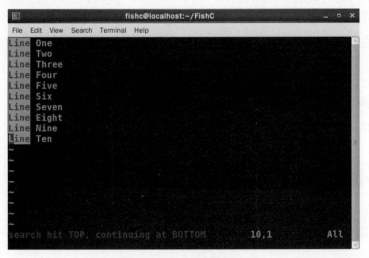

图 B-3 搜索命令

从图 B-3 中发现，VIM 会自动高亮所有匹配的目标，即使在找到目标之后，它们仍然高亮着。那怎么取消呢？输入冒号（:）进入命令行模式，然后输入 nohl 即可取消高亮。

另外，在搜索命令中，.、*、[、]、^、%、/、?、～ 和 $ 这 10 个字符有着特殊的意义，所以在使用这些字符的时候要在前面加上一个反斜杠（\）。比如要搜索问号，则输入"/\?"。

2. 替换命令

搜索在很多情况下都是为了替换，通过搜索功能，将光标定位到目标位置，如果确定这个目标是需要被替换的，可以输入":s/old/new"，这样即可将光标所在行的第一个 old 替换为 new；如果输入的是":s/old/new/g"，则表示将光标所在行的所有 old 替换为 new。

但如果要替换整个文件的所有匹配字符串怎么办？输入":%s/old/new/g"，表示替换整个文件中每个匹配的字符串。

如果没有太大的把握，希望 VIM 在每次替换前都咨询一下："亲，我准备替换 X 了，你确定要将 X 替换成 O 吗？"只要输入":%s/old/new/gc"即可，如图 B-4 所示。

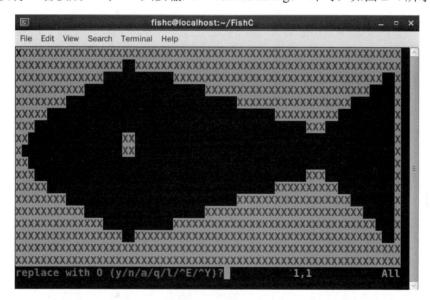

图 B-4　替换命令

页面下方的 (y/n/a/q/l/^E/^Y)表示 VIM 在咨询意见。

- y 表示替换；
- n 表示不替换；
- a 表示替换所有；
- q 表示放弃替换；
- l 表示替换第一个并进入插入模式；
- ^E 表示用快捷键 Ctrl+e 来滚动屏幕；
- ^Y 表示用快捷键 Ctrl+y 来滚动屏幕。

如果只想替换第 5～13 行的所有 X，则使用":5,13s/old/new/g"即可，如图 B-5 所示。

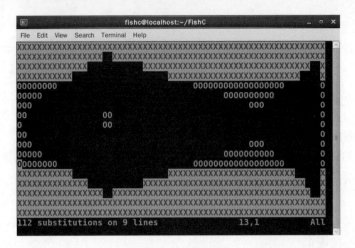

图 B-5　替换命令

B.7　执行 shell 命令、文件另存为、合并文件和打开多个文件

1. 执行 shell 命令

运行在命令行下的 VIM，貌似不可能"最小化"，这就有诸多不便了。比如，有时需要知道某个路径下有哪些文件（程序里面需要用到它们），那可能就需要先关闭 VIM，然后查看有哪些文件，最后再重新打开 VIM。

这就显得有点麻烦了，不符合 VIM 一直强调的高效作风。因此，VIM 发明者 Bram Moolenaar 采用一个感叹号（!）来解决这个问题。

比如想知道根目录（/）下面有哪些目录和文件，可以在 VIM 中输入"!ls /"，然后按回车键，如图 B-6 所示。

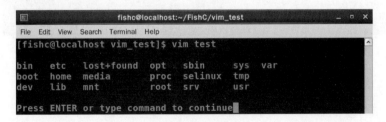

图 B-6　执行 shell 命令

总之，输入冒号（:）进入命令行模式，输入感叹号（!），在其后便可以加上 shell 命令。此后 VIM 将临时跳转回 shell，并执行命令，直到再次按下回车键返回 VIM。

2. 文件另存为

一般的文本编辑工具都会有"另存为"的功能，用于将文件重新存放到一个新的文件中（旧文件保留不变）。VIM 中的做法是输入"<w 新文件名"。比如，用 VIM 打开的是 test1 文件，然后输入"<w test2"，该命令会将整个 test1 文件的内容另存为 test2。

3. 局部内容另存为

VIM 除了支持文件另存为之外，还支持另一种功能：文件局部另存为，即 VIM 可以将文件中的局部文本另存为一个新的文件。

这就需要进入一种新的模式——可视模式，在普通模式中按 v 键进入可视模式（进入后左下角显示"-- VISUAL –"）。

此时光标的位置开始为选中状态，可以通过任何移动或范围的按键来移动光标，光标所到之处皆为选中状态，如图 B-7 所示。

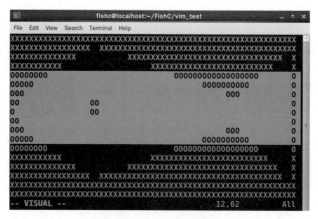

图 B-7　局部内容另存为

选好范围之后的操作就与"文件另存为"是一样的，按下冒号（:）键，屏幕左下方出现":'<,'>"，输入 w test2，表示新建一个 test2 文件，并将选中的内容单独存放进去。

这里有个问题，如果路径中已经存在 test2 文件，那么 VIM 会提醒需要加感叹号（!）才能强制覆盖文件，即输入"w! test2"。

4. 合并文件

所谓合并文件，便是在 VIM 打开的一个文件中读取并置入另一个文件。命令很简单，只需要输入冒号（:）进入命令行模式，然后输入"r 文件名"，即可将指定文件的内容读取并置入光标的下一行中，如图 B-8 所示。

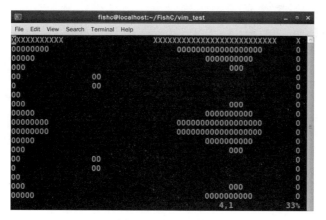

图 B-8　合并文件

5. 打开多个文件

VIM 还可以同时打开多个文件，并且允许通过水平或垂直的方式并排它们。

VIM 使用-o 或-O 选项打开多个文件，其中-o 表示垂直并排。例如，vim -o lesson4 lesson5 lesson6，执行效果如图 B-9 所示。

图 B-9　打开多个文件（垂直并排）

-O 表示水平并排，例如，vim -O lesson4 lesson5 lesson6，执行效果如图 B-10 所示。

图 B-10　打开多个文件（水平并排）

打开后默认光标是落在第一个文件中，此时之前学过的所有命令都可以用，不过仅限于第一个文件。那如何将焦点（光标）切换到另一个文件中呢？很简单，使用快捷键 Ctrl＋w＋w 可以将光标切换到下一个文件。还可以使用 Ctrl＋w＋ 方向（方向键或 h、j、k、l）：对于垂直并排的文件，使用 Ctrl＋w＋上、下方向，表示上、下切换文件；对于水平并排的文件，使用 Ctrl＋w＋ 左、右方向，表示左、右切换文件。

　　退出文件可以使用原来的 q、q!、wq 或者 ZZ（Shift＋z＋z）。

　　但是如果同时打开三四个文件，就得退出三四次才行，太麻烦了，有没有更好的办法呢？答案是肯定的，只需在原来退出命令的后边加上小写字母 a（qa、qa!或 wqa），则表示退出动作是针对所有文件的。

图书资源支持

感谢您一直以来对清华版图书的支持和爱护。为了配合本书的使用，本书提供配套的资源，有需求的读者请扫描下方的"书圈"微信公众号二维码，在图书专区下载，也可以拨打电话或发送电子邮件咨询。

如果您在使用本书的过程中遇到了什么问题，或者有相关图书出版计划，也请您发邮件告诉我们，以便我们更好地为您服务。

我们的联系方式：

地　　址：北京市海淀区双清路学研大厦 A 座 707

邮　　编：100084

电　　话：010－62770175－4520

资源下载：http://www.tup.com.cn

电子邮件：huangzh@tup.tsinghua.edu.cn

QQ：81283175(请写明您的单位和姓名)

用微信扫一扫右边的二维码，即可关注清华大学出版社公众号"书圈"。

资源下载、样书申请

书 圈